重点大学计算机专业系列教材

实用软件设计模式教程
（第2版）

徐宏喆 董丽丽 侯迪 编著

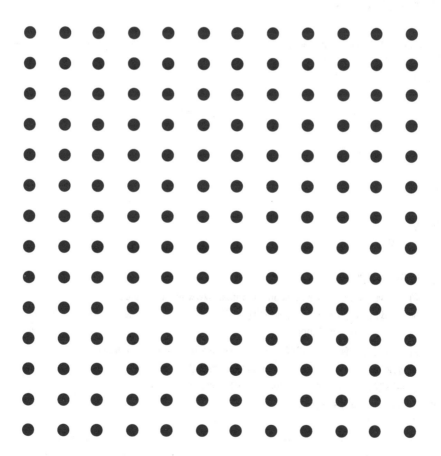

清华大学出版社

北京

内 容 简 介

设计模式是面向对象编程的热门话题之一,也是近年来国内外广泛使用和研究的热点。

本书是一本介绍软件设计模式内容及原理的教材,作者以设计模式的概念、原则、分类及构成为出发点,详细分析了 24 种设计模式。在介绍每种模式时,以一个软件设计开发中的实际问题为引子,探讨一般实现方法的缺陷,进而介绍新模式的结构,再以一个实际的例子展现模式的编程方法,最后对使用模式的效果进行分析,通过应用实例展示设计模式在应用系统开发实践中的应用。同时,本书紧跟业界技术发展,对最新的软件架构建模技术进行了分析和介绍。

本书是为有一定编程基础的读者编写的,内容全面,概念清晰,例题丰富,循序渐进,易于学习,是大学计算机专业本科生、研究生学习设计模式的基础教材,也可以作为从事软件研究和软件开发工作有关人员的参考书。

图书在版编目(CIP)数据

实用软件设计模式教程/徐宏喆等编著. —2 版. —北京:清华大学出版社,2017(2024.1重印)
(重点大学计算机专业系列教材)
ISBN 978-7-302-43597-6

Ⅰ. ①实…　Ⅱ. ①徐…　Ⅲ. ①软件设计－高等学校－教材　Ⅳ. ①TP311.5

中国版本图书馆 CIP 数据核字(2016)第 082051 号

责任编辑:郑寅堃　薛　阳
封面设计:常雪影
责任校对:焦丽丽
责任印制:宋　林

出版发行:清华大学出版社
　　　网　　　址:https://www.tup.com.cn, https://www.wqxuetang.com
　　　地　　　址:北京清华大学学研大厦 A 座　　　　　　邮　　编:100084
　　　社　总　机:010-83470000　　　　　　　　　　　　邮　　购:010-62786544
　　　投稿与读者服务:010-62776969, c-service@tup.tsinghua.edu.cn
　　　质量反馈:010-62772015, zhiliang@tup.tsinghua.edu.cn
　　　课件下载:https://www.tup.com.cn, 010-83470236
印 装 者:三河市君旺印务有限公司
经　　销:全国新华书店
开　　本:185mm×260mm　**印　张**:21.5　　　　**字　　数**:522 千字
版　　次:2009 年 7 月第 1 版　2017 年 2 月第 2 版　**印　　次**:2024 年 1 月第 7 次印刷
印　　数:4801～5300
定　　价:59.00元

产品编号:063913-02

出版说明

随着国家信息化步伐的加快和高等教育规模的扩大,社会对计算机专业人才的需求不仅体现在数量的增加上,而且体现在质量要求的提高上,培养具有研究和实践能力的高层次的计算机专业人才已成为许多重点大学计算机专业教育的主要目标。目前,我国共有 16 个国家重点学科、20 个博士点一级学科、28 个博士点二级学科集中在教育部部属重点大学,这些高校在计算机教学和科研方面具有一定优势,并且大多以国际著名大学计算机教育为参照系,具有系统完善的教学课程体系、教学实验体系、教学质量保证体系和人才培养评估体系等综合体系,形成了培养一流人才的教学和科研环境。

重点大学计算机学科的教学与科研氛围是培养一流计算机人才的基础,其中专业教材的使用和建设则是这种氛围的重要组成部分,一批具有学科方向特色优势的计算机专业教材作为各重点大学的重点建设项目成果得到肯定。为了展示和发扬各重点大学在计算机专业教育上的优势,特别是专业教材建设上的优势,同时配合各重点大学的计算机学科建设和专业课程教学需要,在教育部相关教学指导委员会专家的建议和各重点大学的大力支持下,清华大学出版社规划并出版本系列教材。本系列教材的建设旨在"汇聚学科精英、引领学科建设、培育专业英才",同时以教材示范各重点大学的优秀教学理念、教学方法、教学手段和教学内容等。

本系列教材在规划过程中体现了如下一些基本组织原则和特点。

(1) 面向学科发展的前沿,适应当前社会对计算机专业高级人才的培养需求。教材内容以基本理论为基础,反映基本理论和原理的综合应用,重视实践和应用环节。

(2) 反映教学需要,促进教学发展。教材要能适应多样化的教学需要,正确把握教学内容和课程体系的改革方向。在选择教材内容和编写体系时注意体现素质教育、创新能力与实践能力的培养,为学生知识、能力、素质协调发展创造条件。

(3) 实施精品战略,突出重点,保证质量。规划教材建设的重点依然是专业基础课和专业主干课;特别注意选择并安排了一部分原来基础比较好的优秀教材或讲义修订再版,逐步形成精品教材;提倡并鼓励编写体现重点大学计算机专业教学内容和课程体系改革成果的教材。

(4) 主张一纲多本,合理配套。专业基础课和专业主干课教材要配套,同一门课程可以有多本具有不同内容特点的教材。处理好教材统一性与多样化的关系;基本教材与辅助教材以及教学参考书的关系;文字教材与软件教材的关系,实现教材系列资源配套。

(5) 依靠专家,择优落实。在制订教材规划时要依靠各课程专家在调查研究本课程教材建设现状的基础上提出规划选题。在落实主编人选时,要引入竞争机制,通过申报、评审确定主编。书稿完成后要认真实行审稿程序,确保出书质量。

繁荣教材出版事业,提高教材质量的关键是教师。建立一支高水平的以老带新的教材编写队伍才能保证教材的编写质量,希望有志于教材建设的教师能够加入到我们的编写队伍中来。

教材编委会

前言

面向对象程序设计已经成为软件设计开发领域的主流,而学习使用设计模式非常有助于软件开发人员开发出易维护、易扩展、易复用的代码。而且,目前越来越多的大学和培训机构也把面向对象技术作为主要教学内容。

本书从面向对象的基本概念入手,介绍面向对象程序设计的主要原理和方法,重点探讨了在程序设计中怎样使用著名的 24 个设计模式。本书编者在十余年的项目开发实践中积累了丰富的开发经验,在近年来的项目开发中,也有意识地大量使用设计模式来提高系统的可复用性。在对各类设计模式的使用中常常沉醉于设计模式精妙的构思和优雅的结构,于是产生了编写一本用实例来透彻讲解设计模式使用的参考书的想法,鉴于高等院校对设计模式相关教材的迫切需要,因此决定将本书以教材的形式撰写。

作者于 2009 年编写了《实用软件设计模式教程》,由清华大学出版社出版。该书出版后,受到了广大读者的欢迎,认为该书概念清晰,叙述详尽,深入浅出,通俗易懂。根据发展的需要,作者于 2016 年编写了《实用软件设计模式教程(第 2 版)》,本书第 2 版相较第 1 版,对最新的软件架构技术进行了补充阐述,紧跟当前技术发展,同时改用业界使用较为广泛的 C# 程序设计语言作为设计模式的描述语言,为读者的工作和学习提供有益的帮助。

本书严格执行面向对象设计标准并使用实例讲解每个设计模式,使读者易于理解、便于使用,最后一章还用实际项目开发实践中的实例作为例子,介绍各种设计模式在实际项目中综合应用的方法。

本书的章节安排如下。

第 1 章为面向对象基础,详细分析面向对象方法,从面向对象方法的产生、面向对象方法的概念引出了面向对象方法的优势,又结合一个具体的应用系统实例,细致分析了面向对象分析、面向对象设计、面向对象编程实现、面向对象的测试以及面向对象软件设计原则的主要步骤和方法。

第 2 章为 C# 面向对象编程基础,介绍 C# 语言的相关概念和技术,为后续的设计模式学习打下基础。

第 3 章为设计模式,按创建型、结构型、行为型分类,详细分析 23 种设计模式,在介绍每个模式时,以一个软件设计开发中的实际问题为引子,探讨一般实现方法的缺陷,进而介绍新模式的结构,再以一个实际的例子展现模式的编程方法,最后对使用模式的效果进行分析。

第 4 章为综合实例,该实例集中使用了多种设计模式,展示设计模式在应用系统开发实践中的应用。

第 5 章为软件架构与架构建模技术,介绍软件架构的定义和发展史,分析了几种常用的软件架构模式,并简要介绍软件架构建模技术。

第 6 章为面向服务的软件架构——SOA,简要介绍 SOA、SOA 的框架及其应用实例。

第 7 章为云计算环境下的软件架构,主要介绍在云计算环境下软件架构的技术和内容。

本书的编写过程中,林春喜、杨刚、吴夏、武晓周、姚智海、王婵、陈鹏、闫志浩等人完成了大量校正、录入工作,在此对他们的工作表示感谢。

在此谨对所有曾经支持和帮助过我们的同志和朋友表示真挚的谢意。

由于我们水平有限,再加上时间紧迫,书中难免有疏漏和不妥之处,盼望专家和广大读者不吝指正。

编　者

2016 年 12 月

CONTENTS

目录

面向对象基础　　第1章

本章阐述面向对象的思想和基本概念,并通过编程语言的发展历史来说明面向对象技术的优势所在;同时,介绍了面向对象的开发过程,包括面向对象分析、面向对象设计、面向对象的编程实现和面向对象的测试。本章主要为进一步学习设计模式打下良好的基础。书中所有的示例代码均为面向对象语言C♯所编写,第2章将对C♯语言面向对象编程基础进行简要介绍。

1.1　面向对象方法

所谓面向对象,就是以对象观点来分析现实世界中的问题:从普通人认识世界的观点出发,把事物归类、综合,提取其共性并加以描述。在面向对象的系统中,世界被看成是独立对象的集合,对象之间通过消息相互通信。面向对象方法是一种运用对象、类、继承、封装、聚合、多态性和消息传送等概念来构造系统的软件开发方法,其基本思想是从现实世界中客观存在的事物(即对象)出发来构造系统,并在系统中尽可能运用人类的自然思维方式。

1.1.1　面向对象方法的特点

在现实世界中,大到日月星辰,小至沙粒微尘,均可视为单独的个体对象,它们具有自己独有的运动规律和内部状态,其相互作用组成了多姿多彩的世界。

计算机软件可以认为是现实世界中相互联系的对象所组成的系统在计算机中的模拟实现。在程序的世界,一个用户、一条消息、一个过程或是某种算法,均可将其看作为一种对象;而每一种对象,其创建和销毁,内在属性和表现行为,以及它与外界之间的关系,无不具有某种哲学的意味。

人类在长期的认识和改造世界的过程中逐渐形成了一种面向对象的世界观——用分类的方式来认识世界,通过对象及对象间的相互关系来理解世界。面向对象方法是面向对象的世界观在软件开发方法中的直接运用。与传统的面向过程方法相比,面向对象方法的核心思想是从现实世界中客观存在的事物(即对象)出发来构造软件系统,并在系统构造中尽可能运用人类的自然思维方式。它强调直接以问题域(现实世界)中的事物为中心来思考问题、认识问题,并根据这些事物的本质特点,把它们抽象地表示为系统中的对象,作为系统的基本构成单位,这可以使系统直接地映射问题域,保持问题域中事物及其相互关系的本来面貌。

具体地讲,面向对象方法有如下一些主要特点。

- 从问题域中存在的客观事物来抽象对象,并以此作为软件系统的基本构成单位。
- 事物的静态特征由对象的属性来表示;事物的动态特征由对象的方法来表示。
- 对象的属性和方法结合为一体,成为一个独立的实体,对外屏蔽其内部细节,也即封装。
- 对事物分类,将具有相同属性和方法的对象归为一类。类是这些对象的抽象描述,每个对象是它所属类的一个实例。
- 通过较多或较少地忽略事物之间的差异,来实现不同程度上的抽象,以得到较一般的类和较特殊的类,特殊类继承一般类的属性和方法。面向对象方法支持这种继承关系的描述和实现。
- 复杂的对象可以把简单对象作为其构造成分,即聚合。
- 对象之间通过消息进行通信。
- 用关联来表达对象之间的静态关系。

1.1.2　面向对象方法的基本概念

1. 对象的概念

在不同领域中,对于对象有不同的解释。一般认为,对象就是一种事物、一个实体。在面向对象的领域中,可以从两个角度来理解对象,一是从现实世界角度,二是从系统构成角度。在现实世界中,客观存在的任何事物都可以被看作是对象。这样的对象可以是有形的,例如一辆汽车;也可以是无形的,例如一项计划或一个抽象的概念。无论从哪个方面看,对象都是一个独立的单位,它具有自己的静态特征和动态特征。对于所要建立的特定系统模型来说,现实世界中的有些对象是有待于抽象的实物。

在面向对象的系统中,对象是用来描述客观事物的一个实体,是构成系统的一个基本单位。一个对象由一组属性和对这组属性进行操纵的一组操作构成,属性是用来描述对象静态特征的一个数据项,操作是用来描述对象动态特征的一个动作序列,对象、对象的属性和操作都有自己的名字。对象实现了信息隐藏,对象与外部是通过操作接口联系的,方法的具体实现方式对外部是不可见的。封装的目的就是阻止非法的访问,操作接口提供了这个对象的功能。对象是通过消息与另一个对象进行通信的,每当一个操作被调用,就有一条消息被发送到这个对象上,消息带来了将被执行的这个操作的详细内容。一般情况下,消息传递的语法随系统的不同而不同,其组成部分包括目标对象、所请求的方法和参数等。

2. 类的概念

类是具有相同属性和操作的一组对象的集合,为属于该类的全部对象提供统一、抽象的描述,其内部包括属性和操作两个主要部分。类的作用是用来创建对象,对象是类的一个实例。例如,在一个学生信息管理系统中,类"学生"具有姓名、性别、学号和年龄等属性,以及"注册"和"上报"等操作。一个具体的学生就是"学生"这个类的一个实例。

类是创建对象的样板，它包含着所创建对象的内部状态的描述和方法的定义。类完整地描述了外部接口和内部算法以及数据结构的形式。类是对象的抽象及描述，是具有共同行为的若干对象的统一描述体，类中要包含生成对象的具体方法。一个类的所有对象都要有相同的数据结构，并且共享相同的实现操作的代码，而各个对象有着各自不同的状态，即私有的存储。因此，类是所有对象的共同的行为和不同状态的集合体。

3．继承的概念

类提供了一组说明对象结构的机制，再借助继承这一重要机制扩充其定义。继承提供了创建新类的一种快捷方法，可以通过对已有类进行修改或扩充来满足新类的要求。新类可以共享已有类的行为，也可以修改或额外添加行为。可以说，继承的本质特征是行为共享。将被继承的类称为父类或基类，而将新产生的类称为子类或派生类。

在继承关系中，子类自动地拥有或隐含地复制其父类的全部属性与操作，这种机制也称作一般类对特殊类的泛化。继承具有"是一种(is a kind of)"的含义，如图 1.1 所示，学生是一种学校人员，教师也是一种学校人员，二者作为特殊类继承了一般类"学校人员"的所有属性和操作。

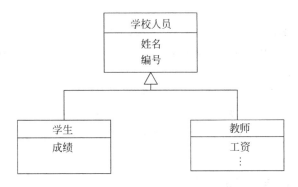

图 1.1　继承的示例

面向对象方法以其独特的特点，有效地支持了软件复用：面向对象方法中的对象（类）是复用构件的一种雏形，类和类继承是强有力的复用机制，继承和重载是复用构件的修改技术，继承和消息传递是复用构件合成新构件的构件合成机制。面向对象方法对可复用性的支持具体体现在以下方面。

对象（类）——可复用构件的雏形。在面向对象技术中，对象是组成系统的基本成分和独立的活性单元，是对实体的数据和功能的统一抽象。由于对象的一系列特有的性质，使其具有了可复用构件的雏形：

① 对象是数据和功能的统一体，集内部状态属性和外部行为属性于一身，具有极高的独立性；

② 对象之间是一种松耦合关系，通过接口发送或接收信息来建立对象之间的请求和被请求关系，对象之间的联系简单、明了，便于应用和组装；

③ 对象（解空间）是对实体（问题空间）的模拟，缩短了问题空间中的问题与解空间中的软件实体之间的距离。在问题空间中具有共性的实体，其共性能够在与之对应的软件模块之间反映出来，从而得到复用。

类与类继承——复用机制。类是对具有相似性质的对象的描述,从而使得这些对象可以共享这些描述,类继承提供了复用不同类的描述的可能性,进一步扩大了共享的范围和灵活性。

继承和修改——修改技术。在面向对象方法中,当要设计一个新的对象(类)时,如果已有一个相似的对象(类)存在,则不必从头开始来设计这个对象(类),而可以作为已有类的子类,继承父类的所有特征,只需描述与已有对象(类)不同的部分。继承和重载使对象(类)的修改可以不通过直接对其进行增删和修改的方法来进行。

继承及消息传递——构件合成技术。若类 subclass 是类 class 的子类,则类 subclass 是类 class 与它自身定义的"合成"。若在类 A 的定义中有诸如 B 和 b 的声明(b 是 B 的一个实例),则类 A 的定义就可以通过 b 来利用类 B 的功能,这就是消息传递合成技术。这两种合成方法相互配合使用并相辅相成,是有效的构件合成技术。

4. 封装和隐藏的概念

封装是面向对象技术的主要特征之一。其把过程和数据包围起来,使对数据的访问只能通过已定义的接口。封装保证了模块具有较好的独立性,使得程序维护起来较为容易且实现了信息隐藏。

信息隐藏是指对象仅向外界暴露(Expose)公共的属性或方法,外界不能直接访问对象内部的私有信息,也不知道对象操作的内部实现细节。可以利用封装或使用接口与实现相分离的方法实现信息隐藏。

通过封装以及信息隐藏原则,使得在对象的外部不能随意访问对象的内部数据和操作,而只允许通过由对象提供的可见行为公共的操作来访问其内部的数据,这就避免了外部错误对其的"交叉感染"。另外,对象的内部修改对外部的影响很小,减少了由修改引起的"波动效应"。

1.1.3 面向对象语言的产生

软件开发人员对问题域的认识是人类的一种思维活动。人类的思维活动总是借助自己所熟悉的某种自然语言进行的,而软件系统的开发则必须用一种计算机所能够阅读和理解的语言来完成。

人类的自然语言和计算机所能够理解的编程语言之间存在着巨大的差异:一方面,自然语言所产生的对问题域的认识远远不能被计算机理解和执行;另一方面,计算机能够理解和执行的编程语言又很不符合人类的思维方式。这种人机之间语言交流的矛盾称为"语言的鸿沟"。

而计算机编程语言的不断发展使得这种"语言的鸿沟"逐渐变窄。图 1.2 表示编程语言由低级到高级的发展过程。程序设计语言的发展是一个不断演化的过程,其根本的推动力就是抽象机制更高的要求,以及对程序设计思想更好的支持。具体地说,就是把机器能够理解的语言提升到也能够很好地模仿人类思考问题的形式。程序设计语言的演化从最开始的机器语言到汇编语言到各种结构化高级语言,最后到支持面向对象技术的面向对象语言,反映的就是一条抽象机制不断提高的演化道路。机器语言和汇编语言几乎没有抽象,对于机器而言是最合适的描述。它们可以操作到机器里面的位单位,并且任何操作都是针对机器的。这就要求人们在使用机器或者汇编语言编写程序时,必须按照机器的方式去思考问题。

因为没有抽象机制,所以程序员很容易陷入复杂的事物之中。随着 C、Pascal、Fortran 等结构化高级语言的诞生,使程序员可以离开机器层次,在更抽象的层次上表达意图。由此诞生的三种重要控制结构以及一些基本数据类型,都能够很好地让程序员以接近问题本质的方式去思考和描述问题。随着程序规模的不断扩大,在 20 世纪 60 年代末期出现了软件危机,在当时的程序设计范型中都无法克服错误随着代码的扩大而级数般地扩大的问题,以致到了无法控制的地步,这个时候就出现了一种新的思考程序设计方式和程序设计范型——面向对象程序设计,由此也诞生了一批支持此技术的程序设计语言,例如 Eiffel、C++ 和 Java。这些语言都以新的观点去看待问题,即问题是由各种不同属性的对象以及对象之间的消息传递构成的。面向对象语言由此必须支持新的程序设计技术,例如数据隐藏、数据抽象、用户定义类型、继承和多态等。

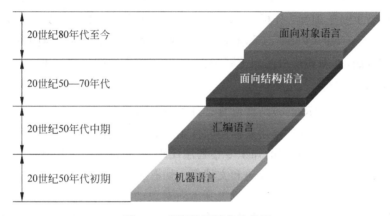

图 1.2　程序设计语言的发展

1.1.4　面向对象的优势

面向对象方法与传统的程序设计方法相比,其优势主要体现在如下几个方面。

1. 优良的可维护性

需求是不断变化的,因为客户业务关系、竞争形势、技术发展和规章制度等因素都在不断地在发生变化,这就要求系统对变化要有弹性。面向过程方法从功能的角度进行建模,所有的软件都用功能作为其主要构造块。人们把大量精力都集中在控制和大算法的分解上,最终的系统设计错综复杂,对一处修改往往会引起连锁反应。这种建模的缺点是模型脆弱,难以适应不可避免的错误修改和需求变动,以至于使系统维护困难,而过程和数据的分离是造成这种状况的根本原因。另外,分析模型与设计模型的不匹配也是结构化方法的一个重大缺点,这样的缺点也使得复用难以实现。

在面向对象方法中,把数据和处理数据的过程作为一个整体,即对象。面向对象方法以众多的对象及其交互模式为中心,把易变的数据结构和部分功能封装在对象内并加以隐藏,提高了对象的内聚性,并减少了与其他对象的耦合,保证了对该对象的修改不会影响其他的对象;其他对象只有通过消息才能直接或间接地影响对象的行为,这样就避免了由于随意访问对象的属性而造成的对象状态的不确定性。按照面向对象的封装和信息隐藏原则,对象内部的属性和部分操作仅供对象自己使用,对其修改不会影响其他对象。对对象的接口

(此处指广义的接口,即对象中供其他对象访问的那些操作)的更改则会影响其他的对象,若在设计模型时遵循一定的原则,这样影响能被局限在一定的范围之内。此外,由于将操作与实现的细节进行了分离,若接口中的操作仅在实现上发生了变化,则不会影响其他对象。

2. 生产效率的提高

按照现今的软件质量观点,不是仅仅要求软件能够在事后通过测试排除错误,而是要着眼于软件开发过程的每个环节,从分析、设计阶段就开始质量保证活动。高质量不仅是指系统没有错误,更是指系统要达到好用、易用、可移植和易维护,并让用户由衷地感到满意。相对传统的软件开发方法,采用面向对象方法进行软件开发是更容易做到这些的。

有数据表明,使用面向对象技术在开发阶段能提高效率 20%,在维护阶段提高得就更多。这主要体现在如下几方面:分析与设计的投入在编程、测试时会得到回报;面向对象方法使系统模型更易于理解;分析文档、设计文档以及源程序对应良好;功能变化引起的全局性修改较少;有利于复用。实际上,面向对象是软件方法学的返璞归真。软件开发从过分专业化的方法、规则和技巧回到了客观世界,回到了人们的日常思维。

3. 优良的可复用性

软件复用(SoftWare Reuse)是将现有软件的各种有关知识用于建立新的软件,以缩减软件开发和维护的花费。软件复用是提高软件生产力和质量的一种重要技术。早期的软件复用主要是代码级复用,被复用的知识专指程序代码,后来扩大到包括领域知识、开发经验、设计决定、体系结构、需求、设计、代码和文档等一切有关方面。

面向对象方法从面向对象的编程发展到面向对象的分析与设计,使这种方法支持软件复用的固有特征能够在软件生命周期各个阶段都发挥作用,从而对软件复用的支持达到了较高的级别。与其他软件工程方法相比,面向对象方法的一个重要优点是,可以在整个软件生命周期达到概念、原则、术语及表示法的高度一致。这一优点使面向对象方法不但能在各个级别支持软件复用,而且能对各个级别的复用形成统一的、高效的支持,达到良好的全局效果。做到这一点的必要条件是,从面向对象软件开发的前期阶段——面向对象分析,就把支持软件复用作为一个重点问题来考虑。

1.2 面向对象分析

自软件工程学问世以来,已出现过多种分析方法,其中最有影响力的是功能分解法、数据流法、信息建模法和 20 世纪 80 年代后期兴起的面向对象方法。面向对象分析正是在借鉴了以往的许多分析方法的基础上建立起来的。

1.2.1 概论

面向对象的分析,就是运用面向对象方法进行系统分析,它是软件生命周期的一个阶段,具有一般分析方法所共有的内容、目标及策略。与其他几种分析方法相比,面向对象分析的优势在于,它对问题域的观察、分析和认识是很直接的。对问题域的描述也是很直接的。它所采用的概念与问题域中的事物保持了最大程度的一致,问题域中有哪些值得考虑的事物,面向对象分析模型中就有哪些对象,而且对象、对象的属性和操作的命名都强调与客观事物一致。

面向对象分析的主要任务是：运用面向对象的方法，对问题域和系统责任进行分析和理解，找出描述问题域及系统责任所需的对象，定义对象的属性、服务以及它们之间的关系，以建立符合问题域、满足用户功能需求的 OOA(Object-Oriented Analysis)模型。

在面向对象的分析中，系统分析员应该深入理解用户需求，抽象出系统的本质属性，提取系统需求规格说明，并用模型准确地表示出来。通常，面向对象分析模型包括对象模型、动态模型和功能模型，其中对象模型是最基本、最重要、最核心的，它描述软件系统的静态结构；动态模型描述软件系统的控制结构；功能模型描述软件系统必须要完成的功能。

为了建立一个分析模型，应该遵循以下一些基本原则。

- 抽象：从许多事物中舍弃个别的、非本质的特征，抽取共同的、本质性的特征，这就叫做抽象。抽象原则有两方面的意义：第一，尽管问题域中的事物是很复杂的，但是分析员并不需要了解和描述它们的一切，只需要分析研究其中与系统目标有关的事物及其本质性特征；第二，通过舍弃个体事物在细节上的差异，抽取其共同特征而得到一批事物的抽象概念。抽象是面向对象方法中使用最为广泛的原则。抽象原则包括过程抽象和数据抽象两个方面。过程抽象是指，任何一个完成确定功能的操作序列，其使用者都可以把它看作一个单一的实体，尽管实际上它可能是由一系列更低级的操作完成的。数据抽象是根据施加于数据之上的操作来定义数据类型的，并限定数据的值只能由这些操作来修改和观察。数据抽象是 OOA 的核心原则。它强调把数据(属性)和操作(服务)结合为一个不可分的系统单位(即对象)，对象的外部只需要知道它做什么，而不必知道它如何做。

- 封装：就是把对象的属性和服务结合为一个不可分的系统单位，并尽可能隐蔽对象的内部细节。

- 继承：特殊类的对象拥有其一般类的全部属性与服务，称作特殊类对一般类的继承。在 OOA 中运用继承原则，就是在每个由一般类和特殊类形成的一般-特殊结构中，把一般类的对象实例和所有特殊类的对象实例都共同具有的属性和服务，一次性地在一般类中进行显式的定义。在特殊类中不再重复地定义一般类中已定义的东西，但是在语义上，特殊类却自动地、隐含地拥有它的一般类(以及所有更上层的一般类)中定义的全部属性和服务。继承原则的好处是：使系统模型比较简练也比较清晰。

- 分类：就是把具有相同属性和服务的对象划分为一类，用类作为这些对象的抽象描述。分类原则实际上是抽象原则运用于对象描述时的一种表现形式。

- 聚合：又称组装，其原则是把一个复杂的事物看成若干比较简单的事物的组装体，从而简化对复杂事物的描述。

- 关联：是人类思考问题时经常运用的思想方法，即通过一个事物联想到另外的事物。能使人发生联想的原因是事物之间确实存在着某些联系。

- 消息通信：这一原则要求对象之间只能通过消息进行通信，而不允许在对象之外直接地存取对象内部的属性。通过消息进行通信是由于封装原则引起的。在 OOA 中要求用消息连接表示出对象之间的动态联系。

- 粒度控制：一般来讲，人在面对一个复杂的问题域时，不可能在同一时刻既能纵观全局,又能洞察秋毫,因此需要控制自己的视野。考虑全局时,注意其大的组成部分,暂时不详察每一部分的具体的细节;考虑某部分的细节时则暂时撇开其余的部分,这就是粒度控制原则。

- 行为分析:现实世界中事物的行为是复杂的。在由大量的事物所构成的问题域中,各种行为往往相互依赖、相互交织。

1.2.2 需求陈述

需求陈述的内容包括问题范围、功能需求、性能需求、应用环境及假设条件等。需求陈述应该阐明"做什么",而不是"怎样做"。它应该描述用户的需求而不是提出解决问题的方法,也应该指出哪些是系统必要的性质,哪些是任选的性质。应该避免对设计策略施加过多的约束,也不要描述系统的内部结构,因为这样做将限制实现的灵活性。对系统性能及系统与外界环境交互协议的描述,是合适的需求。此外,对采用的软件工程标准、模块构造准则、将来可能做的扩充以及可维护性要求等方面的描述,也都是适当的需求。

书写需求陈述时,要尽力做到语法正确,而且应该慎重选用名词、动词、形容词和同义词。不少用户书写的需求陈述,都把实际需求和设计决策混为一谈。系统分析员必须把需求与实现策略区分开,后者是一类伪需求,分析员应该认识到它们不是问题域的本质性质。需求陈述可简可繁,对人们熟悉的传统问题的陈述,可能相当详细;相反,对陌生领域项目的需求,开始时可不写出具体细节。

绝大多数需求陈述都是有二义性的、不完整的甚至不一致的。某些需求有着明显错误,还有一些需求虽然表述得很准确,但它们对系统行为存在不良影响或者实现起来造价太高。另外一些需求初看起来很合理,但却并没有真正反映用户的需要。应该认识到,需求陈述仅仅是理解用户需求的出发点,它并不是一成不变的文档。不能指望没有经过全面、深入分析的需求陈述是完整、准确、有效的。随后进行的面向对象分析的目的,就是全面、深入地理解问题域和用户的真实需求,建立起问题域的精确模型。系统分析员必须与用户及领域专家密切配合,协同工作,共同提炼和整理用户需求。在这个过程中,很可能需要快速建立起原型系统,以便与用户更有效地交流。

下面分析 ATM 系统的需求陈述,如图 1.3 所示。

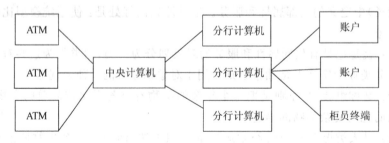

图 1.3　ATM 系统

某银行拟开发一个自动取款机系统,它是由自动取款机、中央计算机、分行计算机及柜员终端组成的网络系统。ATM 和中央计算机由总行投资购买。总行拥有多台 ATM,分别设在全市各主要街道上。分行负责提供分行计算机和柜员终端。柜员终端设在分行营业厅及分行下属的各个储蓄所内。该系统的软件开发成本由各个分行分摊。

　　银行柜员使用柜员终端处理储户提交的储蓄事务。储户可以用现金或支票向自己拥有的某个账户内存款或开新账户,也可以从自己的账户中取款。通常,一个储户可能拥有多个账户。柜员负责把储户提交的存款或取款事务输进柜员终端,接收储户交来的现金或支票,或付给储户现金。柜员终端与相应的分行计算机通信,分行计算机具体处理针对某个账户的事务并且维护账户。拥有银行账户的储户有权申请领取银行卡,使用银行卡可以通过 ATM 访问自己的账户,也可在 ATM 上提取现金(即取款),或查询有关自己账户的信息(例如,某个指定账户上的余额),办理转账、存款等业务。

　　所谓银行卡就是一张特制的磁卡,上面有分行代码和卡号。分行代码唯一标志总行下属的一个分行,卡号确定了这张卡可以访问哪些账户。每张银行卡仅属于一个储户,但是同一张卡可能有多个副本,因此,必须考虑同时在若干台 ATM 上使用同样的银行卡的可能性。也就是说,系统应该能够处理并发的访问。

　　当用户把银行卡插入 ATM 之后,ATM 就与用户交互,以获取有关这次事务的信息,并与中央计算机交换关于事务的信息。首先,ATM 要求用户输入密码,接下来 ATM 把从这张卡上读到的信息以及用户输入的密码传给中央计算机,请求中央计算机核对这些信息并处理这次事务。中央计算机根据卡上的分行代码确定这次事务与分行的对应关系,并且委托相应的分行计算机验证用户密码。如果用户输入的密码是正确的,ATM 就要求用户选择事务类型(取款、查询等)。当用户选择取款时,ATM 请求用户输入取款额。最后,ATM 从现金出口吐出现金,并且由用户选择是否打印出账单。

1.2.3　建立对象模型

　　对象模型通过描述系统中对象、对象之间的联系、属性以及刻画每个对象类的属性和操作来表示系统的静态结构。对象模型是三种模型中最重要的。重点是用对象构造系统,而不是围绕功能来构建系统,因为面向对象模型更接近实际并容易修改,所以能更快速地对变化做出反应。对象模型提供一种系统的直观的图形表示,并且文档化系统结构有利于与用户之间进行有价值的交流。

　　建立对象模型步骤是:首先确定对象类和关联(因为它们影响系统的整体结构和解决问题的方法),对于大型复杂的问题还要进一步划分出若干个主题;然后给类和关联增添属性,以进一步描述它们;接下来利用适当的继承关系进一步合并和组织类。类中的操作现在还不能确定下来,要等到动态模型和功能模型建立之后方能确定,因为这两个子模型更准确地描述了对类中提供的服务的需求。

　　需求陈述、应用领域的专业知识以及关于客观世界的常识,是建立对象模型时的主要信息来源。人认识客观世界的过程是一个渐进过程,是在继承前人知识的基础上,经反复迭代而不断深化的。因此,面向对象分析不可能严格按照顺序进行。初始的分析模型通常都是不准确、不完整甚至包含错误的,必须在随后的反复分析中加以扩充和更正。

　　下面仍以 ATM 系统为例,分 5 步详细讲述对象模型的建立过程。

　　第一步　确定类-&-对象。

　　1. 找出候选的类-&-对象

　　对象是对问题域中有意义的事物的抽象,它们既可能是物理实体,也可能是抽象概念。大多数客观事物可分为可感知的物理实体(如飞机、汽车、书)、人或组织的角色(如医生、教师、雇主、雇员)、应该记忆的事件(如飞行、演出、访问)、两个或多个对象的相互作用(如购买、纳税)、需要说明的概念(如政策、保险政策)。在分析问题时,可以参照上述 5 类常见事物,找出在当前问题域中的候选类。

另一种分析方法是非正式分析法。这种分析方法以用自然语言书写的需求陈述为依据,把陈述中的名词作为类-&-对象的候选者,把形容词作为确定属性的线索,把动词作为服务(操作)的候选者。当然,用这种简单方法确定的候选者是非常不准确的,其中往往包含大量不正确的或不必要的事物,因此还必须经过更进一步的严格筛选。

用非正式分析法分析 ATM 系统时,初步确定的类-&-对象候选者有 34 个:银行、自动取款机(ATM)、系统、中央计算机、分行计算机、柜员终端、网络、总行、分行、软件、成本、市、街道、营业厅、储蓄所、柜员、储户、现金、支票、账户、事务、银行卡、余额、磁卡、分行代码、卡号、用户、副本、信息、密码、类型、取款额、账单、访问。

通常,在需求陈述中不会一个不漏地写出问题域中所有有关的类-&-对象,因此,分析员应该根据领域知识或常识进一步把隐含的类-&-对象提取出来。例如,在 ATM 系统的需求陈述中虽然没写"通信链路"和"事务日志",但是,根据领域知识和常识可以知道,在 ATM 系统中应该包含这两个实体。

2. 筛选出正确的类-&-对象

筛选时主要依据下列标准,删除不正确或不必要的类-&-对象。

- 冗余:如果两个类表达了同样的信息,则应该保留在此问题域中最富于描述力的名称。以 ATM 系统为例,上面用非正式分析法得出的候选类中,储户与用户、银行卡与磁卡及副本分别描述了相同的两类信息,因此,应该去掉"用户""磁卡""副本"等冗余的类,仅保留"储户"和"银行卡"这两个类。

- 无关:现实世界中存在许多对象,不能把它们都纳入到系统中去,仅需要把与本问题密切相关的类-&-对象放进目标系统中。有些类在其他问题中可能很重要,但与当前要解决的问题无关,同样也应该把它们删掉。在 ATM 系统中,并不处理分摊软件开发成本的问题,而且 ATM 和柜员终端放置的地点与本软件的关系也不大。因此,应该去掉候选类"成本""市""街道""营业厅"和"储蓄所"。

- 笼统:在需求陈述中常常使用一些笼统的、泛指的名词,虽然在初步分析时把它们作为候选的类-&-对象列出来了,但是,一般情况下,要么系统无须记忆有关它们的信息,要么在需求陈述中有更明确、更具体的名词对应它们所暗示的事务,因此,通常把这些笼统的或模糊的类去掉。"银行"实际指总行或分行,"访问"实际指事务,"信息"的具体内容在需求陈述中就指明了。此外,还有一些笼统含糊的名词。总之,在本例中应该去掉"银行""网络""系统""软件""信息""访问"等候选类。

- 属性:在需求陈述中有些名词实际上描述的是其他对象的属性,应该把这些名词从候选类-&-对象中去掉。当然,如果某个性质具有很强的独立性,则应把它作为类而不是作为属性。"现金""支票""取款额""账单""余额""分行代码""卡号""密码"和"类型"等,实际上都应该作为属性对待。

- 操作:在需求陈述中有可能使用一些既可作为名词,又可作为动词的词,应该慎重考虑它们在本问题中的含义,以便正确地决定把它们作为类还是作为类中定义的操作。例如,谈到电话时通常把"拨号"当作动词,当构造电话模型时确实应该把它作为一个操作,而不是一个类。但是,在开发电话的自动记账系统时,"拨号"需要有自己的属性(如日期、时间、受话地点等),因此应该把它作为一个类。总之,本身具有属性需独立存在的操作,应该作为类-&-对象。

- 实现:在分析阶段不应该过早地考虑怎样实现目标系统,因此,应该去掉仅与实现有关的候选的类-&-对象。在设计和实现阶段,这些类-&-对象可能是重要的,但在分析阶段过早地考虑它们反而会分散我们的注意力。"事务日志"无非是对一系列事务的记录,它的确切表示方式是面向对象设计的议题;"通信链路"在逻辑上是一种联系,在系统实现时它是关联链的物理实现。因此,应该暂时去掉"事务日志"和"通信链路"这两个类,在设计或实现时再考虑它们。

综上所述,在 ATM 系统的例子中,经过初步筛选,剩下下列类-&-对象:ATM、中央计算机、分行计算机、柜员终端、总行、分行、柜员、储户、账户、事务和银行卡。

第二步　确定关联。

在需求陈述中使用的描述性动词或动词词组,通常表示关联关系。因此,在初步确定关联时,大多数关联可以通过直接提取需求陈述中的动词词组而得出。通过分析需求陈述,还能发现一些在陈述中隐含的关联。然后,还要根据领域知识再进一步补充一些关联。

3. 初步确定关联

以 ATM 系统为例,经过分析初步确定出下列关联。直接提取动词短语可以得到的关联:

- ATM、中央计算机、分行计算机及柜员终端组成网络;
- 总行拥有多台 ATM;
- ATM 设在主要街道上;
- 分行提供分行计算机和柜员终端;
- 柜员终端设在分行营业厅及储蓄所内;
- 分行分摊软件开发成本;
- 储户拥有账户;
- 分行计算机处理针对账户的事务;
- 分行计算机维护账户;
- 柜员终端与分行计算机通信;
- 柜员输入针对账户的事务;
- ATM 与中央计算机交换关于事务的信息;
- 中央计算机确定事务与分行的对应关系;
- ATM 读银行卡;
- ATM 与用户交互;
- ATM 吐出现金;
- ATM 打印账单;
- 系统处理并发的访问。

需求陈述中隐含的关联:

- 总行由各个分行组成;
- 分行保管账户;
- 总行拥有中央计算机;

- 系统维护事务日志;
- 系统提供必要的安全性;
- 储户拥有银行卡。

根据问题域知识得出的关联:

- 银行卡访问账户;
- 分行雇用柜员。

4. 筛选关联

经初步分析得出的关联只能作为候选的关联,还要经过进一步筛选,以去掉不正确的或不必要的关联。筛选时主要根据下述标准删除候选的关联。

1) 已删去的类之间的关联

如果在分析确定类-&-对象的过程中已经删掉了某个候选类,则与这个类有关的关联也应该删去,或用其他类重新表达这个关联。由于已经删去了"系统""网络""市""街道""成本""软件""事务日志""现金""营业厅""储蓄所"和"账单"等候选类,因此,与这些类有关的下列 8 个关联也应该删去:

- ATM、中央计算机、分行计算机及柜员终端组成网络;
- ATM 设在主要街道上;
- 分行分摊软件开发成本;
- 系统提供必要的安全性;
- 系统维护事务日志;
- ATM 吐出现金;
- ATM 打印账单;
- 柜员终端设在分行营业厅及储蓄所内。

2) 与问题无关的或应在实现阶段考虑的关联

应该把处在本问题域之外的关联或与实现密切相关的关联删去。"系统处理并发的访问"并没有标明对象之间的新关联,它只不过提醒我们在实现阶段需要使用实现并发访问的算法,以处理并发事务。

3) 瞬时事件

关联应该描述问题域的静态结构,而不应该是一个瞬时事件。"ATM 读银行卡"描述了 ATM 与用户交互周期中的一个动作,它并不是 ATM 与银行卡之间的固有关系,因此应该删去。类似地,还应该删去"ATM 与用户交互"这个候选的关联。如果用动作表述的需求隐含了问题域的某种基本结构,则应该用适当的动词词组重新表示这个关联。例如,在 ATM 系统的需求陈述中,"中央计算机确定事务与分行的对应关系"隐含了结构上"中央计算机与分行通信"的关系。

4) 三元关联

3 个或 3 个以上对象之间的关联,大多可以分解为二元关联或用词组描述成限定的关联。"柜员输入针对账户的事务"可以分解成"柜员输入事务"和"事务修改账户"这样两个二元关联。"分行计算机处理针对账户的事务"也可以做类似的分解。"ATM 与中央计算机交换关于事务的信息"这个候选的关联,实际上隐含了"ATM 与中央计算机通信"和"在 ATM 上输入事务"这两个二元关联。

5）派生关联

应该去掉那些可以用其他关联定义的冗余关联。例如，在 ATM 系统的例子中，"总行拥有多台 ATM"实质上是"总行拥有中央计算机"和"ATM 与中央计算机通信"这两个关联组合的结果；而"分行计算机维护账户"的实际含义是"分行保管账户"和"事务修改账户"。然后进一步完善经筛选后余下的关联，例如，"分行提供分行计算机和柜员终端"可以改为"分行拥有分行计算机"和"分行拥有柜员终端"；把"事务"分解成"远程事务"和"柜员事务"。在 ATM 系统中把"事务"分解成上述两类之后，需要补充"柜员输入柜员事务""柜员事务输进柜员终端""在 ATM 上输入远程事务"和"远程事务由银行卡授权"等关联。

第三步　确定主题。

主题是一种关于模型的抽象机制，起到一种控制作用。一个实际的目标系统通过对象和机构的确定，将问题空间的事物进行了抽象和概括，但是所确定的对象和结构数目巨大，必须进一步抽象。从名称来看主题就是一个名词或者名词短语，与对象名类似，但是主题和对象的抽象程度不同。确定主题的方法为：

- 为每一个结构追加一个主题；
- 为每一个对象追加一个主题；
- 若当前主题的数目超过 7 个，则对已经存在的主题进行归并。归并的原则是当两个主题对应的属性和服务有着较密切的联系时，就将它们归并为一个主题。

主题是一个单独的层次，每个主题有一个序号，主题之间的联系是消息连接。以 ATM 为例，可以把它划分成"总行""分行"和 ATM 3 个主题，这 3 个主题分别编号为 1、2、3。"总行"这个主题中包含的类有"总行"和"中央计算机"；"分行"这个主题中包含的类有"分行""账户""分行计算机""柜员""柜员终端"和"柜员事务"；ATM 主题中包含的类有"储户""银行卡""远程事务"和 ATM。

第四步　确定属性。

确定一个属性有 3 个基本准则：

- 判断它对相应对象或分类结构的每一个实例是否都适用；
- 在现实世界中它与这种事物的关系是否最密切；
- 确定的属性应当是一种相对的原子概念，它不依赖于并列的其他属性就可以理解。

对分类结构中的对象，要确定属性与特定属性之间的从属关系。根据继承的观点，低层对象的共有属性在上层对象中定义，而低层对象只定义自己特有的属性。属性的确定既与问题域有关，也与目标系统的任务有关。应该仅考虑与具体应用直接相关的属性，不要考虑那些超出所要解决的问题范围的属性。在分析过程中应该首先找出最重要的属性，以后再逐渐把其余属性增添进去。在分析阶段不要考虑那些纯粹用于实现的属性。

认真考察经初步分析而确定下来的那些属性，从中删掉不正确的或不必要的属性。限定是一种特殊的链属性，正确使用限定词往往可以减少关联的阶数。如果把某个属性值固定下来以后能减少关联的阶数，则应该考虑把这个属性重新表述成一个限定词。在 ATM 系统的例子中，"分行代码""账号""雇员号"和"站号"等都是限定词。"卡号"实际上也是一个限定词。在研究卡号含义的过程中，发现以前在分析确定关联的过程中遗漏了"分行发放银行卡"这个关联，现在把这个关联补上，卡号是这个关联上的限定词；"分行代码"是关联"分行组成总行"上的限定词；"账号"是关联"分行保管账户"上的限定词；"雇员号"是关联

实用软件设计模式教程(第 2 版)

"分行雇用柜员"上的限定词；"站号"是"分行拥有柜员终端""柜员终端与分行计算机通信"及"中央计算机与ATM通信"这三个关联上的限定词。通过分析，可以得到 ATM 系统中各个类的属性，如图 1.4 所示。

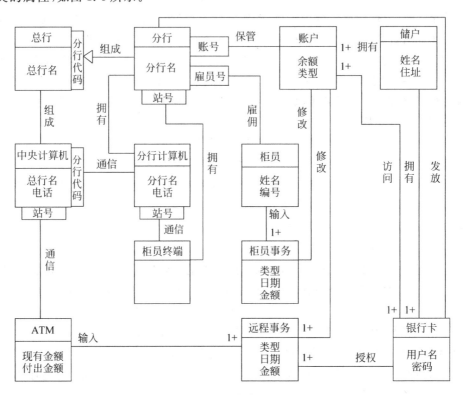

图 1.4　ATM 对象模型中的属性

第五步　对对象模型进行精化。

以上初步完成了对象模型的构造，但为了精简该对象模型，需要利用继承关系，按照自顶向下或者自低向上的方式对系统中众多的对象类进行重组，实现类的共享，以达到优化的目的。

通常可以使用以下两种方式建立继承(即归纳)关系。

- 以自底向上的方式抽象出具有若干个对象类共同性质的父类，这个过程实质上模拟了人类归纳思维的过程。例如，在 ATM 系统中，"远程事务"和"柜员事务"是类似的，可以归纳出"事务"这个父类。类似地，可以从 ATM 和"柜员终端"中归纳出"输入站"这个父类。

- 以自顶向下的方式把当前类细化成更具体的子类，这实际上模拟了人类的演绎思维过程。例如，带有形容词修饰的名词词组往往暗示了一些具体类，但是，在分析阶段应该避免过度细化。

利用多重继承虽然可以提高类的共享程度，但也会增加系统的复杂程度。模型的建立过程是一个多次反复修改、逐步完善的过程。由于面向对象的概念和符号在整个开发过程中都是一致的，因此模型的构造更容易做到过程迭代、信息反馈、逐步完善。

实际工作中，模型的构造过程并不一定严格按照前面介绍的次序进行。可以合并几个步骤的工作一起完成，也可以按照自己的习惯交换前后各项工作的次序，还可以先初步完成几项工作,再返回来加以完善。但是,如果是初次接触面向对象方法,则最好先按以上介绍的次序进行,待有了实际经验以后,再总结出更适合自己的构造方式。

下面讨论对 ATM 系统可能做的修改。

- 分解"银行卡"类。实际上,"银行卡"具有两项相对独立的功能,它既是鉴别储户使用 ATM 权限的磁卡,又是 ATM 获得分行代码和卡号等数据的载体。因此,把"银行卡"类分解为"卡权限"和"银行卡"两个类,将使每个类的用途更单一,前一个类用于识别储户访问账号的权限,后一个类用于获得分行代码和卡号。多张银行卡可能对应着相同的访问权限。
- "事务"类由"更新"类组成。通常,一个事务包含对账户的若干次更新,这里所说的更新,指的是对账号所做的一个动作(取款、存款或查询)。"更新"虽然代表一个动作,但是它拥有自己的属性(类型、金额等),应该独立存在,因此应该把它作为对象类,一次更新动作是"更新"类的一个对象。
- 把"分行"与"分行计算机"合并。区分"分行"与"分行计算机",对于分析这个系统来说,并没有多大意义,为简单起见,应该将它们合并。类似地,应该合并"总行"和"中央计算机"。

图 1.5 给出了修改后的 ATM 对象模型,与修改前相比较,它更简单更清晰。

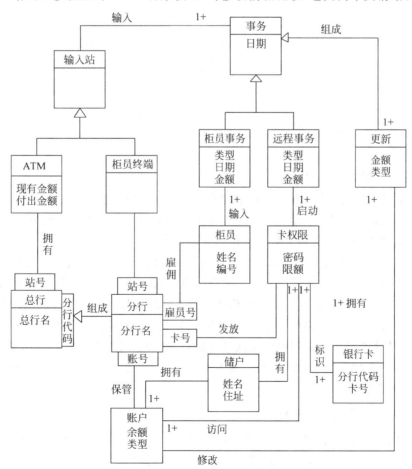

图 1.5　ATM 对象模型

1.2.4 建立动态模型

对象模型定义了对象的静态结构关系,这对于了解、认识和构造对象是有帮助的。但问题的求解活动是动态的,它要求对象之间发生复杂的动态时序联系,系统中涉及到时序关系变化和状态变迁的问题,需要用动态模型表达。对象的动态行为与下列 3 个因素有关。

- 状态:状态是对象在某个特定时刻属性值构成的集合,是影响对象行为的属性值的一种抽象,一个对象的状态规定了对象对输入的响应方式。对输入的响应,既可以是执行一个(或一系列)动作序列,也可以是仅仅改变对象本身的状态。

- 事件:事件是某个特定时刻发生的事情,是引起对象从一种状态转换到另一种状态的一段信息,这段信息是现实世界中可能发生事件的抽象。事件没有持续时间,是瞬时完成的。事件可以从一个对象单向传送到另一个对象,接收事件的对象,可以回送应答信息也可以不回送。应答信息本身也是一个独立事件。

- 动作:动作是对象在状态转换过程中所进行的一系列处理操作。动态模型主要由状态图和事件跟踪图构成。状态图是表达对象状态转换过程的图形方法。状态用椭圆框表示,框内应注明状态名和动作信息,状态与状态之间的转换用箭头表示,箭头上面标出事件名。必要时在事件名后面写上状态转换的条件,也就是说,当所列出的条件为真时,该事件的发生才引起箭头所示的状态转换。状态图既可以表示循环的运行过程,也可以表示从输入到输出的连续过程:当描述动态执行过程时,需要说明初始状态和最终状态(创建对象时进入初始状态,对象撤销时到达最终状态)。在状态图中,初始状态用实心圆表示,最终状态用一对同心圆表示。事件跟踪图表达对象与对象之间可能发生的所有事件,以及按发生时间的先后顺序列出所有事件的一种图形方法。

1. 编写系统交互式活动的脚本

系统的动态行为表现为用户与系统之间的一个或多个交互行为的过程。所谓脚本(Script)就是详细描述每一个动态交互过程动作序列的信息。脚本中应包括动态交互过程中发生的事件以及响应事件而采取的动作序列。

脚本的编写过程实质上也就是一个分析用户对系统交互行为过程提出要求的过程。编写脚本时应与用户充分协商,交换看法。每当用户(或其他外部设备)与系统中的对象交换信息时,就会发生一个事件,交换的信息值就是该事件的参数(例如,"输入密码"事件的参数就是所输入的密码)。有许多事件是无参数的,该类事件的发生仅仅是传递一个信息。对每一个事件,脚本中都应该明确说明触发该事件的对象(如系统、用户或其他外部实体)、接收该事件的目标对象以及该事件的参数。表 1.1 和表 1.2 分别给出了 ATM 系统的正常情况脚本和异常情况脚本。

2. 构造交互过程的用户界面

动态交互过程除了内部数据流和控制流交错执行的控制逻辑外,还必须提供一个初始事件或信息的外部输入界面。界面的形式可以是命令行的字符界面,也可以是图形形式的界面。

表 1.1　ATM 系统的正常情况脚本

. ATM 请储户插卡,储户插入一张银行卡。 . ATM 接受该卡,并读取它上面的分行代码和卡号。 . ATM 要求储户输入密码:储户输入自己的密码,如 123456 等数字。 . ATM 请求总行验证卡号和密码:总行要求 39 号分行核对储户密码,然后通知 ATM 说这张卡有效。 . ATM 要求储户选择事务类型(如取款、存款、转账和查询等):储户选择"取款"。 . ATM 要求储户输入取款额:储户输入 1000。 . ATM 确认取款额在预先规定的限额内,然后要求总行处理这个事务:总行把请求转给分行,该分行成 　功地处理完这项事务并返回该账号的新余额。 . ATM 吐出现金,请求储户取现金:储户取走现金。 . ATM 问储户是否继续本次事务:储户回答"不"。 . ATM 打印账单退出银行卡,请求储户取卡:储户取走账单和卡。

表 1.2　ATM 系统的异常情况脚本

. ATM 请储户插卡:储户插入一张银行卡。 . ATM 接受这张卡并顺序读取上面的数字。 . ATM 要求密码:储户误输入"8888"。 . ATM 请求总行验证输入的数字和密码,总行在向有关分行询问之后拒绝这张卡。 . ATM 显示"密码错",并请储户重新输入密码:储户输入"123456";ATM 请总行验证后知道这次输入 　的密码正确。 . ATM 请储户选择事务类型:储户选择"取款"。 . ATM 询问取款额:储户改变主意不想取款了,按"取消"键。 . ATM 退出银行卡,请求储户取走:储户取走卡。

虽然动态模型分析和刻画了应用系统的内部控制逻辑,但用户对系统的"第一印象"往往来自于界面。因此,用户界面的美观、方便、易学以及高效率等特点对用户接受一个系统有很重要的作用。面向对象分析中考虑的主要是界面所提供的信息交换方式,这种信息交换方式决定了动态交互过程的运行质量。未经过实际使用,很难评价一个用户界面的优劣,因此,软件开发人员应当快速构造用户界面的原型,供用户试用与评价。ATM 系统的界面原型如图 1.6 所示。

3. 构造事件跟踪图

自然语言形式的脚本无法简明、直观地表达对象与对象之间发生的种种事件,而事件跟踪图则能够清楚地表达事件及事件与对象之间的关系。事件跟踪图中,用一条竖直线代表一个类或对象,用一条水平的箭头表示一个事件,箭头方向是从发送事件的对象指向接收事件的对象。事件按产生的时间从上向下逐一列出。箭头之间的距离并不代表两个事件之间的时间差,图中仅用箭头在垂直方向上的相对位置表示事件发生的先后顺序。ATM 系统正常情况脚本的事件跟踪图如图 1.7 所示。

构造事件跟踪图时,首先要认真分析每个脚本的信息,从中提取所有外部事件信息(用户或设备与系统交互的所有信号、输入、输出、中断、动作等)及异常事件和出错条件的信息。传递信息的对象的动作也是事件。例如,储户插入银行卡、储户输入密码、ATM 吐出现金等都是事件。大多数对象到对象的交互行为都对应着事件。

实用软件设计模式教程(第 2 版)

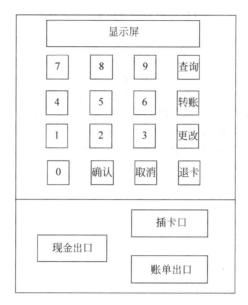

图 1.6　初步设想出的 ATM 界面格式

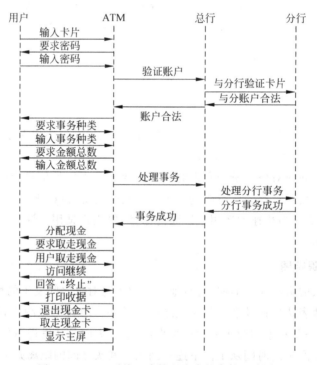

图 1.7　ATM 系统正常情况脚本的事件跟踪图

　　确定了每类事件的发送对象和接收对象之后,就可以用事件跟踪图把事件序列以及事件与对象的关系形象、清晰地表示出来。事件跟踪图实质上是扩充的图示脚本,因此应该对每一个脚本构造一张事件跟踪图。

4. 构造系统对象的状态图

状态图刻画了事件与对象状态之间的关系,通过状态图可以清楚地看到对象的状态是如何受事件的影响而发生转换的。由事件引起的状态改变称为"转换",如果一个事件并不引起当前对象状态发生转换,则可以忽略这个事件。

状态图的构造过程可从事件跟踪图开始,首先分析某一类对象的关联事件,也就是事件跟踪图中指向某条竖直线的那些箭头。把这些事件作为状态图中的有向边,边上标记事件名(有必要的话,再附上条件名)。两个事件之间就代表对象的一个状态。每个状态应当取个有意义的名字。通常,从事件跟踪图中当前考虑的对象(竖直线)射出的箭头,是这个对象到达某个状态时所做的动作(往往这又是引起另一类对象状态转换的事件)。

正常事件描述之后,还应考虑边界情况和特殊情况下可能发生的事件,其中包括在不适当的时候发生的事件(例如,系统正在处理某个事务时,用户要求取消该事务和由于资源调度的原因产生的"超时"事件)。用户使用出错情况的处理也是系统必须重点考虑的问题,尽管增加这些事件的处理,会使系统结构变得复杂、繁琐,但这是用户的需要,也是系统提供优质服务的需要。

根据事件跟踪图画出状态图之后,再把其他脚本的事件跟踪图合并到已画出的状态图中。当状态图覆盖了所有脚本,包含了影响某类对象状态的全部事件时,该类对象的状态图也就构造出来了。对这张状态图还要进行完整性和出错处理能力的检测,检测的最好方法就是结合状态图,多问几个"如果……那么……"一类的问题。

以 ATM 系统为例,ATM、"柜员终端""总行"和"分行"都是主动对象,它们相互发送事件。而"银行卡""事务"和"账户"是被动对象,并不发送事件。"储户"和"柜员"虽然也是产生动作的对象,但是,它们都是系统的外部实体,无须在系统内实现它们。因此,只需要考虑 ATM、"总行"、"柜员终端"和"分行"的状态图。图 1.8 是 ATM 的状态图。这个状态图是简化过的,尤其是对于异常情况和出错情况的考虑是相当粗略的(例如,图中并没有表示在网络通信链路不通时的系统行为,实际上在这种情况下,ATM 停止处理储户事务)。

5. 动态模型的合并和精化

各类对象的状态图通过共享事件合并起来,就构成了系统的动态模型。在完成了每个具有重要交互行为的对象的状态图之后,应该检查系统一级的完整性和一致性。一般来说,每个事件都应该既有发送对象又有接收对象。当然,有时发送者和接收者是同一个对象。对于没有前驱或后继的状态应该重点审查,如果这个状态不是交互序列的起点或终点,则表明发现了一个错误。

应该认真审核每个事件,跟踪它对系统中各个对象所产生的效果,以保证这些事件与每个脚本相匹配。

以 ATM 系统为例。在"总行"类的状态图中,事件"分行代码错"是由总行发出的。但是在 ATM 类的状态图中并没有一个状态接收这个事件。因此,在 ATM 类的状态图中应该再补充一个状态"do：显示分行代码错信息",它接受由前驱状态"do：验证账户"发出的事件"分行代码错",其后续状态是"退卡"。

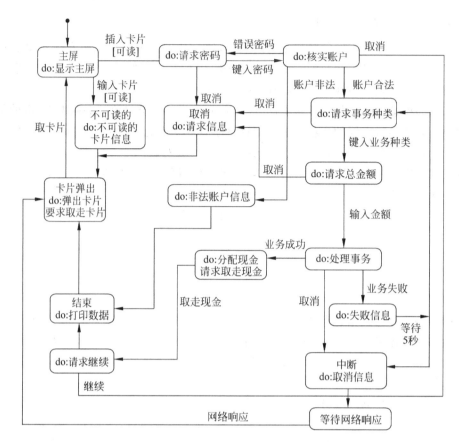

图 1.8　ATM 类的状态图

1.2.5　建立功能模型

功能模型表达的是系统内部数据流的传送和处理的过程,它由一组数据流图组成。在面向对象的开发方法中,采用功能模型的形式描述系统做什么的问题。建立功能模型有助于软件开发人员更深入地理解问题域,改进和完善自己的设计。通常在建立对象模型和动态模型之后再建立功能模型。

1. 基本系统模型

基本系统模型由若干个数据源点/终点(用方框表示)及一个处理框(用圆框表示)组成。这个处理框代表了系统加工、变换数据流的全部功能。基本系统模型指明了目标系统与外部环境的边界。由数据源输入的数据流和输出到终点的数据流,是系统与外部环境之间交互事件的参数。

图 1.9 是 ATM 系统的基本系统模型。尽管在储蓄所内,储户的事务是由银行柜员通过柜员终端提交给系统的,但是信息的来源和最终接收者都是储户,因此,本系统的数据源/终点均为储户。另一个数据源点是银行卡,因为系统从它上面读取分行代码、卡号等信息。

2. 功能级数据流图

把基本系统模型中单一的处理框按其承担完成的功能分解成若干个处理框,以描述系统加工、变换数据流的过程,就得到分层的功能级数据流图,如图 1.10 所示。

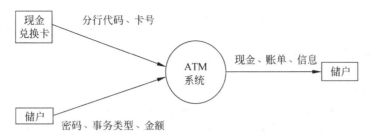

图 1.9　ATM 系统的基本系统模型

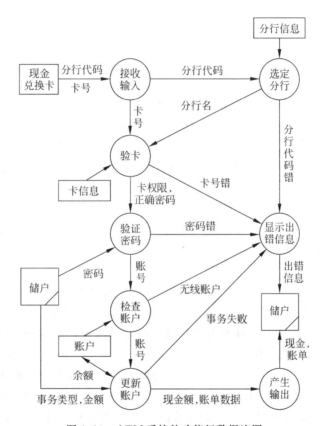

图 1.10　ATM 系统的功能级数据流图

3. 描述处理框功能

把数据流图中的处理框分解细化到一定程度之后(不再分解的原则是:每个处理框中实现的功能已较单一,实现比较容易),就应该描述图中各个处理框实现的功能。注意,着重描述的是每个处理框所实现的功能,而不是定义实现功能的具体算法。

处理框描述(即加工定义)可以是说明性的,也可以是过程性的。说明性描述规定了输入值和输出值之间的因果关系,以及输出值应符合的内容格式要求。过程性描述则通过算法逻辑说明加工"做什么"。两种描述形式各有优缺点,采用何种描述形式,因人和实际问题而定。数据流图中大多数加工实现的功能都比较简单。下面对"更新账户"这个处理功能进行描述,如表 1.3 所示。

表 1.3　对更新账户功能的描述

加工名:更新账号

输入数据流:账号、事务类型和金额。

输出数据流:现金额、账单数据和信息。

加工处理逻辑说明:

  如果取款额超过账户当前余额,拒绝该事务且不付出现金;

  如果取款额不超过当前余额,从余额中减去取款额后作为新的余额,付出储户要取的现金;

  如果事务是存款,把存款额加到余额中得到新余额,不付出现金;

  如果事务是查询,不付出现金。

  在上述任何一种情况下,账单内容都是:ATM 号、日期、时间、账号、事务类型、事务金额(如果有的话)和新金额。

4. 类和对象中服务的定义

在面向对象技术中,对象是由一组属性数据和基于数据之上的一组服务(又称操作或方法)封装而构成的独立单元。因此,建立一个完整的对象模型,既要确定类中的属性信息,还要确定类中应该提供的服务。确定类中应提供哪些服务的工作需要在动态模型和功能模型构造完成之后才能进行,因为这两个子模型明确地描述了每个类中应该分担的系统责任,依据这些责任便可以确定类中应提供哪些服务。确定一个类中的服务,主要取决于该类在问题中的实际作用以及求解过程中承担的处理责任。确定的原则如下。

- 基本的属性操作服务:一个类中定义属性数据是表达状态的主要内容,因此,类中应提供访问、修改自身属性值的基本操作。一般来说,这类操作属于类的内部操作,可不必在对象模型中显式表示。

- 事件的处理操作:在面向对象的系统中,一个事件即意味着一条消息,类和对象中必须提供处理相应消息的服务。动态模型中状态图描述了对象应接收的事件(消息),因此该对象中必须具有由消息选择指定的服务,这个服务修改对象的状态(属性值)并启动相应的服务。

- 完成数据流图中处理框对应的操作:功能模型中的每个处理框代表了系统应实现的部分功能,而这些功能都与一个对象(也可能是若干个对象)中提供的服务相对应。因此,应该仔细分析状态图和数据流图,以便正确地确定对象应该提供的服务。例如,在 ATM 系统中,从状态图上看出"分行"对象应该提供"验证卡号"服务,而在数据流图中与之对应的处理框是"验卡",根据实际功能,"分行"对象中应提供"验卡"这个服务。

- 利用继承机制优化服务集合,减少冗余服务:在一个对象提供的服务或多个对象提供的服务中,可能会存在冗余或重复的情况。应该尽量利用继承机制优化服务功能和减少服务的数目。只要不违反问题的实际情况和一般常识,应该尽量抽取相似的公共属性和服务,以建立这些相似类的新父类,并在类等级的不同层次中正确地定义各个服务。

1.3　面向对象设计

　　分析是提取和整理用户需求,并建立问题域精确模型的过程。设计则是把分析阶段得到的需求转变成符合成本和质量要求的、抽象的系统实现方案的过程。从面向对象分析到面向对象设计,是一个逐渐扩充模型的过程,在这个过程中软件工程的抽象层次不断提高。从对象到类,建立新类库,最终到整个应用的构架,为程序的构件化和重用奠定了基础。尽管分析和设计的定义有明显区别,但是在实际的软件开发过程中两者的界限是模糊的。许多分析结果可以直接映射成设计结果,而在设计过程中又往往会加深和补充对系统需求的理解,从而进一步完善分析结果。因此,分析和设计是一个多次反复迭代的过程。

1.3.1　面向对象设计的准则

　　优秀设计能够权衡各种因素,从而使得系统在其整个生命周期中的总开销最小。对大多数软件系统而言,60%以上的软件费用都用于软件维护,因此,优秀软件设计的一个主要特点就是容易维护。软件设计的基本原理在进行面向对象设计时仍然成立,但是增加了一些与面向对象方法密切相关的新特点,从而具体化为面向对象设计准则。

- 模块化:模块是软件工程中一个基本的概念,它是软件系统的基石。在结构设计方法中,模块是按系统功能的划分而组织的执行实体。而在面向对象方法中,对象就是模块,它是把数据和处理数据的方法(服务)结合在一起而构成的概念实体。
- 抽象化:包括过程抽象、数据抽象、规格说明抽象及参数化抽象等。面向对象方法既支持过程抽象,又支持数据抽象。使用者无须知道操作符的实现算法和类中数据元素的具体表示方法,就可以通过操作符使用类中的数据。
- 信息隐藏和封装:封装是一种数据的构造方式,它从手段上保证了对象的数据结构和服务实现的隐蔽。在面向对象方法中,信息隐藏是通过对对象的封装来实现的。类和对象在构造中将接口与实现过程分离,从而支持了实现过程信息的隐蔽。
- 对象的高内聚和弱耦合:内聚与耦合是软件设计中评价模块独立性(也就是模块划分的质量)的指标。在面向对象方法中,对象和类成为基本模块,因此,模块内聚就是指一个对象或类中其内部属性和服务相互联系的紧密程度;耦合是指一个软件结构内不同模块之间相互联系的紧密程度。
- 可扩充性:面向对象易扩充设计,继承机制以两种方式支持扩充设计。第一,继承关系有助于复用已有定义,使开发新定义更加容易。随着继承结构的逐渐变深,新类定义继承的规格说明和实现的量也就逐渐增大。这通常意味着,当继承结构增长时,开发一个新类的工作量反而逐渐减小。第二,在面向对象的语言中,类型系统的多态性也支持可扩充的设计。
- 可重用性:软件可重用是提高软件开发生产率和目标系统质量的重要途径。重用基本上从设计阶段开始。重用有两方面的含义:一是尽量使用已有的类(包括开发环境提供的类库及以往开发类似系统时创建的类);二是在设计新类的协议时,应该考虑将来的可重复使用。

1.3.2　问题域部分设计

通过面向对象分析所得出的问题域精确模型,为设计问题域子系统奠定了良好的基础,建立了完整的框架。通常,面向对象设计仅需从实现角度对问题域模型进行一些补充或修改,主要是增添、合并或分解类与对象、属性及服务,调整继承关系等。当问题域子系统过分复杂庞大时,应该把它进一步分解成若干个小的子系统。

使用面向对象方法开发软件时,能够保持问题域组织框架的稳定性,从而便于追踪分析、设计和编程。在设计与实现过程中所做的细节修改(例如增加具体类,增加属性或服务),并不影响开发结果的稳定性,因为系统的总体框架是基于问题域的。对于需求可能随时间变化的系统来说,稳定性是至关重要的。稳定性也是能够在类似系统中重用分析、设计和编程结果的关键因素。为更好地支持系统在其生命期中的扩充,同样也需要稳定性。

面向对象方法的核心是:促使人们按照问题本身去组织系统的概念框架。无论分析、设计、实现,每一个阶段都是按照问题域本身的样子去构造组织的。因此,问题域子系统是软件系统中定义问题、表达类和对象静态结构和动态交互关系的求解模型,它是软件系统的核心;问题域子系统以分析阶段的对象模型以及动态模型为基础,从技术实现的角度对模型进行必要的补充或修改。问题域子系统设计的主要内容有如下几个方面。

- 按照需求信息的最新变动调整并修改模型:当系统需求的变化时,只需要先修改面向对象分析模型,然后再把这些修改反映到问题域子系统中。
- 调整和组合问题域中的类:良好的类定义是面向对象设计工作的关键,在研究分析模型时,必须对类的定义和内容做认真仔细的分析。首先应尽量使用(复用)已定义好的类(许多面向对象的开发工具都提供了定义良好的基类),或从复用类中添加"一般-特殊"关系派生出与问题域相关的类,这样就可以利用继承关系,复用继承来的属性和服务功能。若确实没有可供复用的类而必须创建新类时,也应当充分考虑新类的协议内容,以利于今后的复用。另外,若在设计过程中发现一些具体的类需要定义一个公共协议,也就是说,这些类都需要定义一组类似的服务(很可能还需要相应的属性),则可以引入一个父类(或者叫根类),以便建立这个协议(即命名公共服务集合)。
- 调整对象模型中继承的支持级别:如果对象模型中包含了多重继承关系,然而所使用的程序设计语言并不提供多重继承机制,则在问题域子系统的设计中,应该把对象模型中的多重继承结构转换成单继承结构。支持继承机制的语言能直接描述问题域中固有的语义,并能表示公共的属性和服务,为重用奠定了较好的基础。因此只要可能,就应该使用具有继承机制的语言开发软件系统。
- 改进系统性能:性能是评价一个系统运行效率的重要指标,性能的改进主要从系统的运行速度、空间消耗、成本的节省以及用户满意度等方面进行。例如,在类及对象中扩充一些保存临时结果的属性以节省计算时间;尽量合并那些运行时需要频繁交换信息的对象类。
- 增加底层细节:从技术实现的角度,将问题域中一些底层的细节信息(主要是与硬件、设备或物理连接相关的信息)分离成独立的细节类,以隔离高层的逻辑实现。当问题域子系统规模较大时,可将其分解为若干个更小的部分。

图 1.11 给出了 ATM 系统的问题域子系统的结构。在面向对象设计过程中,把 ATM 系统的问题域子系统进一步划分成了 3 个更小的子系统,即 ATM 站子系统、中央计算机子系统和分行计算机子系统。它们的拓扑结构为星形,以中央计算机为中心向外辐射,同所有 ATM 站及分行计算机通信。物理连接用专用电话线实现。根据 ATM 站号和分行代码,可区分由每个 ATM 站和每台分行计算机连向中央计算机的电话线。

由于在面向对象分析过程中已经对 ATM 系统做了相当仔细的分析,而且假设所使用的实现环境能完全支持面向对象分析模型的实现,因此,在面向对象设计阶段无须对已有的问题域模型做实质性的修改或扩充。

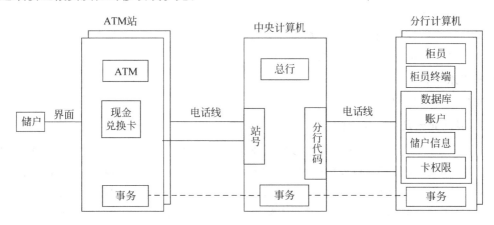

图 1.11 ATM 系统问题域子系统的结构

1.3.3 人机交互部分设计

人机交互部分突出人如何命令系统以及系统如何向用户提交信息。人机交互部分的友好性直接关系到一个软件系统的成败,设计结果对用户情绪和工作效率也会产生重要影响。若交互界面设计得好,则会使系统对用户产生吸引力,能够激发用户的创造力,提高工作效率;相反,设计得不好则会使用户感到不适应、不方便,甚至产生厌烦情绪。

在面向对象分析过程中,对用户界面已做了初步的分析。在面向对象的设计阶段,则对系统的人机交互子系统进行详细设计,以确定人机交互的细节,其中包括指定窗口和报表的形式,设计命令层次等内容。

软件工程中关于用户界面的设计主要遵循以下原则。

- 界面形式应力求简单友好。
- 界面系统应提供一定的容错或纠错机制。人在与系统交互的过程中难免会犯错误,因此,应该提供"撤销(undo)"命令以使用户撤销错误动作,消除错误动作造成的后果。
- 符合用户的实际需求和使用习惯。设计一个软件系统的界面时,应分析不同类别用户的实际需求,以及充分考虑用户的知识、技能水平,确定用户满意的并乐于接受的界面形式和结构。

1. 分类用户和描述用户

人机交互界面是给用户使用的,为设计好人机交互部分,设计者必须认真研究使用它的用户。把自己置身于用户的地位,身临其境地观察人们如何做他们的工作,这对设计人机交互界面是非常必要的。考虑人们想达到什么目的、完成什么任务,能提供什么具体的工具来支持那些任务的完成,工具如何做到最协调、使用方便,通常考虑以下几个方面。

- 按技能层次分类:可分为初学者、初级、中级和高级。
- 按职务分类:可分为总经理、经理、管理人员和办事员。
- 按不同组的成员分类:可分为职员和顾客。
- 应该仔细了解将来使用系统的每类用户的情况,把获得的下列各项信息记录下来。

用户类型:

使用系统要达到的目的;

特征(年龄、性别、受教育程度和限制因素等);

成功的关键因素(需求、爱好和习惯等);

技能水平;

完成本职工作的脚本。

2. 界面元素及命令层次的设计

以 Windows 为代表的图形界面形式已成为计算机平台上软件应用系统事实上的界面标准。在设计系统图形用户界面时,采用的界面元素应与 Windows 应用程序界面相一致,并遵守广大用户的习惯约定,这样才会被用户接受和喜爱。命令层次就是采用过程抽象机制,将系统提供的功能以命令的形式组织起来,并按照界面的设计原则,用友好的、标准的界面元素表达的一种层次结构。在设计命令层次时,通常先对系统提供的服务功能进行过程抽象,然后再按下列因素综合设计。

- 次序:仔细选择每个服务的名字,并在命令层的每一部分内把服务排好次序,排序时可以把最常用的服务放在最前面,也可以按照用户习惯的工作步骤排序。
- 整体部分关系:寻找在这些服务中存在的整体部分模式,这样做有助于在命令层中将服务分组。
- 宽度和深度:由于人的短期记忆能力有限,命令层次的宽度和深度都不应该过大。
- 操作步骤:应该用尽量少的单击、拖动和按键组合来表达命令,而且应该为高级用户提供简捷的操作方法。

界面系统的设计可利用面向对象开发工具提供的人机界面类实现。例如在 Windows 环境下运行的 Visual C++语言提供了 MFC 类库,设计人机界面类时,往往仅需从 MFC 类库中选出一些适用的类,然后从这些类派生出符合自己需求的类就可以了。

3. 任务管理部分设计

软件系统是完成系统任务的一个逻辑实体。在软件系统所完成的任务中,有些任务是顺序完成的,而有些任务必须以并发交替的方式完成。用传统方法设计的软件系统,其任务的执行方式大多是顺序的,因此,其任务管理的功能可以很简单。而在面向对象的软件系统中,一个任务的完成可能需要多个对象以并发交互的方式协同配合。这个并发任务的执行过程可以通过分析阶段的动态模型来识别和确认。

如果两个对象之间不存在信息交互,则这两个对象在本质上是可以并发活动的,通过检查各个对象的状态图及它们之间交换的事件,能够把若干个非并发的对象归并到一条控制线中。所谓控制线,就是一条遍及状态图集合的路径,在这条路径上每次只有一个对象是活动的。在计算机系统中,用任务(Task)来实现这一条控制线,也可以将任务视为一连串活动(其含义由服务代码定义)构成的一个进程(Process)。若干个任务的并发执行称为多任务。

对于某些应用系统来说,通过划分任务,可以简化系统结构的设计及部分编码工作,不同的任务标识了必须同时发生的不同行为。任务的并发行为可以在多处理器硬件上实现,但要增加进程之间的通信任务;也可以在单处理器的计算机上,借助多任务操作系统的支持,以时间片轮转的分时共享方式执行。常见的任务有事件驱动型任务、时钟驱动型任务、优先任务、关键任务和协调任务等。设计任务管理子系统,包括确定各类任务并把任务分配给适当的硬件或软件去执行等内容。

4. 确定事件驱动型任务

一些负责与硬件设备通信的任务是由事件驱动的,也就是说,这种任务可由事件来激发。通常,事件是表明某些数据到达的信号。

在系统运行时,这类任务的工作过程如下:任务处于睡眠状态(不消耗处理器时间),等待来自数据线或其他数据源的中断;一旦接收到中断,该任务就被唤醒,接收数据并把数据放入内存缓冲区或其他目的地,通知需要知道这件事的对象;然后该任务又回到睡眠状态。

5. 确定时钟驱动型任务

有些任务以固定的时间间隔激发某事件,以执行一些处理。例如某些设备需要周期性地获得数据;某些人-机接口、子系统、任务、处理器或其他系统也可能需要周期性地通信。因此,时钟驱动型任务应运而生。

时钟驱动型任务的工作过程如下:任务设置了唤醒时间后进入睡眠状态;任务睡眠(不消耗处理器时间),等待来自系统的中断;一旦接收到这种中断,任务就被唤醒,执行它的工作,再通知所有有关的对象;然后该任务又回到睡眠状态。

6. 确定优先任务和关键任务

任务优先级能根据需要调节实时处理的优先级次序,保证紧急事件能在限定的时间内得到处理。优先级分为以下两种。

- 高优先级:某些服务因需要完成一些有特权的操作,如资源调度、实时处理等,而被赋予了很高的优先级。为了在严格限定的时间内完成这种服务,就需要把这类服务分离成独立的、高优先级的任务。
- 低优先级:与高优先级相反,有些服务的工作不是特别重要,系统在允许的情况下才会去执行它们,这类任务属于低优先级处理(通常指那些背景处理)。设计时应该将这类服务分离出来。

关键任务是有关系统成功或失败的关键处理,这类处理通常都有严格的可靠性要求。在设计过程中可用额外的任务把这样的关键处理分离出来,以满足高可靠性处理的要求。对高可靠性处理应该精心设计和编码,并且应该严格测试。

7. 确定协调任务

当系统中存在 3 个以上任务时,就应该增加一个任务,用它作为协调任务。引入协调任务有助于把不同任务之间的协调控制封装起来,协调任务可以使用状态转换矩阵来描述。

它们应该仅做协调工作,而不要把本属于被协调任务的类和对象的操作分配给它们。

8. 确定资源需求

使用多处理器或固件,主要是为了满足高性能的需求。设计者必须通过计算系统载荷(即每秒处理的业务数及处理一个业务所花费的时间),来估算所需要的 CPU(或其他固件)的处理能力。

设计者应该综合考虑各种因素,以决定哪些子系统用硬件实现,哪些子系统用软件实现。另外设计者必须综合权衡一致性、成本和性能等多种因素,还要考虑未来的可扩充性和可修改性。

1.3.4 数据管理部分设计

数据管理子系统的作用是:在某种数据库管理系统的支持下提供数据存储和访问的协调、控制功能。数据存储管理模式对软件系统的功能和性能影响较大,设计者应当根据应用系统的特点选择适用的模式。

数据管理子系统的设计内容是数据存放格式的设计和相应服务的设计。

1. 数据存放格式的设计

数据存放格式的设计与系统基于的数据库管理模式密切相关。

文件管理系统是操作系统的一个组成部分,使用它实现数据存储管理具有成本低和方法简单的特点,不足之处在于文件操作的级别较低,为提供适当的抽象级别还必须编写额外的代码。

关系数据库管理系统作为目前最常用的数据库,提供了各种最基本的数据管理功能(例如,中断恢复、多用户共享、多应用共享、完整性和事务支持等),并使用标准化的语言(大多数商品化关系数据库管理系统都使用 SQL)为多种应用提供一致性的接口。

面向对象数据库管理系统是一种正在不断发展的新技术,其主要的技术实现途径有两种:一种是以关系数据库管理系统为基础,扩充并增加了抽象数据类的定义和继承机制,以及创建及管理类和对象的通用服务;另一种是扩展的面向对象程序设计语言,它扩充了面向对象程序设计语言的语法和功能,增加了在数据库中存储和管理对象的机制。开发人员可以用统一的面向对象观点进行设计。

对于基于文件系统的面向对象的软件来说,数据存放格式的设计方法是:将每个类的属性集合规范成第一范式(1BNF)的关系表,然后为每个第一范式表定义一个文件。对于基于关系数据库管理系统的面向对象软件来说,数据存放格式的设计方法是:将每个类的属性集规范成第三范式(3BNF)的关系表,然后为每个第三范式表定义一个数据库。

对于基于面向对象数据库管理系统的面向对象软件来说,如果开发工具是扩展的关系数据库系统,那么数据存放格式的设计方法与关系数据库管理系统相同;如果开发工具是扩展的面向对象程序设计语言,数据存放格式的设计就不需要对属性进行规范,因为数据库管理系统本身具有把对象值映射成存储值的功能。若某个类的对象需要存储在内存文件中,就需要在这个类中增加一个属性和服务,专门用于实现对象自身的存储工作。因对象存储而增加的属性和服务应该"隐含"于面向对象设计模型中的属性层和服务层,只在相应的类与对象的规格说明中描述。在一个对象中,专门用于"存储自己"的属性和服务,能在系统的问题子系统和数据管理子系统之间建立起必要的连接。设计时可以在某个适当的基类中定义这样的属性和服务,然后利用多重继承机制,由某个需要存储其对象的类来继承。

对于基于文件系统的面向对象软件来说,对象需要知道打开哪个文件,如何寻找记录位置,如何检索、更新文件中的记录。对于基于关系数据库管理系统的面向对象的软件来说,对象需要知道打开哪些数据库,如何存取所需字段,如何检索、更新数据库中的对象记录。

对于基于面向对象数据库管理系统的面向对象软件来说,如果系统是扩展的关系数据库,则对象存储服务的方法与基于关系数据库管理系统的方法相同。如果系统是扩展的面向对象语言,则对象存储服务的方法由该系统本身提供,只要标识出每个需要保存的对象即可,至于如何保存和恢复,则由面向对象的数据库管理系统负责。

2. 类中提供的服务的设计

在分析阶段得到的对象模型中,一般并不详细定义类中提供的服务。而在面向对象的设计中,定义一个类提供的服务则是它的一项重要任务。

1) 确定每一个类中应有的服务

综合研究分析对象模型、动态模型和功能模型中反映的信息,是确定类中应有服务的关键。对象模型表达了类和对象的静态结构及对象之间的关联关系,由此可以确定每个类中最核心的几项服务。

动态模型和功能模型中分别定义了对象的动态行为模式和数据的处理流程,设计者应设法将这些信息转换成适当的类所提供的服务。例如,一张状态图描述了一个对象的生命周期,图中的状态转换是执行对象服务的结果。对象的许多服务都与对象接收到的事件密切相关,事实上,事件就表现为消息,接收消息的对象必然有由消息选择符指定的服务,该服务改变对象状态(修改相应的属性值),并完成对象应做的动作。对象的动作既与事件有关,也与对象的状态有关,因此完成服务的算法自然也与对象的状态有关。

功能模型指明了系统必须提供的服务。状态图中状态转换所触发的动作,在功能模型中有时可能扩展成一张数据流图。数据流图中的某些处理可能与对象提供的服务相对应。

2) 服务算法的设计

确定了类和对象应提供的服务之后,还要考虑服务的实现算法。服务的算法设计与一般的软件算法的设计并无不同,只是在设计过程中,可能需要增添一些内部类和内部操作,这些新增加的类,主要用来存放在算法执行过程中所得出的某些中间结果。

此外,复杂的操作往往可以用简单对象上的更低层操作来定义。因此,在分解高层操作时常常引入新的低层操作,在面向对象设计过程中应该定义这些新增加的低层操作。

1.4　面向对象编程实现

与传统的程序设计方法一样,面向对象的实现主要包括两项工作:把面向对象设计结果翻译成某种程序设计语言写成的面向对象程序;测试并调试面向对象程序。

一个面向对象系统的质量主要取决于分析和设计阶段的质量,但系统实现工具的技术特性与工程特性对面向对象程序的实现效率、复杂程度以及可靠性、可重用性及可维护性也有着重要的影响。

软件测试目前仍然是保证软件质量的重要手段。对于面向对象系统来说,测试对象/类设计的合理性、对象/类之间动态关系的正确性以及系统界面的可用性、性能的可满足性等都是测试的主要内容。但是,面向对象软件也给测试带来一些新特点和新问题,必须通过实践,努力探索适合面向对象软件的测试方法。

1.4.1 编程语言的选择

面向对象方法还是应该尽量选用支持面向对象技术的语言来实现面向对象的程序设计;而且用面向对象语言能够更完整、更准确地表达问题域语义的面向对象语言的语法,其优点主要有以下几个方面。

- 使用一致的表示方法:从问题域到 OOA,再到 OOD,最后到 OOP,面向对象软件工程采用一致的表示方法。一致的表示方法使得在软件开发过程中始终使用统一的概念,便于工作人员互相通信协作,也有利于维护人员理解软件的各种配置成分。
- 广泛运用重用机制:可重用性是提高软件开发生产率和目标系统质量的重要途径。为了能带来可观的商业利益,不仅仅要在程序设计这个层次上进行重用,而且要在更广泛的范围中运用重用机制。随着时间的推移,软件开发组织既可能重用在某个问题域内的 OOA 结果,也可能重用相应的 OOD、OOP 结果。
- 便于维护:尽管人们反复强调保持文档与源程序一致的必要性,但是在实际工作中很难做到让两类不同的文档完全一致。因此,维护人员最终要面对的往往只有源程序本身。如果在程序内部有问题域语义的陈述,在没有合适的文档资料作参考的情况下,对维护人员理解软件会有很大的帮助。

可见,在选择编程语言时,关键因素是哪种语言能最好地表达问题域语义。一般情况下,应该尽量选用面向对象语言来实现面向对象的分析和设计。

1.4.2 面向对象程序设计风格

良好的程序设计风格对面向对象的实现非常重要,它不仅能明显减少维护或扩充的开销,而且有助于在新项目中重用已有的程序代码。良好的面向对象程序设计风格,既包括传统的程序设计风格准则,也包括为适应面向对象方法所特有的概念而必须遵守的一些新准则。

1. 提高可重用性

软件重用是提高软件开发生产率和目标系统质量的重要方法,因此,在设计面向对象程序时,要尽量提高软件的可重用性。软件重用有多个层次,在编码阶段主要涉及代码重用问题。一般来说,代码重用有两种:一种是内部重用(即本项目内的代码重用);另一种是外部重用(即新项目重用旧项目的代码)。内部重用主要是找出设计中相同或相似的部分,然后利用继承机制共享它们;外部重用则必须反复精心设计。但是实现这两类重用的程序设计准则却是相同的。准则如下所示。

(1) 提高方法的内聚、降低耦合:一个方法应该只完成单个功能,如果某个方法涉及两个或多个不相关的功能,则应该把它分解成几个更小的方法。尽量不使用全局信息,并且要降低方法与外界的耦合程度。

(2) 减小方法的规模:如果某个方法规模过大,则应该把它分解成几个更小的方法。

(3) 保持方法的一致性:保持方法的一致性,有助于实现代码重用。功能相似的方法应该有一致的名字、参数特征、返回值类型、使用条件及出错条件等。

（4）尽量做到全面覆盖：如果输入条件的各种组合都可能出现，则应该针对所有组合写出方法，而不能仅仅针对当前用到的组合情况写方法。另外，还应该考虑到一个方法，使其不仅要处理正常值，也要处理空值、极限值及界外值等异常情况。

（5）分开策略方法和实现方法：根据完成的功能的不同，方法分为两种，一类是策略方法，这类方法负责做出决策，提供变元，管理全局资源；另一类是实现方法，这类方法只负责完成具体的操作，不做出任何决策，也不管理资源。为了提高可重用性，建议在编程时不要把策略和实现放在同一方法中，应该把算法的核心部分放在一个单独的具体实现方法中，然后从策略方法中提取出具体参数，作为调用实现方法的变元。

（6）利用继承机制：在面向对象程序中，实现共享和提高重用程度的主要途径就是使用继承机制。

① 调用公共代码：把公共的代码分离出来，构成一个被其他方法调用的公用方法，在基类中定义这个公用方法，供派生类中的方法调用。

② 调用分解因子：从不同类的相似方法中分解出不同的代码，把余下的代码作为公用方法中的公共代码，把分解出的因子作为名字相同算法不同的方法，放在不同类中定义，并被这个公用方法调用。

③ 使用委托机制：委托机制是指把一类对象作为另一类对象的属性，从而在两类对象间建立组合关系。它主要适用于当逻辑上不存在一般—特殊关系，而重用已有的代码时。

④ 把代码封装在类中：我们往往希望重用其他方法编写的、解决同一类应用问题的程序代码，重用这类代码比较安全的途径就是把被重用的代码封装在类中。

⑤ 以下的面向对象程序设计准则有助于提高可扩充性。

封装实现策略：应该把类的实现策略（包括描述属性的数据结构、修改属性的算法等）封装起来，对外只提供公有的接口，否则将降低今后修改数据结构或算法的自由度。

慎用公有方法：根据方法所在位置的不同分为公有方法和私有方法。公有方法是向公众公布的接口，对这类方法的修改往往会涉及许多其他类，所以修改起来的代价比较高；私有方法是仅在类内使用的方法，通常利用私有方法来实现公有方法，因为修改私有方法所涉及的类少，使用代价比较低。为了提高可修改性，降低维护成本，应该精心选择和定义公有方法。

控制方法的规模：一个方法应该只包含对象模型中的有限内容。方法规模太大，既不易理解，也不易修改扩充。合理利用多态性机制：一般情况下，建议不要根据对象类型选择应有的行为，这样在增添新类时将不得不修改原有的代码，影响效率，不易扩充。可以利用 DO_CASE 语句测试对象的内部状态，合理利用多态性机制，根据对象当前类型自动决定应有的行为。

2. 提高稳健性

稳健性是衡量一个应用软件不可忽略的质量指标，以下准则有助于提高稳健性。

- 具备处理用户操作错误的能力：软件系统必须具有处理用户操作错误的能力。当用户输入数据时发生错误，不应该引起程序运行中断，更不应该造成"死机"，应该给出恰当的提示信息，并准备再次接收用户的输入。
- 检查参数的合法性：用户在使用公有方法时可能违反参数的约束条件，所以要着重检查其参数的合法性。

- 使用动态内存分配机制：建议编程时使用动态内存分配机制，因为在设计阶段，往往很难准确地预测出应用系统中使用的数据结构的最大容量需求。
- 先测试后优化：为了在效率与稳健性之间做出合理的折中，应该先测试，合理地确定为提高性能应该着重优化的关键部分。如果实现某个操作的算法有许多种，则应该综合考虑内存需求、速度及实现的简易程度等因素，合理折中后选择适当的算法。

1.5 面向对象的测试

传统的测试软件是从"小型测试"开始，逐步过渡到"大型测试"的，即从单元测试开始，逐步进入集成测试，最后进行确认测试和系统测试。对于传统的软件系统来说，单元测试集中测试最小的可编译的构件单元(模块)；单元测试结束之后，就把它们集成到系统中去，与此同时进行一系列的回归测试，以发现模块接口错误和新单元加入到系统中来所带来的副作用；最后，把系统作为一个整体来测试，以发现软件需求中的错误。

1.5.1 面向对象测试概述

通过前面的介绍可以知道，开发人员必须在软件交付给用户之前进行一系列严格的测试，以尽可能地发现和消除最大数量的错误。对于一个面向对象软件系统，此基本目标不变，但是面向对象系统的本质改变了测试策略和测试方法。

为了充分试验 OO 系统，必须做到：

- 测试的定义必须加宽以包括适用于 OOA 和 OOD 模型的错误发现技术；
- 单元和集成测试策略必须显著地改变；
- 测试案例的设计必须考虑 OO 软件的独特性质。

图 1.12 是面向对象的测试模型。

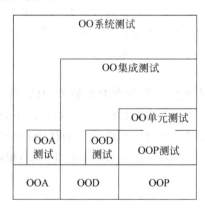

图 1.12 面向对象的测试模型

测试 OOA、OOD 模型。

对于一个 OO 系统模型，它的完全性和一致性表示必须在一开始建造时就要进行评审。每一个阶段的模型都应该被测试评审，从而避免错误在下一次迭代时被传播。而且，错误发现的越晚，所产生的副作用和付出的代价就越大。

- 审查 OOA、OOD 模型的正确性：将 OOA、OOD 模型提交领域专家。审查类及其层次是否遗漏或模糊，类之间的关系是否准确地反映了真实世界中对象间的联系。
- 判断 OOA、OOD 模型的相容性：通过考虑模型中实体之间的关系来判断 OOA、OOD 模型的相容性。一个不相容的模型中某部分的表示内容不能正确地反映在其他部分的表示之中，可借助于类-责任-协作（CRC）模型和对象关系图，考查每个类和它与其他类的一些联系。

1.5.2　面向对象测试策略

面向对象测试在测试策略和测试技术上都有所改变，从而使其适应面向对象软件的独特性质。

1. 面向对象的单元测试

由于对象的"封装"特性，面向对象软件中单元的概念与传统的结构化软件的模块概念已经有了较大的区别。面向对象软件的基本单元是类和对象，它们包括属性（数据）以及处理这些属性的操作（方法或服务）。

面向对象的单元测试包括两个方面，一方面测试每个类中定义的每一个服务的算法，其测试过程和方法与传统软件测试中的单元测试相似；另一方面，测试封装在一个类中的所有方法与属性之间的相互作用，这是面向对象测试中所特有的模块单元的测试。面向对象的单元测试是进行集成测试的基础。

例如，假设程序是用 C++ 语言编写的，单元测试主要是对类成员函数的测试。类成员函数通常都很小，功能单一，函数间调用频繁，容易出现一些不易发现的错误，因此在测试分析和实际测试用例时，应该注意面向对象这一特点，认真进行测试分析和设计测试用例。

2. 面向对象的集成测试

面向对象的集成测试主要对系统内部的相互服务进行测试。它一方面要依据单元测试的结果，另一方面要参见面向对象设计和面向对象设计测试的结果。

在面向对象的软件中没有层次的控制结构，所以，传统意义上的自上而下和自下而上的集成策略不再适用；另外构成类的成分彼此间存在直接或间接的交互，一次集成一个操作到类中，即传统的渐增式继承方法也是不适用的。

面向对象的集成测试有以下两种策略：

- 基于线程的测试，即把响应系统的一个输入或事件所需要的一组类集成起来，分别继承并测试每个线程，同时应用回归测试以保证没有产生副作用；
- 基于使用的测试，即首先测试几乎不使用服务器类的那些类（称为独立类），把独立类都测试完之后，接下来测试使用独立类的下一层次的类（称为依赖类），一层一层的测试依赖类，直到把整个软件系统测试完为止。

集成测试在设计测试用例时，不但要设计确认类功能满足的输入，还应该有意识地设计一些被禁止的例子，确认类是否有不合法的行为产生。

3. 面向对象的系统测试

面向对象的系统测试是面向对象集成测试后的最后阶段的测试，主要以用户需求为测试标准，需要参考面向对象分析和面向对象分析测试的结果。

面向对象的系统测试一方面是检测软件的整体行为表现,另一方面是对软件开发设计的再确认。测试策略有以下几种。

- 功能、性能测试用来测试软件是否满足开发要求,是否能够提供设计所描述的功能,用户的需求是否都得到满足,用户界面是否友好等。测试人员要认真研究动态模型和描述系统行为的脚本,以确定最有可能出现用户交互需求错误的情景。功能测试是系统测试最常用和必需的测试,通常还会以正式的软件说明书为测试标准。
- 强度测试用来测试系统的最高实际限度,即软件在一些超负荷的情况下功能的实现情况。
- 安全测试用来验证安装在系统内的保护机构确实能够对系统进行保护,使之不受各种异常的干扰。在进行安全测试时需要设计一些测试用例,使其试图突破系统的安全保密措施,从而检验系统是否有安全保密的漏洞。
- 恢复测试用来采用人工的干扰使软件出错,中断使用,以检测系统的恢复能力,特别是通信系统。在进行恢复测试时,应该参考性能测试的相关测试指标。
- 安装/卸载测试用来测试系统,需要对被测的软件结合需求分析进行安装和卸载的测试,设计测试用例。

1.5.3 设计测试用例

目前,面向对象软件测试用例设计方法还处于研究和发展阶段。与传统的软件测试不同的是,面向对象测试更关注于设计适当的操作序列以检查类的状态。设计测试用例有以下几个要点。

- 应该唯一标识每一个测试案例,并且与被测试的类明显地建立关联。
- 陈述测试对象的一组特定状态。
- 对每一个测试建立一组测试步骤,要思考或确定的问题包括:对被测试对象的一组特定状态,一组消息和操作,考虑当对象测试时可能产生的一组异常,一组外部条件,辅助理解和实现测试的补充信息。

类的封装性和继承性给面向对象软件的开发带来了很多好处,但却给测试带来了负面影响。一方面,面向对象测试用例设计的目标是类,类的属性和操作是封装的,而测试需要了解对象的详细状态;同时测试还要检测数据成员是否满足数据封装的要求,基本原则是数据成员是否被外界直接调用,即被数据成员所属的类或子类以外的类调用。另一方面,继承也给测试用例的设计带来了不少麻烦。继承并没有减少对子类的测试,相反使测试过程更加复杂。如果子类和父类的环境不同,则父类的测试用例对于子类没用,需要为子类设计新的测试用例。

1. 设计类测试用例

对于面向对象软件,小型测试着重测试单个类和类的封装,即类级别的测试,测试方法有随机测试、划分测试和基于故障的测试等。

1) 类级随机测试

随机测试是针对软件在使用过程中随机产生的一系列不同的操作序列设计的测试案例,可以测试不同的类实例生存历史。

为了简要地说明这些方法,考虑一个记事本的应用。在这个应用中,类 text 有以下操

作：open(打开)、new(新建)、read(读取)、write(写入)、copy(复制)、paste(粘贴)、view(查看)、save(保存)和 close(关闭)。这些操作的每一个都能应用于类 text,但是由于这个问题的本质提出了某些约束条件。例如,在其他操作执行之前,必须首先执行 open 操作,并且在所有其他操作执行完后,最后必须执行 close 操作。即使对于这些约束,还存在这些操作的许多不同的排列。text 的一个的最小操作序列：open|new|write|save|close。

　　另外,有其他很多行为可以出现在这个序列中：open|new|write|[read| write| copy | paste]n |save|close。

　　这样可以随机地生成一系列不同的操作序列作为测试用例,测试类实例的不同生存历史。

　　2) 类级划分测试

　　划分测试方法与传统软件测试采用的等价划分方法类似,它减少了测试类所需要的测试用例的数量。首先,用不同的划分方法(包括基于状态的划分方法、基于属性的划分方法、基于功能的划分方法),把输入和输出分类,然后把划分出来的每个类别设计测试用例。

　　下面分别介绍划分类别的方法。

　　(1) 基于状态的划分方法是根据操作改变类状态的能力对操作进行范畴划分的。仍以 text 类为例,首先将状态操作和非状态操作分开,状态操作包括 read 和 write,而非状态操作有 view,然后分别为它们设计测试用例。

　　测试用例 1：open|new|write|read|write|save|close。

　　测试用例 2：open|new|write|read|write|view|save|close。

　　(2) 基于属性的划分根据操作使用的属性将操作划分范畴。对于 text 类,以属性 save 为例。首先根据这个属性将操作划分为 3 个范畴：使用 save 的操作；修改 save 的操作；不使用或修改 save 的操作。然后为每个范畴设计测试序列。当然对于 text 类也可以使用其他属性进行划分。

　　(3) 基于功能的划分是根据类操作所执行的一般功能将操作进行划分的。首先将 text 类中的操作划分为初始化操作(open、new)、写入/读取操作(write/read)、保存操作(save)和关闭操作(close),然后分别为每个类别设计测试用例。

　　3) 类级基于故障的测试

　　基于故障的测试与传统的错误测试推测法类似。首先,推测软件中可能有的错误；然后,设计出最可能发现这些错误的测试案例。为了推测出软件中可能存在的错误,应该仔细研究分析模型和设计模型,这很大程度上要依靠测试人员的经验。

2. 测试类间测试用例

　　从面向对象的集成测试开始,设计测试用例就要考虑类间的协作,通常可以从 OOA 的类-关系模型和类-行为模型中导出类间测试用例。类间测试方法有随机测试方法、划分测试方法、基于场景的测试和行为测试。随机测试方法和划分测试方法与类级随机测试、类级划分测试类似,主要看一下基于场景的测试和行为测试。

　　1) 基于场景的测试

　　基于场景的测试关注的是用户做什么,这正是基于故障测试所忽略的,即不正确的规约和子系统间的交互。当与不正确的规约关联发生错误时,软件就可能不做用户所希望的事情,这样软件质量会受影响；当一个子系统的行为所建立的环境使得另一个子系统失败时,子系统间的交互错误就会发生。

2) 行为测试

行为测试即从动态模型导出测试用例;用状态转换图作为表示类的动态行为模型,从类的状态图中导出测试该类的动态行为的测试用例。设计的测试用例,一方面应该覆盖所有状态,另一方面应该导出足够的测试用例,以保证该类的所有行为都被适当地测试过。

1.6　面向对象软件设计原则

面向对象的分析和设计,为分析和解决问题提供了一种全新的思维方式。在 20 世纪 80—90 年代,很多业内专家不断探索面向对象的软件设计方法,陆续提出了一些设计原则。这些设计原则能够显著地提高系统的可维护性和可复用性,成为进行面向对象设计的指导原则。

“你不必严格遵守这些原则,违背它们也不会被处以宗教刑罚。但你应当把这些原则看成警铃,若违背了其中的一条,那么警铃就会响起。”(摘抄自《OOD 启思录》Arthur J)。

1.6.1　开放封闭原则

开闭原则(Open-Close Principle,OCP)被称作是面向对象设计的基石,是 OOD 最重要的原则之一,实际上,其他的原则都可以看作是实现开闭原则的工具和手段。这个原则由 Bertrand Meyer 在 1988 年提出: Software entities should be open for extension, but closed for modification。这个原则的意思是说:软件对扩展应该是开放的,对修改应该是关闭的。更通俗的表达就是说开发一个软件时,应该可以对它进行功能扩展(开放),而在进行这些扩展的时候,不需要对原来的程序进行修改(关闭)。

为什么会有这样的要求呢? 如果一个软件是符合 OCP 的,那么至少有两个极大的好处:

* 软件可用性非常灵活,扩展性很强,可以在软件完成后对软件进行扩展,加入新的功能。这样,这个软件就可以通过不断地增加新模块来满足不断变化的新需求。
* 由于对软件原来的模块不能修改,因此不用担心软件的稳定性。

目前,对 OCP 的实现,主要的一条就是抽象,也就是要面向抽象(接口)。把系统的所有可能的行为抽象成一个抽象底层。这个抽象底层规定出所有的具体类必须提供的方法的特征。这个抽象层要预见所有可能的扩展,从而使得在任何扩展情况下,系统的抽象层不需修改;同时由于可以从抽象层导出一个或多个新的具体类以改变系统的行为,因此对于可变的部分,系统设计对扩展是开放的。

举个简单的例子来说明,例如有个家具厂,它可以生产桌子。用代码模仿出家具厂,如下:

```
public class Factory
{
    public void ProduceTable()
    {
        //生产桌子;
    }
}
```

过了一段时间,家具厂老板看生产椅子很赚钱,也要生产椅子,那么,反映到代码上,Factory 类就需要改写。这样的代码就违背了开放封闭原则。

可以把 Factory 类抽象为接口 ProductLine(生产线),把 ProduceTable 方法抽象为 ProduceFurniture(生产家具)这样的抽象方法,这样,如果哪天这个家具厂的老板发现造茶几也很赚钱,那么他从 ProductLine 这个抽象中具体出一个"茶几生产线"类,从制造家具这个抽象方法中具体出一个"制造茶几"就可以了,原来的代码不会受影响。这就是对扩展开放,对修改关闭。而这一切的关键就是抽象。修改后的代码如下:

```
interface ProductLine
{
    public void ProduceFurniture();
}
//桌子类:
public class TeaTableProductLine:ProductLine
{
    public void ProduceFurniture()
    {
        //生产茶几;
    }
}
```

修改后的代码就符合对修改封闭,对扩展开放的要求。

对于"开闭"原则,在工程上被描述成"可变性封装原则(Principle of Encapsulation of Variation)"。从字面上,就是把系统的可变性封装起来。它意味着:

- 一种可变性不应该散落在软件的各个角落,而应该把它封装成一个对象;
- 一种可变性不应该和别的可变性混淆在一起。

很容易就可以想到,在设计的开始就罗列出系统所有可能的行为,将所有的可变因素进行预计和封装,并将其加入到抽象底层是不可能的(实际上也是不合算的)。因此,开闭原则很难被完全实现,只能在某些模块、某种程度上、某个限度内符合 OCP 的要求。所以可以说,OCP 具有理想主义的色彩,是面向对象设计的终极目标。因此,针对 OCP 的实现方法,许多研究学者都费尽心机,研究 OCP 的实现方式。后面要提到的单一职责原则、里氏代换原则、依赖倒转原则等,都可以看作是 OCP 的一些实现方法。

1.6.2 单一职责原则

单一职责原则(Single-Responsibility Principle,SRP)的描述是:就一个类而言,应该仅有一个引起它变化的原因。

所谓职责即功能,就一个类而言,单一职责原则意味着应该仅有一个引起它变化的原因,如果能想到多于一个的动机去改变一个类,那么这个类就具有多于一个的职责,应该把多余的职责分离出去,分别再创建一些类来完成每一个指责。如同一个人身兼数职,而这些事情相互关联不大,甚至有冲突,那他就无法很好地解决这些职责,应该分到不同的人身上去做才对。单一职责原则是实现高内聚低耦合的最好办法。

每一个职责都是一个变化的轴线,当需求变化时会反映为类的职责的变化。如果一个类承担的职责多于一个,那么引起它变化的原因就有多个。一个职责的变化甚至可能会削弱或者抑制类完成其他职责的能力,从而导致脆弱的设计。

例如,对于下面的 CellPhone 接口:

```
interface CellPhone
{
    public void dial(String pno);            //拨打电话
    public void hangup();                    //挂断电话
    public void send(char c);                //发送短信
    public char recv();                      //接受短信
}
```

大多数情况下人们会认为这个设计非常合理,也符合人们对于手机的认识,但实际上它承担了两个不同的职责:连接管理和数据通信。如果通信的处理比较复杂并且经常变化,那么就应该进行分离。

如果变化总是引起两个或者多个职责同时发生变化,那应该怎么处理呢? 这时候最好的做法就是将这些职责放到同一个类中。

对于变化的封装,应该遵循以下原则:

* 一个合理的类,应该仅有一个引起它变化的原因,即单一职责;
* 在没有变化征兆的情况下应用 SRP 或其他原则是不明智的;
* 在需求实际发生变化时就应该应用 SRP 等原则来重构代码;
* 使用测试驱动开发会迫使设计者在设计出现问题前分离不合理代码;
* 如果测试不能迫使职责分离,僵化性和脆弱性的问题就会变得很突出,那就应该用外观(Facade)或代理(Proxy)模式对代码重构。

实际上 SRP 是对象设计最简单,同时也是最难运用的一个原则。设计的大部分内容就是发现职责并适当地将其隔离。

在实际的设计中,应该要考虑到明显变化的因素,同时也没有必要挖空心思去寻找所有变化,变化只在实际发生时才具有真正的意义。可以按当前的情况完成设计,在变化发生时再考虑改变设计来将变化隔离。

1.6.3　里氏代换原则

开放封闭原则作为 OO 的高层原则,主张使用"抽象"(Abstraction)和"多态"(Polymorphism)将设计中的静态结构改为动态结构,维持设计的封闭性"抽象"是语言提供的功能;"多态"由继承语义实现。这样一来,问题产生了:我们如何去度量继承关系的质量?

Liskov 于 1987 年提出了一个关于继承的原则:Inheritance should ensure that any property proved about supertype objects also holds for subtype objects. ——"继承必须确保超类所拥有的性质在子类中仍然成立。"也就是说,当一个子类的实例能够替换任何其超类的实例时,它们之间才具有继承的关系。

该原则称为 Liskov Substitution Principle——里氏替换原则。

下面来研究一下 LSP 的实质。学习 OO 的时候,我们知道,一个对象是一组状态和一系列行为的组合体。状态是对象的内在特性，行为是对象的外在特性。LSP 所表述的就是在同一个继承体系中的对象应该有共同的行为特征。

这一点表明了 OO 的继承与日常生活中的继承有着本质区别。举一个例子：生物学的分类体系中把企鹅归属为鸟类。模仿这个体系，可以设计出这样的类和关系：

```
public class bird
{
    public void eat();
    public abstract void fly()
    {
        I'm flying.
    }
};
public class penguin: bird
{
    public override fly()
    {
        I can't fly.
    }
}
```

类 bird(鸟)中有个方法 fly，penguin(企鹅)自然也继承了这个方法，可是企鹅不能飞，于是，我们在企鹅的类中覆盖了 fly 方法(通过将 fly 声明为虚函数)，告诉方法的调用者：企鹅是不会飞的。这完全符合常理，但是，这违反了里氏代换原则，企鹅是鸟的子类，可是企鹅却不能飞！需要注意的是，此处的"鸟"已经不再是生物学中的鸟了，它是软件中的一个类、一个抽象。

有人会说，企鹅不能飞很正常啊，而且这样编写代码也能正常编译，只要在使用这个类的客户代码中加一句判断就行了。但是，这就是问题所在。首先，客户代码和"企鹅"的代码很有可能不是同时设计的，在当今软件外包一层又一层的开发模式下，使用者甚至根本不知道两个模块的原产地是哪里，也就谈不上去修改客户代码了。客户程序很可能是遗留系统的一部分，已经不再维护，如果因为设计出这个"企鹅"而导致必须修改客户代码，谁应该承担这部分责任呢？"修改客户代码"直接违反了 OCP，这就是 OCP 的重要性。违反 LSP 将使既有的设计不能封闭。

LSP 并没有提供解决这个问题的方案，而只是提出了这么一个问题。于是，工程师们开始关注如何确保对象的行为。1988 年，B. Meyer 提出了契约式设计(Design by Contract)理论，从形式化方法中借鉴了一套确保对象行为和自身状态的方法。其基本概念很简单：

每个方法调用之前，该方法应该校验传入参数的正确性，只有正确才能执行该方法，否则认为调用方违反契约，不予执行，这称为前置条件(Pre-Condition)；

一旦通过前置条件的校验，方法必须执行，并且必须确保执行结果符合契约，这称为后置条件(Post-Condition)；

对象本身有一套对自身状态进行校验的检查条件，以确保该对象的本质不发生改变，这称为不变式(Invariant)。

以上是单个对象的约束条件。为了满足 LSP,当存在继承关系时,子类中方法的前置条件必须与超类中被覆盖的方法的前置条件相同或者更宽松;而子类中方法的后置条件必须与超类中被覆盖的方法的后置条件相同或者更为严格。

1.6.4 依赖倒转原则

依赖倒转原则(Dependence Inversion Principle,DIP)是一个类与类之间的调用规则。所谓依赖,指代码中的耦合;依赖倒置,是相对于传统的面向过程的设计结构而言的,它是指面向对象的结构把依赖关系倒置了。

DIP 的主要思想是:如果一个类的一个成员或参数为一个具体类型,那么这个类就依赖于这个具体类型。如果在一个继承结构中,上层类中的一个成员或参数为一个下层类型,那么这个继承结构就是高层依赖于底层了,就是尽量面向接口或抽象编程。

为了说明高层和底层的依赖关系,可以看一个例子,如图 1.13 所示。

图 1.13 driver 与 Car 紧耦合

看到 Driver 类中调用了 Car 类中的方法(Driver 类的 Drive 方法须用到 Car 类的 start 和 stop 方法),当要增加 Driver 对于 Bus 类的支持时(例如说司机又学会了开公交车),就必须修改 Driver 的代码,而这就破坏了开放封闭原则,其根本原因在于高层的 Driver 类与底层的 Car 类是紧紧耦合在一起的。解决这个问题的方法之一就是对 Car 类和 Bus 类进行抽象,引入抽象类 Automobile,如图 1.14 所示。

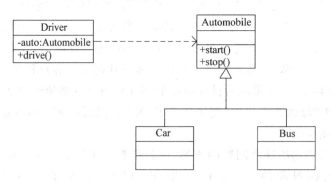

图 1.14 引入抽象类 Automobile

在新的结构中,可以随心所欲地扩展新的 Automobile 类而无须修改高层的 Diver 类,这样就解除了高层对于底层的依赖。假如这时又想增加 Driver 对 Plane 的支持,显然让 Plane 去继承 Automobile 是不合适的,那也没有关系,可以把驾驶交通工具的操作进一步抽象成接口,如图 1.15 所示。

经过这样的改造,发现整个系统的类结构由原先的高层依赖于底层,变成了高层与底层同时依赖于抽象,这就是依赖倒置原则的本质。

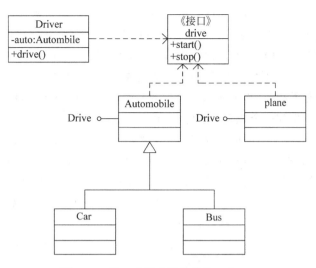

图 1.15 进一步抽象操作为接口 Drive

抽象不应该依赖于细节,细节应该依赖于抽象。一些辅助原则可以帮助设计者更好地运用接口隔离原则。

(1) 任何变量都不应该持有一个指向具体类的引用。

(2) 任何类都不应该从具体类派生。

(3) 任何方法都不应该覆盖它的任何基类中已经实现了的方法。

重申一点:任何原则都不是绝对的。有些情况下上面三个原则都是可以违反的,只要设计者保持足够清醒。例如程序员依赖于 String,不会有任何问题。问题接着来了,如何抽象? 抽象反映高层策略,就是应用中那些不会随着具体细节的改变而改变的规则,常用的词语就是隐喻(Metaphore)。仔细分析需求,先找出那些业务规则,然后把它们抽象出来形成接口。层次化程序员的设计,常见的方式就是划分出显示层、业务层、持久层,再在每层进行抽象。这是最粗糙的层次化,程序员可以在每层再根据需要划分更细的层次。在实现的时候要始终遵循前面提到的原则:只依赖于接口。谁也无法在开始就做到最好,因此要不断迭代,精化设计。

1.6.5 接口隔离原则

接口隔离原则(Interface Segregation Principle,ISP)用于恰当地划分角色和接口,它有下面两种含义。

第一种定义:Clients should not be forced to depend upon interfaces that they don't use,即客户端不应该依赖它不需用的接口。也就是说,客户端不应该依赖它不需要的接口,那依赖什么? 依赖它需要的接口,客户端需要什么接口就提供什么接口,把不需要的接口剔除掉,那就需要对接口进行细化,保证其纯洁性。

第二种定义:The dependency of one class to another one should depend on the smallest possible interface,即类间的依赖关系应该建立在最小的接口上。类间的依赖关系应该建立在最小的接口上,它要求是最小的接口,这也是要求接口细化,接口纯洁,与第一个定义如出一辙,它们只是一个事物的两种不同描述。

可以把这两个定义概括为一句话：建立单一接口，不要建立臃肿庞大的接口。再通俗一点讲：接口尽量细化，同时接口中的方法尽量地少。一个接口中包含太多行为的时候，会导致它们的客户程序之间产生不正常的依赖关系，要做的就是分离接口，实现解耦。

看到这里大家有可能要疑惑了，这与单一职责原则不是相同的吗？错，接口隔离原则与单一职责的定义规则是不相同的，单一职责要求的是类和接口职责单一，注重的是职责，没有要求接口的方法减少。例如一个职责可能包含 10 个方法，这 10 个方法都放在一个接口中，并且提供给多个模块访问，各个模块按照规定的权限来访问，在系统外通过文档约束不使用的方法不要访问，按照单一职责原则是允许的。但是，按照接口隔离原则是不允许的，因为它要求"尽量使用多个专门的接口"。专门的接口指什么？就是指提供给多个模块的接口，提供给几个模块就应该有几个接口，而不是建立一个庞大臃肿的接口，所有的模块可以来访问。

接口要高内聚。高内聚就是提高接口、类、模块的处理能力，减少对外的交互。例如一个人告诉下属"到某某的办公室取一个 XX 文件"，然后就听到下属用坚定的口吻回答"好的，保证完成！"然后一个月后还真的把 XX 文件放到办公桌了，这种不讲任何条件、立刻完成任务的行为就是高内聚的表现。具体到接口隔离原则就是要求在接口中尽量少公布 public 方法，接口是对外的承诺，承诺越少对系统的开发越有利，变更的风险也就越少，同时也有利于降低成本。

下面举例说明，一个星探寻找女演员的过程，需要的条件有三方面：容貌、气质和身材。

图 1.16 是该过程的 UML 图。图 1.16 定义了一个 IPettyGirl 接口，声明所有的女孩都应该有 GoodLooking、NiceFigure 和 GreatTemperament，然后定义了一个抽象类 AbstractSearcher，其作用就是搜索女孩然后展示信息。

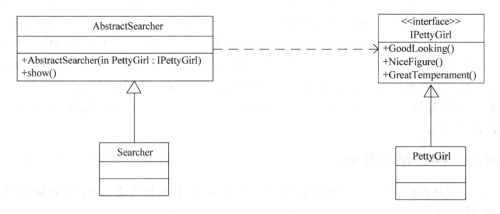

图 1.16　星探寻找女演员结构图

但是随着时间的变化，星探的标准变化了，只要有气质即可。这样的话要改 Sercher 接口，还需要改 PettyGirl 类。这样的设计是有缺陷的，IPettyGirl 设计得过于臃肿。

图 1.17 是改进后的 UML 图。

把原 IPettyGirl 接口拆分成两个接口，一种是 IgoodBodyGirl，一种是 IGreatTemperamentGirl。这样将一个比较臃肿的接口拆分成了两个专门的接口，灵活性及可维护性也增加了，不管以后需要外形美或是有气质的女孩，都可以通过 PettyGirl 轻松定义了。通过这样的改造以后，不管以后怎样修改标准，都可以保持接口的稳定。

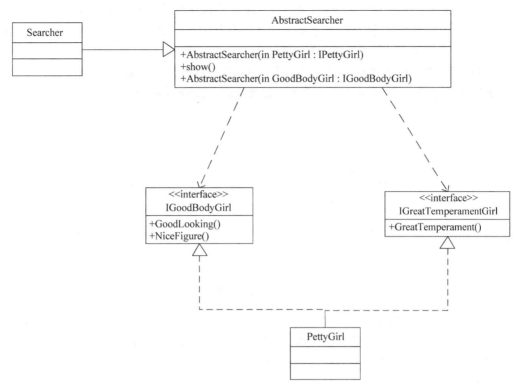

图 1.17　改进后的结构图

接口设计是有限度的。接口的设计粒度越小系统越灵活,这是不争的事实,但是这就使结构变得复杂化,开发难度增加,维护性降低,这不是一个项目或产品所期望看到的,因此所有接口设计一定要注意适度,适度的"度"怎么来判断呢? 根据经验和常识判断。

接口隔离原则是对接口的定义也同时是对类的定义,接口和类都尽量使用原子接口或原子类来组装,但是这个原子该怎么划分是这个模式也是设计中的一大难题,在实践中应用时可以根据以下规则来衡量:一个接口只服务于一个子模块或者业务逻辑。

1.6.6　迪米特法则

迪米特法则(Law of Demeter,LoD),也叫做最少知识原则(Least Knowledge Principle,LKP),意思是,一个对象应该对其他对象有最少的了解。通俗地讲就是,一个类对自己需要耦合或者调用的类应该知道的最少,你类内部是怎么复杂、怎么纠缠不清的都和我没关系,那是你的类内部的事情,我就知道你提供这么多的 public 方法,我就调用这个。

对于面向对象设计来说,迪米特法则又被解释为下面几种方式。

- 一个软件实体应当尽可能少地与其他实体发生相互作用。
- 每一个软件单位对其他单位都只有最少的知识,而且局限于那些与本单位密切相关的软件单位。
- 迪米特法则的初衷在于降低类之间的耦合。由于每个类尽量减少对其他类的依赖,因此,很容易使得系统的功能模块功能独立,相互之间不存在(或很少有)依赖关系。
- 迪米特法则不希望类直接建立直接的接触。如果真的有需要建立联系,也希望能通过它的友元类来转达。因此,应用迪米特法则有可能造成的一个后果就是:系统中存在大量的中介类,这些类之所以存在完全是为了传递类之间的相互调用关系,这在一定程度上增加了系统的复杂度。

例如,购房者要购买楼盘 A、B、C 中的楼,他不必直接到楼盘去买楼,而是可以通过一个售楼处去了解情况,这样就减少了购房者与楼盘之间的耦合,如图 1.18 所示。

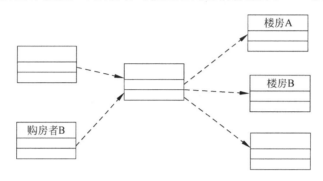

图 1.18　引入售楼处减少耦合

如果两个类不必彼此直接通信,那么这两个类就不应当发生直接的相互作用。如果其中一个类需要调用另一个类的方法的话,可以通过第三者转发这个调用。

迪米特法则可能也会带来一些负面作用:在系统内造出大量的小方法,散落在系统的各个角落。这些方法仅仅是传递间接的调用,因此与系统中的商业逻辑无关。当设计师试图从一张类图中看出总体的构架时,这些小方法会造成迷惑和困扰。

为了克服狭义迪米特法则的缺点,可以使用依赖倒转原则。当某人试图与一个"陌生人说话"时,把陌生人抽象为"抽象陌生人",使"某人"依赖于"抽象陌生人",换言之,就是将"抽象陌生人"变成朋友,然后与"抽象陌生人""说话"。

迪米特法则不仅仅是对象之间的通信法则,也是模块之间的通信法则。一个模块设计的好坏的重要标志就是该模块在多大程度上将自己的内部数据与实现有关的细节隐藏起来。信息隐藏非常重要的原因在于,它可以使各个子系统之间脱耦,从而允许它们独立地被开发、优化、使用阅读以及修改.

在运用迪米特法则到系统的设计中时,要注意以下几点。

* 在类的划分上,应当创建有弱耦合的类,类之间的耦合越弱,就越有利于复用。
* 在类的结构设计上,每一个类都应当尽量降低成员的访问权限。
* 在类的设计上,只要可能,一个类应当设计成不变类。
* 在对其他类的引用上,一个对象对其他对象的引用应降到最低。
* 尽量限制局部变量的有效范围。

迪米特法则的核心观念就是类间解耦,弱耦合,只有这样,类的复用率才可以提高。类只能和朋友说话,朋友少了业务流程完成不了,朋友多了,大量类之间的交流就会使项目管理复杂化,这就需要在实际运用时相互权衡。

1.6.7　其他原则

面向对象设计还有其他一些原则,这些原则有些是专门针对包设计的原则,还有一些可以看作是以上六大原则的变种。这些原则如下。

- 重用发布等价原则(REP)：重用的粒度就是发布的粒度。
- 共同重用原则(CCP)：一个包中的所有类应该是共同重用的。如果重用了包中的一个类，那么就要重用包中的所有类。相互之间没有紧密联系的类不应该在同一个包中。
- 共同封闭原则(CRP)：包中的所有类对于同一类性质的变化应该是共同封闭的。一个变化若对一个包影响，则将对包中的所有类产生影响，而对其他的包不造成任何影响。
- 无依赖原则(ADP)：在包的依赖关系中不允许存在环，细节不应该被依赖。
- 稳定依赖原则(SDP)：朝着稳定的方向进行依赖。应该把封装系统高层设计的软件(例如抽象类)放进稳定的包中，不稳定的包中应该只包含那些很可能会改变的软件(例如具体类)。
- 稳定抽象原则(SAP)：包的抽象程度应该和其他稳定程度一致。一个稳定的包应该也是抽象的，一个不稳定的包应该是具体的。
- 缺省抽象原则(DAP)：在接口和实现接口的类之间引入一个抽象类，这个类实现了接口的大部分操作。
- 接口设计原则(IDP)：规划一个接口而不是实现一个接口。
- 黑盒原则(BBP)：多用类的聚合，少用类的继承。
- 不要构造具体的超类原则(DCSP)：避免维护具体的超类。

在这里需要提醒的是，面向对象设计原则只是一些成功的经验总结。在实际的项目中，需要适度地考虑这些法则，不要为了套用法则而做项目，法则只是一个参考，跳出了这个法则，也不会有人惩罚你，项目也未必一定会失败。不要简单刻意地在项目中为了使用而使用，而要能够慢慢地将其融入自己编程习惯中，实际上，对待设计模式也应该是这个态度。

本章小结

本章从面向对象思想内涵的介绍开始，陆续讲述了面向对象的主要特征和面向对象的基本概念，包括对象、类、继承、封装和隐藏。

面向对象语言是在传统的编程语言的基础上产生的，体现出了优良的可维护性和可复用性，并提高了软件的生产效率。C#语言作为当前最流行的面向对象编程语言之一，其基本组成单元是类，类里包含有字段、属性、方法、构造函数和析构函数、委托和事件等基本成员。本章还对面向对象的主要特征(封装、继承、抽象、多态)进行了介绍。

用面向对象的思想开发软件系统需要经过 4 个阶段：面向对象分析(OOA)、面向对象设计(OOD)、面向对象编程实现(OOP)和面向对象的测试(OOT)。本章围绕着 ATM 系统的例子来说明面向对象的分析过程——需求陈述、建立对象模型、动态模型和功能模型。也介绍了面向对象设计的 4 项主要工作——问题域子系统的设计、人机交互子系统的设计、任务管理子系统的设计和数据管理子系统的设计。还介绍了选择编程语言的原则和面向对象程序的设计风格，分析了如何采用适当的测试策略和测试用例进行面向对象的测试。

习题

1. 简述面向对象方法的几个基本概念。

2. 计算机编程语言经历了哪几个发展阶段？

3. 面向对象方法与传统程序设计方法相比,其优势主要体现在哪几个方面？

4. 面向对象方法对可复用性的支持体现在哪些方面？

5. C♯语言中类的成员包括哪几种类型？简述类成员的三种可访问性。

6. 简述面向对象的几个重要特征。

7. 为什么提倡用 get/set 访问器来访问对象的内部数据？

8. 继承作为面向对象语言中最有力且最独特的特征之一,它有哪些优点？

9. C♯语言中实现多态性的方法有哪三种？

10. 什么是面向对象的分析？建立分析模型时,应该遵循哪些基本原则？

11. 在设计人机交互子系统时,为什么需要分类用户？

12. 从面向对象分析阶段到面向对象设计阶段,对象模型有何变化？

13. 面向对象的实现主要包括哪两项工作？

14. 开发人员在选择面向对象语言时,应该着重考虑哪些实际因素？

15. 良好的面向对象程序设计风格必须遵守哪些准则？

16. 设计类测试用例时需要考虑哪些方面？

17. 面向对象的系统测试有哪几种测试策略？

参考文献

[1] 汤庸.结构化与面向对象软件方法[M].北京:科学出版社,1998.

[2] 李雄,张友生.程序设计方法的演化及极限[J].计算机教育,2005(6):52-56.

[3] 希赛网.软件需求分析——结构化分析(SA)方法[EB/OL].http://www.educity.cn/se/113290.html,2013-08-28.

[4] 希赛网.面向数据流的设计方法[EB/OL].http://www.educity.cn/luntan/1345509.html,2014-04-09.

[5] 希赛网.软件生存周期各阶段活动定义浅释[EB/OL].http://www.educity.cn/se/521718,html,2013-12-01.

[6] [美]Erich Gamma.设计模式——可复用面向对象软件的基础(DESIGN PATTERNS ELEMENTS)[M].北京:机械工业出版社,2005.

[7] 徐宏喆,等.C++面向对象程序设计[J].2007(12):13-18.

[8] 金旭亮.编程的奥秘:.NET 软件技术学习与实践[M].北京:电子工业出版社,2006.

[9] Karli Watson,Christian Nagel.C♯入门经典(第 3 版)[M].北京:清华大学出版社,2006.

[10] 李建忠.C♯面向对象设计模式纵横谈[EB/OL].https://www.microsoft.com/china/msdn/events/webcasts/shared/webcast/consyscourse/CsharpOOD.aspx,2006.

[11] [美]Erich Gamma.设计模式——可复用面向对象软件的基础(DESIGN PATTERN SELEMENTS)[M].北京:机械工业出版社,2005.

[12] Alan Shalloway,James R Trott,沙洛维,等.设计模式解析[M].北京:人民邮电出版社,2016.

[13] 程杰.大话设计模式[M].北京:清华大学出版社,2007.

[14] 甄镭..NET 与设计模式[M].北京:电子工业出版社,2005.

[15] Steven John Metsker,颜炯.C♯设计模式[J].北京:中国电力出版社,2005.

C#面向对象编程基础　第2章

C#是微软公司设计用在.NET平台上开发程序的主要编程语言,它吸收了C、C++与Java各自的优点,是一种完全面向对象的高级程序语言。面向对象编程的主要特点包括封装、继承和多态。那么在C#中如何体现封装、继承和多态呢? 在本章节中将通过一个应用实例的学习使读者掌握C#面向对象编程的基础。

本章各节主要包括以下几个方面的内容:

- 类(Class);
- 继承(Inheritance);
- 抽象类(Abstract);
- 接口(Interface);
- 多态(Polymorphism)。

2.1　类

一家宠物店里有猫、狗等几种宠物,每只宠物都有姓名、年龄和体重等最基本的信息,不同的宠物喜欢吃不同的食物,例如,狗爱吃骨头,猫爱吃鱼等,而且每种宠物的叫声也都不一样。

那么,应该如何用C#面向对象语言来描述以上问题呢? 与使用C语言等结构化编程语言不一样,使用C#编程,所有的程序代码几乎都放在类(Class)中,不存在独立于类之外的函数。因此,**类是面向对象编程的基本单元**。

在绝大多数面向对象语言中,一个类都可以包含两种成员:字段(Field)与方法(Method)。字段与方法这两个概念是面向对象理论的术语,是通用于各种面向对象语言的。而在各种的具体面向对象语言(例如C#)中,可以这样理解:**字段即变量,方法即函数**。

在C#中,定义若干个变量,写若干个函数,将这些代码按以下格式汇集起来,再起个有意义的名字,就完成了一个类的定义:

```
[public|private] class 类名
{
    [public|private] 数据类型 变量名;
    [public|private] 数据类型 函数名(参数列表)
    {
    }
}
```

在上述类的中,方括号代表这部分可选,而竖线则代表多选一。声明为 public 的变量和函数可以被外界直接访问,与此对应,声明为 private 的变量与函数,则为类的私有成员,只能由类自己使用。

另外,一个类的类头使用关键字 class 标志类定义的开始,后面跟着类名称。类体用一对大括号括起,包括域和方法。

分析上面的宠物例子,可以得到一个最基本的类,就是宠物类,下面初步定义一个宠物类 Pet:

```
public class Pet
{
    public string Name;              //姓名
    public int Age;                  //年龄
    public int Weight;               //体重
    public void Display()            //输出信息
    {
        Console.WriteLine("这是一只宠物.");
    };
}
```

下面简要介绍组成类的基本成员。

2.1.1　类的字段

字段代表了类中的数据,在类的所有方法之外定义一个变量即定义了一个字段。在变量之前可以加上 public、private 和 protected 表示字段的访问权限。在上面定义的宠物类 Pet 中定义了三个公有字段 Name、Age 和 Weight,外界可以通过类 Pet 创建的对象来读取或设置这三个字段的值。

2.1.2　类的属性

属性是一种特殊的"字段"。C#中的属性充分体现了对象的封装性:不直接操作类的数据内容,而是通过访问器进行访问。

再来看一下前面定义的 Pet 类:

```
public class Pet
{
    public string Name;                       //姓名
    public int Age;                           //年龄
    public int Weight;                        //体重
    public void Display()                     //输出信息
    {
        Console.WriteLine("这是一只宠物.");
    };
}
```

Pet 类中使用公有字段来表示对象信息,这种方式无法保证数据的有效性。例如外界完全可以这样使用 Pet 类:

```
Pet p = new Pet();
p. Age = - 1;          //非法数据,年龄怎么能为负数?
```

在设计类时使用属性(Property)可以保证只有合法的数据传给对象。以 Age 这个字段为例,它要求不能为空。首先,定义一个私有的_Age 字段,接着,即可定义一个 Age 属性:

```
Private int _Age = 1;
Public int Age
{
    get               //读
    {
        return _Age;
    }
    set                //写,使用隐含变量 value
    {
        if (value < 0)
            throw new Exception("年龄不能小于 0");
        _Age = value;
    }
}
```

Age 属性由特殊的读访问器(get)和写访问器(set)组成。当读取 Age 属性时,读访问器被调用,仅简单地向外界返回私有字段_Age 的值。当设置 Age 属性时,写访问器被调用,先检查外界传入的值是不是负数,再将传入的值保存于私有字段中。

经过这样的设计,以下的代码在运行时会抛出一个异常,提醒程序员出现了错误需要更正:

```
Pet p = new Pet();
p. Age = - 1;                          //非法数据,年龄怎么能为负数?
```

写访问器中有一个特殊的变量 value 必须特别注意,它代表了外界传入的值,例如以下

代码向 Age 属性赋值:

```
Pet p = new Pet();
p. Age = 2;
```

"2"这个值将被保存到 value 变量中,供写访问器使用。

由上述例子可知,编写属性的方法如下:

(1) 设计一个私有的字段用于保存属性的数据;

(2) 设计 get 读访问器和 set 写访问器存取私有字段数据。

C♯ 中还允许定义只读属性和只写属性。只读属性只有 get 读访问器,而只写属性只有 set 写访问器。

注意:在定义属性的时候,要注意属性的名称后面不能加上括号,否则就变成方法了。

2.1.3 类的方法

1. 方法的定义和使用

放在一个类中的函数(通常附加一个存取权限修饰符,如 public 和 private)称为"方法(Method)"。

访问一个方法的最基本方式是通过类创建的对象。例如在宠物类 Pet 中定义了一Display()方法,则可以通过使用 new 关键字创建类 Pet 的对象来访问此 Display()方法:

```
class Program
{
    static void Main(string[ ] args)
    {
        //创建 Pet 类的对象
        Pet p = new Pet();
        //通过对象调用类的方法
        p.Display();
    }
}
```

2. 方法重载

方法重载是面向对象语言(如 C♯)对结构化编程语言(如 C)的一个重要扩充,请看以下代码:

```
class MathObj
{
    //整数相加
    public int Add(int x, int y)
    {
        return x + y;
    }
```

```
        //浮点数相加
        public double Add(double x, double y)
        {
            return x + y;
        }
    }
```

上述两个函数有以下独特之处：

（1）函数名相同，均为 Add；

（2）参数类型不同，一个为 int，另一个为 double。

这两个同名的函数彼此构成了"重载（Overload）"关系。

```
Mathobj mathobj = null;                        //定义 Mathobj 对象变量
mathobj = new MathObj();                        //创建对象重载函数的调用代码
int IResult = mathobj.Add(100, 200);           //调用类的整数相加方法
double FResult =  mathobj.Add(5.5, 9.2);       //调用类的浮点数相加方法
Console.WriteLine("100 + 200 = " + IResult );  //输出结果
Console.WriteLine("5.5 + 9.2 = " + FResult );  //输出结果
```

请注意标为粗体的两个方法调用语句。传给方法的实参为浮点数时，将调用参数类型为 double 的 Add(double , double)方法；传给方法的实参为整数时，调用参数类型为 int 的 Add(int,int)方法。

函数重载是面向对象语言对结构化语言特性的重要扩充，在面向对象的编程中应用极广。

3. 静态与非静态方法

Ｃ♯的类定义的方法有两种：静态和非静态。使用了 static 修饰符的方法为静态方法，否则为非静态。

静态方法是一种特殊的成员方法，像静态变量一样，它不属于类的某一个具体的实例。非静态方法可以访问类中的任何成员，而静态方法只能访问类的静态成员，例如：

```
public class MathObj
{
    int NumA                //非静态变量
    static int NumB;        //静态变量
    static void myMethod()
    {
        NumA = 1;           //错误,不能访问非静态变量
        NumB = 2;           //正确,可以访问静态变量
    }
}
```

2.1.4 构造函数和析构函数

1. 构造函数

构造函数是用于执行类的实例的初始化。每个类都有构造函数,即使没有声明它,编译器也会自动提供一个默认的构造函数。在访问一个类的时候,系统将最先执行构造函数中的语句。默认的构造函数一般不执行什么操作。

如果希望为宠物们设置默认的姓名、年龄和体重,那么只要在 Pet 类中添加相应的构造函数即可,如下:

```
public class Pet
{
    public string Name;              //姓名
    public int Age;                  //年龄
    public int Weight;               //体重

    Pet(string name)                 //带参构造函数,初始化姓名
    {
        this.Name = name;
    }

    public void Display()            //输出信息
    {
        Console.WriteLine("这是一只宠物.");
    };
}
```

使用构造函数应该注意以下几个问题。
- 一个类的构造函数要与类名相同。
- 构造函数不能声明返回类型。
- 一般构造函数总是 public 类型,这样才能在实例化时调用。如果是 private 类型的,表明类不能被实例化,这通常用于只含有静态成员的类。
- 在构造函数中,除了对类进行实例化外,一般不能有其他操作。对于构造函数也不能显式地来调用。

构造函数可以是不带参数的,这样对类的实例的初始化是固定的,就像默认的构造函数一样。有时候,在对类进行初始化时,需要传递一定的数据,以便对其中的各种数据进行初始化,这时可以使用带参数的构造函数,实现对类的不同实例的不同初始化,这也是方法重载的一种体现。

2. 析构函数

在类的实例超出范围时,为确保它所占的存储空间能被收回,C#中提供了析构函数,用于专门释放被占用的系统资源。

析构函数的名字与类名相同,只是在前面加了一个符号~,析构函数不接受任何参数,也不返回任何值,例如:

```
public class Pet
{
    public string Name;              //姓名
    public int Age;                  //年龄
    public int Weight;               //体重

    Pet(string name)                 //带参构造函数,初始化姓名
    {
        this.Name = name;
    }

    ~Pet()                           //析构函数
    {
    }

    public void Display()            //输出信息
    {
        Console.WriteLine("这是一只宠物.");
    };
}
```

注意: 析构函数不能返回值,也不能显式调用,否则会出现错误。

2.2　继承

　　封装和数据隐藏在非面向对象语言中可以用其他形式实现,继承(Inheritance)机制才是真正使面向对象语言和非面向对象语言区别开来的本质。虽然"修改"和"复制"也可以实现对原有代码的复用,但是结果代码中固有的冗余性和复杂性会使程序变得非常难以维护,这是非面向对象语言中一个非常令人头疼的问题。

　　其实这也正是在 2.1 节中宠物类所具有的问题,因为每一种宠物都有姓名、年龄和体重等信息。幸运的是,在面向对象语言中有一种强有力的方法可以采用:继承机制。继承赋予面向对象语言这样一种能力:它可以使用现有类的所有功能,并在无须重新编写原来的类的情况下对这些功能进行扩展。继承是面向对象语言中最有力且最独特的特征之一,它有以下优点。

　　(1) 显著减少代码冗余,并因此提高了代码的可读性、可维护性和可修改性,大大减小了修改维护代码的负担。

　　(2) 子类比不使用继承时更加简洁。子类包含的只是它区别于其父类的本质,给定的 OO(Object Oriented,面向对象)应用程序和同一程序的非 OO 版本相比,代码总量明显减少。

　　(3) 通过继承可以不加修改地重用和扩展已经彻底测试的代码,这样一来,就可以避免重新测试大部分已有的应用程序。而在非 OO 语言中,在修改了应用程序后就必须重新测试,以保证这些应用程序没有被"破坏"。

　　C♯语言中类继承有如下特点。

- C#语言只允许单继承,即派生类只能有一个基类。
- C#语言中的继承是可以传递的,如果 C 从 B 派生,B 从 A 派生,那么 C 不但继承 B 的成员,还要继承 A 中的成员。
- 派生类可以添加新成员,但不能删除基类中的成员。
- 派生类不能继承基类的构造函数、析构函数(若想访问可以用 base. 基类构造函数或析构函数来访问),但能继承基类的属性。
- 派生类可以覆盖基类的同名成员,如果在派生类中覆盖了基类同名成员,基类该成员在派生类中就不能被直接访问,只能通过 base. 基类方法名访问。

base 关键字用于从派生类中访问基类成员,它有两种基本用法。

(1) 在定义派生类的构造函数中,指明要调用的基类构造函数,由于基类可能有多个构造函数,根据 base 后的参数类型和个数,指明要调用哪一个基类构造函数。

(2) 在派生类的方法中调用基类中被派生类覆盖的方法。

在派生类中,通过声明与基类完全相同的新成员,可以覆盖基类的同名成员,同名函数是指函数类型、函数名、参数类型和个数都相同,函数返回值类型可以不相同的函数,如下例中的方法 Display()。派生类覆盖基类成员不算错误,但会导致编译器发出警告。如果增加 new 修饰符,表示认可覆盖,编译器不再发出警告。派生类覆盖基类的同名成员后,同样可以访问基类中被派生类覆盖的方法:base. Display()。

下面是一个简单的展示继承关系的例子,Employee 类继承于 Person。

```csharp
using System;
public class Person
{
    private string name;
    private int age;
    public Person( string name, int age)          //类的构造函数,函数名和类同名,无返回值
    {
        this.name = name;
        this.age = age;
    }
    public void Display()
    {
        Console.WriteLine("姓名:{0} 年龄:{1}", name, age);
    }
}

class Employee:Person                          //Person 类是基类
{
    private string department;                 //部门,新增数据成员
    private int salary;                        //薪金,新增数据成员
    public Employee(string Name, int Age, string D, int S):base(Name, Age)
    {//注意 base 的第一种用法,根据参数调用指定基类构造函数,注意参数的传递
        department = D;
        salary = S;
    }
```

```
        public new void Display()             //覆盖基类 Display()方法,注意 new,不可用 override
        {   base.Display();                   //访问基类被覆盖的方法,base 的第二种用法
            Console.WriteLine("部门: {0} 月薪: {1}",department,salary);
        }
}
class main
{
    static void Main(string[] args)
    {
        Employee OneEmployee = new Employee("张三",25,"销售部",5000);
        OneEmployee.Display();
    }
}
```

运行结果如下:

```
姓名:张三年龄:25
部门:销售部月薪:5000
```

实际上,继承由于简单明了、方便实用的特点,在很多不必要的场合也得到了大量应用,因此有了之前提出的一个关于继承的原则(里氏代换原则,详见 1.6.3 节):当一个子类的实例能够完全替换其超类的实例时,它们之间才具有继承的关系。例如,Employee 是一个人,可以继承 Person 类,但是 Leg 类却不能继承 Person 类,因为腿并不是一个人。

分析 2.1 节中的宠物类实例,可以从 Pet 类中派生出 Dog 类和 Cat 类,即 Dog 类和 Cat 类均继承 Pet 类:

```
using System;
namespace PetInherit
{
    //Cat 类和 Dog 类都继承类 Pet
    public class Pet                          //类 Pet
    {
        public string Name;
        public int Age;
        public int Weight;
        Pet(string name)
        {
            this.Name = name;
        }
        ~Pet()
        {
        }
        public void Display()
        {
            Console.WriteLine("这是一只宠物.");
```

实用软件设计模式教程(第 2 版)

```
            };
    }
    public class Cat() : Pet                    //继承类 Pet
    {
        Cat(string name):base(name)
        {
        }
        public void DisplayMe()
        {
            Console.WriteLine("猫:" + Name);
        }
    }
public class Dog : Pet                          //继承类 Pet
{
        Dog(string name):base(name)
        {
        }
        public void DisplayMe()
        {
            Console.WriteLine("狗:" + Name);
        }
}

class Program
{
        static void Main(string[] args)
        {
            Pet p;
            p = new Cat("Kitty");
            p.DisplayMe();
            p = new Dog("Tom");
            p.DisplayMe();
            Console.WriteLine();
        }
    }
}
```

程序运行结果如下:

```
猫:Kitty
狗:Tom
```

2.3 抽象类

从 2.2 节中可以知道,继承于 Pet 类的 Cat 类和 Dog 类为了输出各自的信息需要在两个继承的类中分别新添加一个 DisplayMe 函数,而且基类 Pet 中的 Display 函数也失去了它存在的意义,那么,能不能够在 Dog 类和 Cat 类中直接重写从 Pet 类中继承过来的 Display

函数呢？当然可以,使用抽象类(Abstract)就能够达到这个目的。

在一个类前面加上"abstract"关键字,此类就成为了抽象类。

对应地,一个方法类前面加上"abstract"关键字,此方法就成为了抽象方法。

```
abstract class Fruit                    //抽象类
{
    public abstract void GrowInArea();    //抽象方法
}
```

注意抽象方法不能有实现代码,在函数名后直接跟一个分号。

抽象类专用于派生出子类,子类必须实现抽象类所声明的抽象方法,否则,子类仍是抽象类。

抽象类一般用于表达一种比较抽象的事物,例如"水果",而抽象方法则说明此抽象类应该具有的某种性质,例如 Fruit 类中有一个抽象方法 GrowInArea(),说明水果一定有一个最适合其生长的地区,但不同的水果其生长地是不同的。

从同一抽象类中继承的子类拥有相同的方法(即抽象类所定义的抽象方法),但这些方法的具体代码对于每个类都可以不一样,如以下两个类分别代表苹果(Apple)和菠萝(Pineapple)：

```
class Apple : Fruit                //苹果
{
    public override void GrowInArea()
    {
        Console.WriteLine("南方北方都可以种植我.");
    }
}

class Pineapple : Fruit                //菠萝
{
    public override void GrowInArea()
    {
        Console.WriteLine("我喜欢温暖,只能在南方看到我.");
    }
}
```

注意上述代码中的 override 关键字,这说明子类重写了基类的抽象方法。抽象类不能创建对象,一般用它来引用子类对象。

```
Fruit f;
f = new Apple();
f.GrowInArea();
f = new Pineapple();
f.GrowInArea();
```

程序运行结果如下：

> 南方北方都可以种植我.
> 我喜欢温暖,只能在南方看到我.

注意同一句代码"f. GrowInArea();"会由于 f 所引用的对象不同而输出不同的结果。一个抽象类中可以包含非抽象的方法和字段,因此,包含抽象方法的类一定是抽象类,但抽象类中的方法不一定是抽象方法。

通过把 Pet 类中的 Display 函数设为抽象函数,Pet 类相应地变为抽象类,就可以解决本节开始提出的问题了。如下:

```
using System;
namespace PetInherit
{
    //Cat 类和 Dog 类都继承抽象类 Pet
    public abstract class Pet                      //抽象类 Pet
    {
        public string Name;
        public int Age;
        public int Weight;
        Pet(string name)
        {
            this.Name = name;
        }
        ~Pet()
        {
        }
        public abstract void Display();           //抽象函数
    }
    public class Cat: Pet                          //继承于抽象类 Pet
    {
        Cat(string name):base(name)
        {
        }
        public override void Display()            //覆写抽象类的抽象函数 Display()
        {
            Console.WriteLine("猫:" + Name);
        }
    }
    public class Dog : Pet                         //继承于抽象类 Pet
    {
        Dog(string name):base(name)
        {
        }
        public override void Display()            //覆写抽象类的抽象函数 Display()
        {
            Console.WriteLine("狗:" + Name);
        }
    }
```

```
    class Program
    {
        static void Main(string[] args)
        {
            Pet p;
            p = new Cat("Kitty");
            p.Display();
            p = new Dog("Tom");
            p.Display();
            Console.WriteLine();
        }
    }
}
```

程序运行结果如下：

```
猫:Kitty
狗:Tom
```

2.4　接口

C♯中引入了接口(Interface)这一概念,使用接口可以很容易地表示"不同宠物喜爱不同食物"的关系。

与类一样,在接口中可以定义一个和多个方法、属性、索引指示器和事件。但与类不同的是,接口中仅仅是它们的声明,并不提供实现。因此接口是函数成员声明的集合。

接口声明是一种类型声明,它定义了一种新的接口类型。接口的本质是一组规则的集合,它规定了实现接口的类或接口必须拥有的一组规则,体现了自然界"如果你是……,则必须能……"的理念。

下面是一个接口声明的例子。

```
public interface IExample: IFather          //继承父接口
{//所有接口成员都不能包括实现
    string this[int index] { get; set; }      //索引指示器声明
    event EventHandler E;                     //事件声明
    void F(int value);                        //方法声明
    string P { get; set; }                    //属性声明
}
```

声明接口时,需注意以下内容：
- 接口成员只能是方法、属性、索引指示器和事件,不能是常量、域、操作符、构造函数或析构函数,不能包含任何静态成员；
- 接口成员声明不能包含任何修饰符,接口成员的默认访问方式是 public。

实用软件设计模式教程(第 2 版)

类似于类的继承性,接口也有继承性。派生接口继承了基接口中的函数成员说明。接口允许多继承,一个派生接口可以没有基接口,也可以有多个基接口。在接口声明的冒号后列出被继承的接口名,多个接口名之间用逗号分隔。

接口定义不包括函数成员的实现部分。继承该接口的类或结构应实现这些函数成员。这里主要讲述通过类来实现接口。

如果类实现了某个接口,则类也隐式地继承了该接口的所有基接口,不管这些基接口有没有在类声明的基类表中列出。因此,如果类从一个接口派生,则这个类负责实现该接口并包含该接口的所有基接口中所声明的所有成员。

下面的例子展示了接口的用法。

```
using System;
public interface ISalary                    //"工资"接口
{
    int Salary                              //接口中的属性声明
    {
        get;
        set;
    }
}
public interface IWork                       //"工作"接口
{
    void JobEvaluation();                   //接口中的方法声明
}
public class Person                          //"人"基类
{
    private string name;
    public Person(string name)              //构造函数
    {
        this.name = name;
    }
    public virtual void Display()
    {
        Console.WriteLine("姓名:{0}", name);
    }
}
public class Employee : Person, ISalary, IWork   //继承一个基类,两个接口
{
    private int salary;
    public Employee(string name)
        : base(name)
    { }
    public int Salary                        //实现接口 ISalary 的属性
    {
        get
        { return salary; }
        set
```

```
            { salary = value; }
        }
        public void JobEvaluation()                    //实现接口 IWork 的方法
        {
            Console.WriteLine("在工作中表现很好!");
        }
        public override void Display()                 //覆盖基类的虚函数
        {
            base.Display();
            Console.WriteLine("薪金: {0} ", salary);
            this.JobEvaluation();
        }
    }
    public class Test
    {
        public static void Main(string[] args)
        {
            Employee zhangsan = new Employee("张三");
            zhangsan.Salary = 2000;
            zhangsan.Display();
        }
    }
```

运行结果如下：

```
姓名: 张三
薪金: 2000
在工作中表现很好!
```

本例定义了两个接口 ISalary 和 IWork，接口的命令一般以 I 开头（Interface）。Employee 类继承了父类 Person，并实现了这两个接口，如果 Employee 类里没有实现属性 Salary 和方法 JobEvaluation()，就会有报错提示。

在宠物类的例子当中，只需要定义一个 IEat 接口，该接口包含一个 Eat 函数，Dog 类和 Cat 类分别实现 IEat 接口，具体实现如下：

```
using System;
namespace PetInherit
{
    //Cat 类和 Dog 类都继承抽象类 Pet,实现 IEat 接口
    interface IEat                         //接口 IEat
    {
        void Eat();
    }
    public abstract class Pet              //抽象类 Pet
    {
        public string Name;
        public int Age;
```

```
        public int Weight;
        Pet(string name)
        {
            this.Name = name;
        }
        ~Pet()
        {
        }
        public abstract void Display();                 //抽象函数
    }
    public class Cat : Pet, IEat                         //继承于抽象类 Pet,实现 IEat 接口
    {
        Cat(string name):base(name)
        {
        }
        public override void Display()                   //覆盖抽象类的抽象函数 Display()
        {
            Console.WriteLine("猫:" + Name);
        }
        public void Eat()                                //实现接口的 Eat()方法
        {
            Console.WriteLine("猫喜欢吃鱼");
        }
    }
    public class Dog : Pet, IEat                         //继承于抽象类 Pet,实现 IEat 接口
    {
        Dog(string name):base(name)
        {
        }
        public override void Display()                   //覆盖抽象类的抽象函数 Display()
        {
            Console.WriteLine("狗:" + Name);
        }
        public void Eat()
        {
            Console.WriteLine("狗喜欢吃骨头");
        }
    }

    class Program
    {
        static void Main(string[] args)
        {
            IEat e;
            e = new Cat("Kitty");
            e.Eat();
            e = new Dog("Tom");
            e.Eat();
        }
    }
}
```

程序运行结果如下：

> 猫喜欢吃鱼
> 狗喜欢吃骨头

2.5　多态

最后，用虚函数来实现"每只宠物的叫声不同"的关系，而虚函数也是实现多态 (Polymorphism)的一种方式。下面先对虚函数做简要介绍。

2.5.1　虚函数

我们希望每个对象都只干自己职责之内的事，即如果一个父类变量引用的是其子类对象，则调用的就是子类定义的方法；而如果父类变量引用的就是父类对象，则调用的是父类定义的方法。这就是说，希望每个对象都"各人自扫门前雪，莫管他人瓦上霜"。

为达到这个目的，可以在父类同名方法前加关键字 virtual，表明这是一个虚方法，子类可以重写此方法，即在子类同名方法前加关键字 override，表明对父类的同名方法进行了重写。

下面是一个简单的例子：

```
class Parent
{
    public virtual void OverrideF()
    {
        Console.WriteLine ("Parent.OverrideF ()");
    }
}
class Child : Parent
{
    public override void OverrideF()
    {
        Console.WriteLine ("Child.OverrideF ()");
    }
}
```

那么在主程序中如果使用如下的调用方式：

```
Child c = new Child();
Parent p;
p = c;
p. OverrideF();          //调用父类的还是子类的同名方法？
```

则程序运行结果如下：

```
Child.OverrideF()
```

这一示例表明,将父类方法定义为虚方法,子类重写同名方法之后,通过父类变量调用此方法,到底是调用父类还是子类的,由父类变量引用的真实对象类型决定,而与父类变量无关!

换句话说,同样一句代码:

```
p.OverrideF();
```

在 p 引用不同对象时,其运行的结果可能完全不一样!因此,如果在编程时只针对父类变量提供的对外接口编程,就使代码成了"变色龙",传给它不同的子类对象(这些子类对象都重写了父类的同名方法),它就干不同的事。

这就是面向对象语言的"虚方法调用(Virtual Method Invoke)"特性。很明显,"虚方法调用"特性可以让我们写出非常灵活的代码,大大减少由于系统功能扩充和改变所带来的大量代码修改工作量。由此给出以下结论:

面向对象语言拥有的"虚方法调用"特性,使我们可以只用同样的一个语句,在运行时根据对象类型而执行不同的操作。利用"虚函数调用"这一特性,可以通过在 Dog 类中定义一个 Shout 虚函数,在继承 Dog 类的子类中重写 Shout 函数,即可实现"不同宠物具有不同叫声"的关系。具体实现如下:

```csharp
using System;
namespace PetInherit
{
    //Cat 类和 Dog 类都继承抽象类 Pet,实现 IEat 接口;AHuang 类和 WangCai 类继承 Dog 类
    interface IEat                        //接口 IEat
    {
        void Eat();
    }
    public abstract class Pet             //抽象类 Pet
    {
        public string Name;
        public int Age;
        public int Weight;
        Pet(string name)
        {
            this.Name = name;
        }
        ~Pet()
        {
        }
        public abstract void Display();    //抽象函数
    }
```

```
public class Cat() : Pet, IEat              //继承于抽象类 Pet,实现 IEat 接口
{
    Cat(string name):base(name)
    {
    }
    public override void Display()          //覆盖抽象类的抽象函数 Display()
    {
        Console.WriteLine("猫:" + Name);
    }
    public void Eat()                       //实现接口的 Eat()方法
    {
        Console.WriteLine("猫喜欢吃鱼");
    }
}
public class Dog : Pet, IEat                //继承于抽象类 Pet,实现 IEat 接口
{
    Dog(string name):base(name)
    {
    }
    public override void Display()          //覆盖抽象类的抽象函数 Display()
    {
        Console.WriteLine("狗:" + Name);
    }
    public virtual void Shout()             //虚函数 Shout()
    {
        Console.WriteLine("汪汪!我叫" + Name);
    }
}
public class AHuang : Dog
{
    public override void Shout()            //重写 Dog 类的 Shout()虚函数
    {
        Console.WriteLine("汪汪!我叫" + Name);
    }
    AHuang(string name):base(name)
    {
    }

}
public class WangCai : Dog
{
    public override void Shout()            //重写 Dog 类的 Shout()虚函数
    {
        Console.WriteLine("汪汪!我叫" + Name);
    }
    Wangcai(string name):base(name)
    {
    }
}
```

```
class Program
{
    static void Main(string[ ] args)
    {
        Dog d;
        d = new Dog("Tom");
        d.Shout();
        d = new AHuang("AHuang");
        d.Shout();
        d = new WangCai("WangCai");
        d.Shout();
    }
}
```

程序运行结果如下:

```
汪汪!我叫 Tom
汪汪!我叫 AHuang
汪汪!我叫 WangCai
```

2.5.2 多态

多态性是类为相同名称的方法提供不同实现方式的能力。同一操作作用于不同的对象,可以有不同的解释,产生不同的执行结果,这就是多态性。

举个生活中的例子来说明多态:老王有三个儿子,分别在 A、B、C 三个不同的工厂上班。在 A 厂有人喊,老王的儿子小王呢? 大家知道是叫老大。在 B 厂有人喊,老王的儿子小王呢? 大家知道是叫老二;在 C 厂有人喊,老王头的儿子小王呢? 大家知道是叫老三。这就是多态。同一个命令,根据不同的对象,执行不同的操作,这就是多态。

C++ 中主要是通过虚函数来实现多态,而在 C# 中有三种实现方法:通过接口实现多态性、通过继承实现多态性、通过抽象类实现多态性。

1. 通过接口实现多态性

多个类可实现相同的"接口",而单个类可以实现一个或多个接口。接口本质上是类需要如何响应的定义。接口描述类需要实现的方法、属性和事件,以及每个成员需要接收和返回的参数类型,但这些成员的特定实现由实现类去完成。

通过接口,每个类都可以自由决定其实现的细节。这样实现某一接口的多个类可以以不同的方式实现相同的接口,而每个类仍支持同一组接口中定义的方法,当这些类实例化后,因为这些对象的接口是相同的,所以就实现了多态性的"一个接口,多个方法"。

根据接口来定义功能的另一个好处是,可以通过定义和实现附加接口将功能添加到组件中。其优点包括以下两个方面。

- 简化了设计过程,因为组件开始时可以很小,具有最小功能;之后,组件继续提供最小功能,同时不断插入其他的功能,并通过实际使用那些功能来确定合适的功能。

- 简化了兼容性的维护，因为组件的新版本可以在添加新接口的同时继续提供现有接口。客户端应用程序的后续版本可以利用这些接口的优点。

2. 通过继承实现多态性

多个类可以从单个基类"继承"。通过继承，类在基类所在的同一实现中接收基类的所有方法、属性和事件。这样，便可根据需要来实现附加成员，而且可以重写基成员以提供不同的实现。请注意，继承类也可以实现接口，这两种技术不是互斥的。

C♯通过继承提供多态性。对于小规模的开发任务而言，这是一个功能强大的机制，但对于大规模系统，通常会存在问题。过分强调继承驱动的多态性一般会导致资源大规模地从编码转移到设计，这对于缩短总的开发时间没有任何帮助。

何时使用继承驱动的多态性呢？使用继承首先是为了向现有基类添加功能。若从经过完全调试的基类框架开始，则程序员的工作效率将大大提高，方法可以增量地添加到基类而不中断版本。当应用程序设计包含多个相关类，而对于某些通用函数，这些相关类必须共享同样的实现时，也可能希望使用继承。重叠功能可以在基类中实现，应用程序中使用的类可以从该基类中派生。抽象类合并继承和实现的功能，这在需要二者之一的元素时可能很有用。

3. 通过抽象类实现多态性

抽象类同时提供继承和接口的元素。抽象类本身不能实例化，它必须被继承。该类的部分或全部成员可能未实现，该实现由继承类提供。已实现的成员仍可被重写，并且继承类仍可以实现附加接口或其他功能。

抽象类提供继承和接口实现的功能。抽象类不能实例化，必须在继承类中实现。它可以包含已实现的方法和属性，也可以包含未实现的过程，这些未实现过程必须在继承类中实现。抽象类的另一个好处是：当要求组件的新版本时，可根据需要将附加方法添加到基类中，但接口必须保持不变。

何时使用抽象类呢？当需要一组相关组件来包含一组具有相同功能的方法，但同时要求在其他方法实现中具有灵活性时，可以使用抽象类。当预料可能出现版本问题时，抽象类也具有价值，因为基类比较灵活并易于被修改。

实际上在解决宠物类问题的整个过程中已经将上述三种实现多态的方式都用过了，我们可以再认真品读一下这段代码：

```csharp
using System;
namespace PetInherit
{
    //Cat 类和 Dog 类都继承抽象类 Pet,实现 IEat 接口; AHuang 类和 WangCai 类继承 Dog 类
    interface IEat                          //接口 IEat
    {
        void Eat();
    }
    public abstract class Pet                //抽象类 Pet
    {
        public string Name;
```

```csharp
        public int Age;
        public int Weight;
        Pet(string name)
        {
            this.Name = name;
        }
        ~Pet()
        {
        }
        public abstract void Display();              //抽象函数
}
public class Cat : Pet, IEat                         //继承于抽象类 Pet,实现 IEat 接口
{
        Cat(string name):base(name)
        {
        }
        public override void Display()               //覆盖抽象类的抽象函数 Display()
        {
            Console.WriteLine("猫:" + Name);
        }
        public void Eat()                            //实现接口的 Eat()方法
        {
            Console.WriteLine("猫喜欢吃鱼");
        }
}
public class Dog : Pet, IEat                         //继承于抽象类 Pet,实现 IEat 接口
{
        Dog(string name):base(name)
        {
        }
        public override void Display()               //覆盖抽象类的抽象函数 Display()
        {
            Console.WriteLine("狗:" + Name);
        }
        public void Eat()
        {
            Console.WriteLine("狗喜欢吃骨头");
        }
        public virtual void Shout()                  //虚函数 Shout()
        {
            Console.WriteLine("汪汪!我叫" + Name);
        }
}
public class AHuang : Dog
{
        public override void Shout()                 //重写 Dog 类的 Shout()虚函数
        {
            Console.WriteLine("汪汪!我叫" + Name);
        }
        AHuang(string name):base(name)
        {
        }
```

```
        }
    public class WangCai : Dog
    {
        public override void Shout()          //重写 Dog 类的 Shout()虚函数
        {
            Console.WriteLine("汪汪!我叫" + Name);
        }
        Wangcai(string name):base(name)
        {
        }
    }
    class Program
    {
        static void Main(string[] args)
        {
            Pet p;                          //以抽象类方式实现多态
            p = new Cat("Kitty");
            p.Display();
            p = new Dog("Tom");
            p.Display();
            Console.WriteLine();

            IEat e;                         //以接口方式实现多态
            e = new Cat("Kitty");
            e.Eat();
            e = new Dog("Tom");
            e.Eat();
            Console.WriteLine();

            Dog d;                          //以虚函数方式实现多态
            d = new Dog("Tom");
            d.Shout();
            d = new AHuang("AHuang");
            d.Shout();
            d = new WangCai("WangCai");
            d.Shout();
        }
    }
}
```

程序运行结果如下：

```
猫：Kitty
狗：Tom

猫喜欢吃鱼
狗喜欢吃骨头

汪汪!我叫 Tom
汪汪!我叫 AHuang
汪汪!我叫 WangCai
```

程序类图如图 2.1 所示。

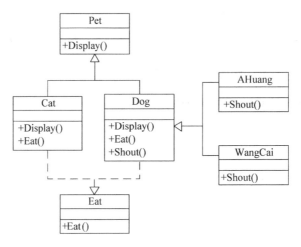

图 2.1　多态示例程序类图

多态性是允许将父对象设置成为和一个或更多的其子对象相等的技术,赋值之后,父对象就可以根据当前赋值给它的子对象的特性以不同的方式运作。多态的本质就是将子类类型的指针赋值给父类类型的指针(在 C♯ 中是引用),只要这样的赋值发生了,多态也就产生了,因为实行了"向上映射"。

本章小结

本章主要通过几个 C♯ 应用实例的学习介绍了面向对象的基础知识。类是面向对象编程的基本单元,而继承则是真正使得面向对象语言和非面向对象语言区别开来的本质。抽象类中声明了抽象方法,从同一抽象类继承的子类拥有相同的方法,但是其具体实现可以不一样。接口是函数成员声明的集合,并不提供实现。多态性是指相同名称的方法具有不同实现方式,在 C♯ 语言中通过接口、继承和抽象类这三种方式实现多态性。

习题

1. C♯ 语言与其他语言相比,具有哪些突出的优点与特点?

2. C♯ 语言中命名空间的作用是什么? 试说明它的用法。

3. C♯ 语言中类的成员包括哪几种类型? 类成员的访问性分为几种? 请分别简述之。

4. 为什么提倡用 set/get 访问器来访问对象的内部数据?

5. 请简述构造函数和析构函数的作用与特殊性。

6. 继承作为面向对象语言中最有力且最独特的特征之一,它具有哪些优点?

7. C♯ 语言中实现多态的方法有哪几种? 请分别简述。

参考文献

［1］　Karli Watson,等著.C♯入门经典[M].6 版.齐立波,黄俊伟译.北京：清华大学出版社,2015.

［2］　Burton Harvey,等著.C♯程序设计教程[M].康博译.北京：清华大学出版社,2001.

［3］　南泰电脑,吕文达.精通 C♯程序设计[M].北京：清华大学出版社,2004.

［4］　林邦杰.深入浅出 C♯程序设计[M].北京：中国铁道出版社,2005.

［5］　李乃文.C♯程序设计实践教程[M].北京：清华大学出版社,2007.

第 3 章　　　　　　设 计 模 式

人们采用面向对象思想进行软件设计的过程中,对某些相似问题的解决方案进行总结和升华,提出了设计模式的概念,从而进一步提高了程序代码的复用程度。本章简要介绍了设计模式的基本概念和组成要素,并分类介绍了 24 种设计模式。

3.1　设计模式基础

设计面向对象软件比较困难,而设计可复用的面向对象软件就更加困难。必须找到相关的对象,以适当的粒度将它们归类,再定义类的接口和继承层次,建立对象之间的基本关系。设计应该对手头的问题有针对性,同时对将来的问题和需求也要有足够的通用性。另外也希望避免重复设计或尽可能少做重复设计。

有经验的面向对象设计者会了解,不是解决任何问题都要从头做起。他们更愿意复用以前使用过的解决方案。当找到一个好的解决方案,他们会一遍又一遍地使用。这些经验是他们成为内行的部分原因。因此,会在许多面向对象系统中看到类和相互通信的对象的重复模式。这些模式解决特定的设计问题,使面向对象设计更灵活、优雅,最终使复用性更好。

3.1.1　设计模式概念

设计模式(Design Pattern)是一套被反复使用、多数人知晓的、经过分类编目的代码设计经验的总结。使用设计模式是为了可重用代码,让代码更容易被他人理解以及保证代码的可靠性。

设计模式使人们可以更加简单方便地复用成功的设计和体系结构。将已证实的技术表述成设计模式也会使新系统开发者更加容易理解其设计思路。设计模式帮助设计者做出有利于系统复用的选择,避免设计损害了系统复用性。通过提供一个显式的类和对象的作用关系以及它们之间潜在联系的说明规范,设计模式能够提高已有系统的文档管理和系统维护的有效性。

简而言之,设计模式可以帮助设计者更快更好地完成系统设计。

一开始,设计者可以把模式想象成一种特别巧妙和敏锐的用以解决某类特定问题的方法。更确切地说,许多人从不同角度解决了某个问题,最终大家提出了最通用和灵活的解决办法。这个问题可能是设计者以前见过并解决过的,但是自己的方法可能比不上模式所体现的方法完整。

尽管这些方法被称作"设计模式",但实际上它们没有仅仅限于设计的范畴。模式看起来似乎跟传统的分析、设计和实现相去甚远;但恰恰相反,模式体现的是程序整体的构思,所以有时候它也会出现在分析或者是概要设计阶段。这是个有趣的现象,因为模式可以由代码直接实现,所以可能不希望在详细设计或编码以前使用模式,实际上在详细设计和编码之前设计者可能都不会意识到自己需要某个特定的模式。

模式的基本概念也可以看作是设计的基本概念:即增加一个抽象层。无论什么时候,当设计者想把某些东西抽象出来的时候,实际上是在分离特定的细节,这么做的动机就是把变化的东西从那些不变的东西里分离出来。这个问题的另一种说法是,当发现程序的某一部分由于某种原因有可能会变化的话,设计者会希望这些变化不会传播给程序代码的其他部分。这么做不但使程序更容易维护,而且它通常使程序更容易理解,这同时也会降低成本。

很多情况下,对于能否设计出优雅和容易维护的系统来说,最难的就是找到"一系列变化的东西"。这就意味着最重要的是找出系统里变化的部分,或者说是找到成本最高的部分。一旦找出了这一系列变化,就可以以之为焦点来构造设计。

设计模式的目的就是为了把代码里变化的那一部分分离出来。如果这么看待设计模式,就会发现本书实际上已经讲了一些设计模式了。例如说,可以认为继承就是一种设计模式,只不过它是由编译器来实现罢了。通过继承可以使拥有相同接口(这些接口是不变的)的对象具有不同的行为(这就是变化的部分)。组合(Composition)也可以被认为是一种模式,它可以静态或者动态地改变用以实现某个类的对象,从而改变这个类的行为。

3.1.2　设计模式的基本要素

1. 模式名称

模式名称(Pattern Name)是一个助记名,它用一两个词来描述模式的问题、解决方案和效果。命名一个新的模式增加了设计词汇。设计模式允许在较高的抽象层次上进行设计。基于一个模式词汇表,同事之间就可以讨论模式并在编写文档时使用它们。模式名可以帮助思考,便于与其他人交流设计思想及设计结果。

2. 问题

问题(Problem)描述了应该在何时使用模式。它解释了设计问题和问题存在的前因后果,它可能描述了特定的设计问题,如怎样用对象表示算法等;也可能描述了导致不灵活设计的类或对象结构。有时候,问题部分会包括使用模式必须满足的一系列先决条件。

3. 解决方案

解决方案(Solution)描述了设计的组成成分,以及它们之间的相互关系及各自的职责和协作方式。因为模式就像一个模板,可应用于多种不同场合,所以解决方案并不描述一个特定而具体的设计或实现,而是提供设计问题的抽象描述和怎样用一个具有一般意义的元素组合(类或对象组合)来解决这个问题。

4. 效果

效果(Consequences)描述了模式应用的效果及使用模式应权衡的问题。尽管描述设计决策时,并不总提到模式效果,但它们对于评价设计选择和理解使用模式的代价及好处具有重要意义。软件效果大多关注对时间和空间的衡量,它们也表述了语言和实现问题。因为复用是面向对象设计的要素之一,所以模式效果包括它对系统的灵活性、扩充性或可移植性的影响,显式地列出这些效果对理解和评价这些模式很有帮助。

3.1.3 怎样使用设计模式

怎样选择设计模式是使用设计模式之前需要重点考虑的问题,本书有 20 多个设计模式供选择使用,要从中找出一个能够恰当地解决特定问题的模式还是有一定困难的。在选择模式时,需要考虑这些设计模式的意图和它们是怎样解决设计问题的,研究目的相似的模式,考虑在设计中想要什么样的变化却又不会引起重新设计。

一旦选择了一个设计模式,下面这些步骤可以帮助设计者有效地使用它。

- 大致浏览一遍模式,特别注意其意图、适用场合和效果,确定它能够解决问题。
- 学习一下这个模式的具体代码示例,研究代码将有助于实现模式。
- 为将要定义的类定义一个有意义的名字,将模式参与者的名字合并入自己的类名是很有用的,这会帮助设计者在实现中更显式地体现出模式来,并提高代码的可读性。例如,如果在图书馆图书归类算法中使用了策略(Strategy)模式,你可能有名为 SortByTitleStrategy 或 SortByAuthorStrategy 这样的类。
- 定义类,声明它们的接口,建立它们的继承关系,识别模式在应用中影响到的类,做出相应的修改。
- 实现设计模式中相关的操作,完成必要的责任和协作。

以上步骤适用于刚开始使用设计模式时,当对设计模式非常了解时,完全可以有自己的使用体会和方法。

最后,需要了解的是,在一个项目中,设计模式并不是越多越好。设计模式不能随意使用,通常当通过引入额外的简洁层次获得灵活性和可变性的同时,也使设计变得更加复杂或牺牲了一定的性能。一个设计模式只有当它提供的灵活性是真正需要的时候,才有必要使用。

3.1.4 设计模式的类型

在设计模式经典著作 GOF95 中,设计模式从应用目的的角度被分为三个大的类型,分别是创建型设计模式、结构型设计模式和行为型设计模式。创建型模式与对象的创建有关;结构型模式处理类和对象的组合;行为型模式对类或对象怎样交互和怎样分配职责进行描述。每种类型中又有若干具体的设计模式,它们共同组成了 23 种经典设计模式。

需要了解的是,设计模式远远不止这么多,这 23 种设计模式只是特别经典而已。由于简单工厂模式也在很多场合大量应用,所以本书增加了这一模式。

3.2　创建型模式

社会化的分工越来越细,在软件设计方面也是如此,因此把对象的创建和对象的使用分开也就成为了必然趋势。因为对象的创建会消耗掉系统很多资源,所以单独对对象的创建进行研究,从而能够高效地创建对象就是创建型模式要探讨的问题。

3.2.1　简单工厂模式

用一个简单的例子说明设计模式带来的好处。

客户端代码片段:

```
    …
//有时候需要一个 Man 干点体力活
Man man = new Man();
    //有时候需要一个 Woman 干点家务活
Woman woman = new Woman();

//或者根据具体情况做出选择
switch (gender)
    {
        case man:
            Man man = new Man();
            man.Hunting();
                …
            break;
        case woman:
            Woman woman = new Woman();
            woman.Cooking();
                …
            break;
        case other:
                …
    }
    …
```

这段代码的意图简洁明了,应用程序可以在编译时决定实例化哪一个类,或者在运行时根据某种条件(如性别)决定实例化哪一个具体类(Man 类、Woman 类等)。被实例化的各个类通常处于平等的地位,拥有相似的结构或接口,不妨将类似上述形式的代码段称为“具有平行结构的代码”。很明显,客户端在使用该结构时必须十分清楚类 Man、Woman 的实现细节(如何实例化 Man 类,又如何实例化 Woman 类,以及它们各自具备哪些行为等)。换句话说,客户端和具体类是紧密耦合在一起的,对类 Man、Woman 的任何更改都有可能影响到客户端的使用,因此必须小心维护每一个实例的引用处,如果程序中多次实例化这些类,或者当这些类的实例化是一个较为复杂的过程时,那么对客户端代码的维护成本将是十分高昂的。

强耦合带来的问题远不止这些。在本例中,为了优化上述平行结构,实现客户端与具体类之间的解耦,使得对具体类的更改不至于影响到客户端,应当尽可能地避免显式实例化这些具体类。对此,有人提出一种解决方案:在客户端与具体类之间安插一个具有特殊职能的类(God),该类专职负责创建具体类的实例,只有它了解具体类的实现细节,客户端则通过该类间接获得这些实例。这些实例往往具有共同的父类(Human),这个父类可以是抽象类,它包含了具体类公共的属性和行为。这样,客户端就只需了解其父类而不需了解各个具体类。如客户端代码中采用如下形式创建具体对象:

```
Human person = God.CreateHuman(gender)
```

这时客户端就不必再去了解 Man 和 Woman 类的实现细节了,对 Man 和 Woman 类的改动也只影响到 God 类,而不会影响客户端代码。读者可能会提出质疑:这不照样需要修改引用处么?事实上,对 God 类的修改毕竟是局部的(修改只发生在定义 God 类的源代码内),可能只需修改一两处就可以了;相反,对客户端的修改,则可能散布在多处。

另一个显著的好处是可以在运行时再决定具体实例化哪一个类,而不是在编译期使用硬编码的方式创建某个实例。

想象一下,如果在一个项目中,客户端由 A 组负责设计实现,而 Man、Woman 等组件由 B 组负责设计实现,那么 A 组必须对 B 组的设计有充分的了解才能正确实例化这两个组件。而如果采用上述的解决方案,由 B 组附带提供一个 God 类,那么 A 组就可以轻而易举地得到某个具体类的实例,甚至不必了解该具体类的名字。

上述这种解决方案可以应用于其他类似的场景,为了便于理解和重用,我们为这种方法定义了一个助记名,叫做"简单工厂模式①",并把负责创建具体类实例的类称为"工厂类(Factory)",而将被实例化的类称为"产品类(Product)"。为了生成客户端需要的具体产品,工厂类至少要提供一个方法,该方法将根据传入的参数决定具体实例化哪一个产品类。由于该方法通常被声明为静态的,因此简单工厂模式也被称为静态工厂方法模式。

如前所述,简单工厂模式的意图是定义一个类来专职负责创建其他类的实例,从而使程序可以在运行时决定具体创建哪个类的实例。

1. 结构说明

如图 3.1 所示,在该模式中,工厂类是整个模式的关键所在。它包含必要的判断逻辑,能够根据外界给定的条件,决定究竟应该创建哪个具体类的实例。用户在使用时可以直接调用工厂类的 CreateProduct()方法去创建所需的实例,而无须了解这些对象是如何创建以及如何组织的。

① 严格地讲,简单工厂模式并不属于 GOF 的 23 种经典设计模式之一,但由于其结构简单,易于理解,在类结构相对稳定的场合还是得到了大量应用。同时,简单工厂模式与第 4 章将要介绍的工厂方法模式也有相似之处,掌握简单工厂模式对理解工厂方法模式也是有所裨益的,因此我们把它作为设计模式部分的开篇之作。

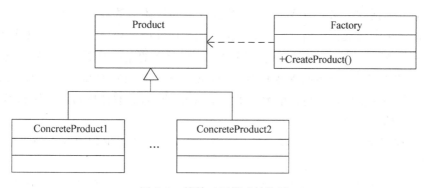

图 3.1 简单工厂模式结构图

类图代码示例如下所示：

```
public abstract class Product
{

}


public class ConcreteProduct1:Product
{

}

public class ConcreteProduct2:Product
{

}

class Factory
{
    public static Product CreateProduct(string ProductClass)
    {
        switch(ProductClass)
        {
            case "1":
            return new ConcreteProduct1() break;
            case "2":
            return new ConcreteProduct2() break;
            default:
            return null;
        }
    }
}
```

2. 应用示例

随着多媒体技术的不断发展，各类多媒体格式层出不穷，每种格式通常都需要特定的解

实用软件设计模式教程(第 2 版)

码器解码后方能播放出来。以 Windows 系统自带的媒体播放器(MediaPlayer)为例,它可以用来播放多种音频及视频格式。无论想听.mp3 格式的音乐,还是.wma 格式的音乐,都可以用同一个 MediaPlayer 打开并进行回放。以视听者的角度来看,这些文件没有什么差别,都属于多媒体文件(音频或视频),但在 MediaPlayer 看来它们却是截然不同的东西,因为每一种文件格式都依赖于特定的解码器(Decoder)类型,只有使用对应的解码器进行解码才能将该多媒体回放出来。

现在,假定有两种格式的音频文件(.mp3 和.wma),请尝试创建一个简易的播放器来模拟 MediaPlayer 的播放过程①。

本书所有示例都将采用两种不同的方案来实现,其中一种不采用任何设计模式,另一种则采用各章节中介绍的设计模式,希望通过对两种方案的分析、对比,使读者进一步加深对设计模式的理解。

方案一 不采用设计模式。

```
先定义两个具体的解码器类: Mp3Decoder、WmaDecoder
//mp3 解码器类,用于对.mp3 格式音频文件进行解码
public class Mp3Decoder
{
    public void Decode(string fileName)
    {
        //TODO:对 mp3 文件进行解码并回放
        Console.WriteLine("Decode and Playback the [MP3] music: {0} ...", fileName);
    }
}

//wma 解码器类,用于对.wma 格式音频文件进行解码
public class WmaDecoder
{
    public void Decode(string fileName)
    {
        //TODO:对 wma 文件进行解码并回放
        Console.WriteLine("Decodde and Playback the [WMA] music: {0} ...", fileName);
    }
}

接下来,让我们看看在客户端如何使用以上解码器:
public class SimplePlayer
{
    static void Main(string[] args)
    {
        string fileName = "Santorini.mp3";
        //string fileName = "Nightingale.wma";

        Mp3Decoder decoder = new Mp3Decoder();
```

① 书中大部分示例程序都采用控制台界面,以避免因创建用户界面而产生大量无关代码影响对模式的理解。

```
            decoder.Decode(fileName);

            //WmaDecoder decoder = new WmaDecoder();
            //decoder.Decode(fileName);

            Console.Read();
        }
    }
```

程序运行结果：

```
Decode and Playback the [MP3] music: Santorini.mp3 ...
```

仔细观察上述代码，可以看出，在该方案中，客户端与具体产品类紧密耦合在一起：

- 播放器类（SimplePlayer，客户端）直接使用具体解码器类的构造函数进行实例化，意味着它必须清楚具体解码器类暴露出的具体细节，即有哪些构造函数以及有哪些公开的属性、方法、事件等信息；
- 由于播放器类在编译期就与特定的文件格式进行了绑定，程序不够灵活，如果现在要改播"Nightingale.wma"，则不得不更改任何引用 Mp3Decoder 的地方，并将它换成 WmaDecoder；
- 如果有新的音频格式（如.xyz）加入，则需要增加一个解码器类，同时修改任何引用具体解码器类的地方。

接下来，改用简单工厂模式实现这一任务。

方案二　采用简单工厂模式。

按照依赖倒转原则和简单工厂模式的角色要求，我们可以抽象出一个 Decoder 类，作为 Mp3Decoder 类和 WmaDecoder 类的共同父类，在该类中规定了公共的接口（即 Decode()方法）。而 Mp3Decoder 类和 WmaDecoder 类只需稍作修改，注意粗体部分所示。

```
//抽象的解码器类，对应简单工厂模式的抽象产品角色
    public abstract class Decoder
    {
        public abstract void Decode(string fileName);
}

    //mp3 解码器类，用于对.mp3 格式音频文件进行解码
    public class Mp3Decoder : Decoder
    {
        public override void Decode(string fileName)
        {
            //TODO:对 mp3 文件进行解码并回放
            Console.WriteLine("Decode and Playback the [MP3] music: {0} ...", fileName);
        }
    }
```

实用软件设计模式教程(第 2 版)

```
//wma 解码器类,用于对.wma 格式音频文件进行解码
public class WmaDecoder : Decoder
{
    public override void Decode(string fileName)
    {
        //TODO:对 wma 文件进行解码并回放
        Console.WriteLine("Decodde and Playback the [WMA] music: {0} ...", fileName);
    }
}
```

另外还需要一个简单工厂类,其中的工厂方法会根据传入的参数返回相应的具体解码器类对象。

```
//简单工厂类,根据文件类型返回相应的解码器实例
class DecoderFactory
{
    public static Decoder CreateDecoder(string fileName)
    {
        string fileNameExt = System.IO.Path.GetExtension(fileName);
        switch (fileNameExt)
        {
            case ".mp3":
                return new Mp3Decoder();
            case "*.wma":
                return new WmaDecoder();
            //case "*.xyz":
            // return new XyzDecoder();
            default:
                return null;
        }
    }
}
```

至此,简单工厂模式中的几个角色都已经准备好了,下面让我们看看客户端如何引用。

```
public class SimplePlayer
{
    static void Main(string[] args)
    {
        string fileName = "Santorini.mp3";
        //string fileName = "Nightingale.wma";

        Decoder decoder = DecoderFactory.CreateDecoder(fileName);
        decoder.Decode(fileName);

        Console.ReadLine();
    }
}
```

程序运行结果:

```
Decode and Playback the [MP3] music: Santorini.mp3 ...
```

从该示例代码中可以得出以下结论。

- 简单工厂类(DecoderFactory)中的 CreateDecoder()方法可以根据传入的文件名判断出文件格式,并以此返回特定的解码器实例。此时作为客户端的 SimplePlayer 类只需了解抽象的解码器类(Decoder),而不必关心具体解码器类(即 Mp3Decoder、WmaDecoder)的实现细节了。
- 假如现在要改播"Nightingale. wma",则不需要改动任何地方。
- 如果需要加入新的音频格式(如. xyz),也不需要更改客户端,只需要增加一个继承自 Decoder 类的具体解码器类(xyzDecoder),并修改简单工厂类中的 CreateDecoder()方法,添加对. xyz 格式的支持即可。客户端被解脱出来了(当然,细心的读者可能也发现了这实际上是对修改的开放,违背了"开放-封闭原则"。这的确是简单工厂模式的不足,这将在工厂方法模式中得以改进)。

3. 效果说明

通过引入一个专门负责创建具体类对象的工厂类,克服了客户端与具体产品类之间的紧密耦合关系,使得客户端不需要了解具体产品类的有关细节即可生成该类的实例。

1) 特点

简单工厂模式的特点如表 3.1 所示。

表 3.1 简单工厂模式的特点

优　　点	缺　　点
结构简单,易于理解 由于工厂类中包含了必要的逻辑判断,能根据客户端的选择条件动态实例化相关的类,对于客户端来说,削弱了对具体产品类的依赖,有利于整个软件体系结构的优化	由于工厂类集中了所有实例的创建逻辑,所以"高内聚"方面做得并不好。当系统中的具体产品类不断增多时,可能会导致工厂类也要做相应的修改

2) 适用性

当多个具体类具有相似的特征,并且希望客户端可以免除直接创建产品对象责任的时候,适合使用简单工厂模式。

3.2.2　工厂方法模式

3.2.1 节的简单工厂模式通过对原始代码进行简单的改进去除了客户端和具体类之间的耦合关系,但是简单工厂模式也存在一定的缺陷:它不满足开放-封闭原则。

本节介绍的工厂方法(Factory Method)模式是简单工厂模式的进一步抽象。由于使用了多态性,工厂方法模式保持了简单工厂模式的优点,同时克服了它的缺点。在工厂方法模式中,核心的工厂类被提升为一个抽象类,将具体创建工作交给它的子类去实现。这个抽象的工厂类仅规定了具体工厂必须实现的接口,而不明确指出如何实例化一个产品类,这使得工厂方法模式可以允许系统在不修改原有产品结构的情况下轻松地引进新产品。

1. 结构说明

按照 GoF 的说法,工厂方法模式就是定义一个用于创建对象的接口,让子类决定实例化哪个类,工厂模式使类的实例化延迟到其子类。

上面一段话的意思可通过以下三个方面去理解。

(1)"定义一个用于创建对象的接口":与简单工厂模式相似,为了避免客户端与具体类之间的紧密耦合而插入了一个接口[①],客户端通过该接口的方法间接获取具体类的实例。

(2)"让子类决定实例化哪个类":在简单工厂模式中只提供了一个工厂类,该工厂具有生产具体产品的能力;而在工厂方法模式中工厂类被提升为抽象类或者接口类,意味着它只是宣称可以生产某种产品但是却不具备任何实际生产能力。生成产品的任务是由继承自该抽象工厂类的各个子类(ConcreteFactory)来分别实现的,一个子类对应生成一种具体产品类对象。

(3)"工厂模式使类的实例化延迟到其子类":抽象类(接口类)对象通常是由其子类对象经过隐式或显式类型转换而获得的,如 Factory fct = new ConcreteFactory();将 ConcreteFactory 类的一个实例隐式转换为 Factory 实例。此后,对抽象类(或接口类)中方法的引用会转化为对子类中相同方法的引用。同理,在调用抽象工厂类中的实例化方法时,实际调用的是其子类中对应的同名同参方法。例如调用 Factory.CreateProduct()来实例化某一具体产品类,实际上调用的是子类 ConcreteFactory 中的 CreateProduct()方法,即具体产品类的实例化工作是在工厂类子类中完成的(即使一个类的实例化延迟到了其子类)。

工厂方法模式包含的角色和结构如图 3.2 所示。

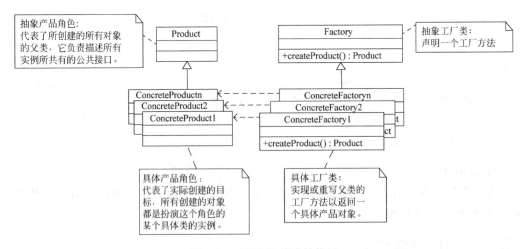

图 3.2　工厂方法模式结构图

---

①　设计模式中的接口概念与编程语言中的接口概念既有联系又有区别。前者是站在软件架构的角度、从一个更抽象的层面上指代那种用于隐藏具体底层类和实现多态性的结构部件,既可以用接口类实现,也可以用抽象类实现;后者通常指的就是用 interface 关键字声明的接口类,是用于实现前者的一种代码结构。

类图代码示例:

```
/* 抽象产品类 */
abstract Product
{
    public abstract void show();
}
```

```
/* 具体产品类 */
class ConcreteProduct1 : Product
{
public void show() {
        Console.WriteLine("This is concreteProduct1!");
    }
}
…
class ConcreteProductn : Product {

    public void show() {
        Console.WriteLine("This is concreteProductn!");
    }

}
```

```
/* 具体工厂类 */
class ConcreteFactory1 : Factory
{
    public Product createProduct() {
        return new ConcreteProduct1();
    }

}
…
class ConcreteFactoryn : Factory {

    public Product createProduct() {
        return new ConcreteProductn();
    }

}
```

```
/* 客户端代码 */
public class Client
{

    public static void Main(String[] args) {
```

```
        Factory factory1 = new ConcreteFactory1(); //定义工厂 1
        Product product1 = factory1.createProduct(); //生产产品 1
        product1.show();


        Factory factoryn = new ConcreteFactoryn(); //定义工厂 n
        Product productn = factoryn.createProduct(); //生产产品 n
        productn.show();
    }
}
```

在工厂方法模式中,产品的创建都是由具体工厂(ConcreteFactory)来完成的,有多少种产品就应当有多少个具体工厂,如图 3.2 中层叠放置的类图部分所示。各具体工厂之间相互独立(除了继承自相同的抽象类或接口外几乎没有任何关联)、职责明确(每个具体工厂各自负责一种具体产品的创建)、互不影响。由此可以看出简单工厂模式和工厂方法模式之间的差别:简单工厂模式中只含有一个工厂,它可以根据"市场需要"有选择地生产多种产品中的一种;工厂方法模式中则可以含有多个工厂,但每个工厂只生产一种具体产品。

2. 应用示例

仍以 3.2.1 节提到的媒体播放器为例,但这次使用工厂方法模式实现它。

方案一 不采用设计模式。

代码参见 3.2.1 节,从略。

方案二 采用工厂方法模式。

```
/*
首先,定义抽象解码器类及其子类,分别对应工厂方法模式中的抽象产品角色和具体产品角色:
*/
/* 抽象的解码器类,对应简单工厂模式的抽象产品角色 */
abstract class Decoder {

    public abstract void decode(String fileName);

}

/* mp3 解码器类,用于对.mp3 格式音频文件进行解码 */
class Mp3Decoder : Decoder {

    public void decode(String fileName) {          //对 mp3 文件进行解码并回放

        Console.WriteLine("Decode and Playback the [MP3] music: " + fileName + "...");
    }

}
```

```
/* wma 解码器类,用于对.wma 格式音频文件进行解码 */
class WmaDecoder : Decoder {

    public void decode(String fileName){                //对 wma 文件进行解码并回放

        Console.WriteLine("Decodde and Playback the [WMA] music:." + fileName + "...");
    }
}

/*
然后,需要定义一个抽象工厂类,并为它声明一个生产产品的方法 CreateDecoder(),抽象工厂类可
以不必实现该方法.同时,还要定义两个具体工厂类,它们继承自抽象工厂类,并实现抽象工厂类声
明的 CreateDecoder()方法,分别用于生产 Mp3Decoder 对象和 WmaDecoder 对象
*/
/* 抽象工厂类,对应工厂方法模式中的抽象工厂角色(Factory) */
abstract class Factory {

    public abstract Decoder createDecoder();

}

/* mp3 解码器工厂,只生产 mp3 解码器对象,对应于工厂方法模式中的具体工厂角色 */
class Mp3DecoderFactory : Factory {

    public Decoder createDecoder() {
        return new Mp3Decoder();
    }

}

/*
wma 解码器工厂,只生产 wma 解码器对象,同样对应于工厂方法模式中的具体工厂
角色
*/
class WmaDecoderFactory : Factory {

    public Decoder createDecoder() {
        return new WmaDecoder();
    }

}

/* 万事俱备,接下来看看客户端如何使用. */
public class SimplePlayer {
    public static void main(String[] args) {
        String fileName = "Santorini.mp3";
        //String fileName = "Nightingale.wma";
```

```
        Factory factory = new Mp3DecoderFactory(); //创建一个特定类型的解码器工厂对象选
                                                    择了工厂即选择了产品

        Decoder decoder = factory.createDecoder(); //调用该工厂对象的 CreateDecoder()方法
                                                    //生成一个具体的解码器产品对象工厂
                                                    //只有一个 CreateDecoder 方法,只能生产
                                                    一种产品

        decoder.decode(fileName);          //使用(消费)解码器产品对象
    }

  }
```

运行结果为:

```
Decode and Playback the [MP3] music: Santorini.mp3 ...
```

(1) 与简单工厂模式不同,此模式中有两个工厂,而且每个工厂的职责都非常明确,分别生产一种特定类型的解码器对象。

(2) 如果现在改播"Nightingale. wma"(如 50 行),只需要将 54 行中的 Mp3DecoderFactory 替换为 WmaDecoderFactory,而不必改动任何解码器类和工厂类,这就满足了"开放-封闭原则"的要求。

(3) 如果有新的音频格式(如.xyz)出现,就不用再去修改原来的工厂类,只是简单地增加一个解码器类(xxxDecoder)和对应的具体工厂类(xxxDecoderFactory)。在此,除了扩展出两个子类外并没有修改任何原有的解码器类和工厂类,同样符合"开放-封闭原则"。

3. 效果分析

仔细对比以上方案,读者可能会觉得工厂方法模式似乎并没有使问题简单化,反倒是增加了许多"无谓"的小类。那么使用工厂方法模式究竟有什么好处呢?

(1) 通过工厂类的介入,客户端不再绑定到与特定应用有关的类上,并且能将所要创建的具体对象的实例化工作延迟到子类,从而提供了一种扩展的策略,较好地解决了二者之间的这种紧耦合关系。客户端仅处理 Product 对象,因此它可以与用户定义的任何 ConcreteProduct 类一起使用。

(2) 当需求发生改变,需要修改某个产品对象类型的时候,无须改动原有的产品类,只需更改客户端的引用部分。

(3) 当需求发生改变,需要增加某个产品类型的时候(如增加.xyz 格式音频),也无须改动原有的产品类,只需在抽象产品类和抽象工厂类的基础上扩展出新的具体产品类及相应的具体工厂类即可,如图 3.3 虚框部分所示。

(4) 使用工厂方法模式在创建产品的时候只需指定一个子工厂而无须了解该子工厂具体创建什么产品,这种在一个类的内部创建对象的方法通常比直接创建对象更为灵活。

1) 特点

工厂方法模式的特点如表 3.2 所示。

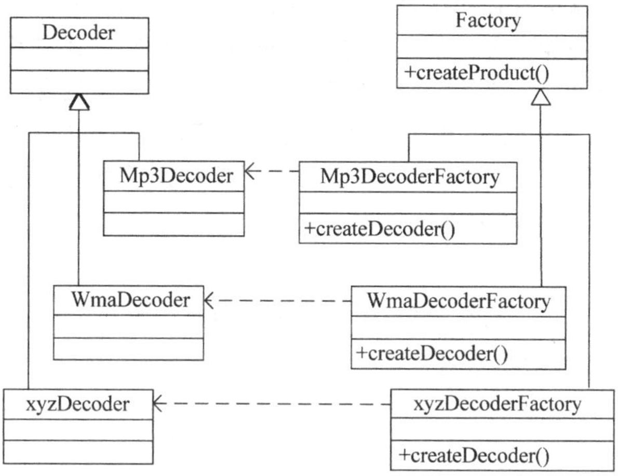

注：此处虚框表示今后可能扩展的音频格式对应的解码器类型及其工厂

图 3.3　SimplePlayer 示例程序的结构图

表 3.2　工厂方法模式的特点

优　　点	缺　　点
使得客户端不再绑定到与特定应用有关的类上 能将所要创建的具体对象的实例化延迟到子类，从而提供了一种扩展的策略，较好地解决了二者之间的紧耦合关系 把简单工厂模式内部的逻辑判断转移到了客户端代码来进行。用更改客户端的方式换取原有类结构的稳定是值得的 当需求发生变化时，维护代码的代价是比较小的	工厂方法模式实现时，客户端需要决定实例化哪一个具体工厂类来产生所需的产品类对象，选择判断的问题依然存在 可能仅仅为了一个特定的 ConcreteProduct 对象，就不得不创建 Factory 的子类

2）适用性

工厂方法模式适用于以下情形：

(1) 当一个类不知道它所必须创建的对象的类信息的时候；

(2) 当一个类希望由它的子类来指定它所创建的对象的时候；

(3) 当类将创建对象的职责委托给多个帮助子类中的某一个，并且希望将哪一个帮助子类是代理者这一信息局部化的时候；

(4) 从 UML 图中可以看出适合于连接具有平行结构的类层次，可使它们之间一一对应。

3.2.3　抽象工厂模式

在 3.2.2 节所举的媒体播放器例子中，所要管理的音频类型是平行独立的，工厂方法模式为每一种音频类型分别指定了一个子工厂类来负责实例化对应的解码器类。读者可能注意到了，工厂方法模式中一个子工厂仅可生产一种产品，如果需要同时提供两个或多个相互依存的对象时又如何解决呢？如何体现它们之间的联系呢？请回想一下在欣赏 MTV 的时候，如果选择了粤语歌曲，就等于同时选定了粤语发音和粤语字幕；而当选定汉语歌曲的时候,就等于同时选定了汉语发音和汉语字幕。在这种情况下,使用工厂方法模式就不太适合了,因为工厂方法模式不能表现出各产品之间的联系,当面临"一系列相互关联的对象"的创建工作时,需求的变化可能会导致一系列产品的需要同时发生变化。抽象工厂(Abstract Factory)模式就是应对这种变化,提供一种"封装机制"将多个相互关联的产品集中在一起创建的设计模式。该模式对工厂方法模式中的工厂类及其子类做了进一步扩展,使其具备了创建一组具体产品对象的能力。

1. 结构说明

抽象工厂模式提供一个创建一系列相关或相互依赖的对象的接口,而无须指定它们具体的类。抽象工厂模式的结构如图 3.4 所示。

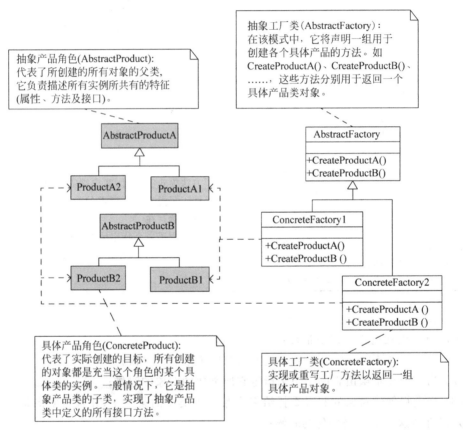

图 3.4　抽象工厂模式的结构图

从结构图中可以看出,在抽象工厂模式中,产品的创建仍然是由具体工厂 Concrete-Factory 来负责,与工厂方法模式有所不同的是,工厂类提供了不止一种的产品创建方法,其中每一种方法都返回一个具体产品对象,如 ConcreteFactory1 类中的 CreateProductA()方法用于创建 ProductA1 对象,CreateProductB()方法用于创建 ProductB1 对象,而这两个对象将被用来配套使用。

抽象工厂模式的结构图的实现代码如下。

产品族 A：

```java
//抽象产品角色 A
abstract class AbstractProductA
{
    public abstract void show();
}

//具体产品角色 A1
class ProductA1 extends AbstractProductA
{
    public void show()
    {
        System.out.println("This is ProductA1!");
    }
}

//具体产品角色 A2
class ProductA2 extends AbstractProductA
{
    public void show()
    {
        System.out.println("This is ProductA2!");
    }
}
```

产品族 B：

```java
//抽象产品角色 B
abstract class AbstractProductB
{
    public abstract void show();
}

//具体产品角色 B1
class ProductB1 extends AbstractProductB
{
    public void show()
{
        System.out.println("This is ProductB1!");
    }
}

//具体产品角色 B2
class ProductB2 extends AbstractProductB
{
    public void show()
    {
        System.out.println("This is ProductB2!");
    }
}
```

实用软件设计模式教程（第 2 版）

抽象工厂类：

```
abstract class AbstractFactory
{
    public abstract AbstractProductAcreateProductA();
    public abstract AbstractProductBcreateProductB();
}
```

具体工厂类：

```
class ConcreteFactory1 extends AbstractFactory
{
publicAbstractProductAcreateProductA()
    {
        return new ProductA1();
    }

publicAbstractProductBcreateProductB()
    {
        return new ProductB1();
    }
}
class ConcreteFactory2 extends AbstractFactory
{
publicAbstractProductAcreateProductA()
    {
        return new ProductA2();
    }
publicAbstractProductBcreateProductB()
    {
        return new ProductB2();
    }
}
```

客户端代码：

```
public class Client
{
    public static void main(String[] args)
    {
        AbstractFactory factory = new ConcreteFactory1();
        AbstractProductA product1 = factory.createProductA();
        AbstractProductB product2 = factory.createProductB();
        product1.show();
        product2.show();
    }
}
```

2. 应用示例

对媒体播放器稍加改进，使其提供两种语言版本的音频和字幕——普通话版（Mandarin）和粤语版（Cantonese）。

方案一　不采用设计模式。

由题意可知，需要定义两个抽象产品类：抽象音频类（Audio）和抽象字幕类（Subtitle），提供所有音频类和所有字幕类公共的属性和方法。同时，为了能够提供两种语言版本的音频和字幕，还需要从上述两个抽象类派生出具体的音频类和字幕类。

```
//抽象音频类,对应抽象工厂模式中的 AbstractProduct 角色
public abstract class Audio
    {
public abstract void Playback();
    }


    //普通话音频类,对应抽象工厂模式中的 ConcreteProduct 角色
classMandarinAudio : Audio
    {
public override void Playback()
        {
Console.WriteLine("正在播放普通话音频...");
        }
    }


    //粤语配音,对应抽象工厂模式中的 ConcreteProduct 角色
classCantoneseAudio : Audio
    {
public override void Playback()
        {
Console.WriteLine("正在播放粤语音频...");
        }
    }


    //抽象字幕类,对应抽象工厂模式中的 AbstractProduct 角色
public abstract class Subtitle
    {
public abstract void Show();
    }


    //普通话字幕,对应抽象工厂模式中的 ConcreteProduct 角色
classMandarinSubtitle : Subtitle
    {
public override void Show()
        {
Console.WriteLine("正在显示普通话字幕...");
        }
    }
```

```
        //粤语字幕,对应抽象工厂模式中的 ConcreteProduct 角色
classCantoneseSubtitle : Subtitle
        {
public override void Show()
            {
Console.WriteLine("正在显示粤语字幕...");
            }
        }
```

接下来,看看客户端同步音频和字幕。

```
classSimplePlayer
        {
static void Main(string[] args)
            {
                    Audio audio = new MandarinAudio();
                    Subtitle subtitle = new MandarinSubtitle();
audio.Playback();
subtitle.Show();
Console.Read();
            }
        }
```

程序运行结果:

```
正在播放普通话音频...
正在显示普通话字幕...
```

很明显,客户端要想同步音频和字幕版本,就必须了解各具体产品类,并显式地创建关联的产品对象,以保证这些产品对象能够搭配在一起。此时,客户端与具体产品类是紧密耦合在一起的,如果现在要播放粤语版本的音乐,则客户端需要小心维护以保证二者的一致性。

方案二 采用工厂方法模式。

为了实现抽象工厂模式,还需定义抽象的工厂类及其子类。在抽象工厂类中将声明两个方法,一个用于创建音频对象,另一个用于创建字幕对象。音频类和字幕类与方案一相同,此处从略。

```
        //抽象工厂类,对应抽象工厂模式中的 AbstractFactory 角色
public abstract class AbstractFactory
        {
public abstract Audio CreateAudio();
public abstract Subtitle CreateSubtitle();
        }

        //普通话版本工厂类,对应抽象工厂模式中的 ConcreteFactory 角色
```

```
public class MandarinFactory : AbstractFactory
    {
public override Audio CreateAudio()
        {
            return new MandarinAudio();          //创建普通话音频对象
        }

public override Subtitle CreateSubtitle()
        {
            return new MandarinSubtitle();        //创建普通话字幕对象
        }
}


    //粤语版本工厂类,对应抽象工厂模式中的 ConcreteFactory 角色
public class CantoneseFactory : AbstractFactory
    {
public override Audio CreateAudio()
        {
            return new CantoneseAudio();          //创建粤语音频对象
        }

public override Subtitle CreateSubtitle()
        {
            return new CantoneseSubtitle();       //创建粤语字幕对象
        }
    }
```

接下来看看客户端如何使用。

```
public class SimplePlayer
    {
static void Main(string[] args)
        {
            //创建一个能生成普通话音频和普通话字幕的工厂类对象
AbstractFactoryaFactory = new MandarinFactory();
            //生产音频类产品,实际生产出什么产品由工厂类对象所限定
            Audio audio = aFactory.CreateAudio();
            //生产字幕类产品,实际生产出什么产品由工厂类对象所限定
            Subtitle subtitle = aFactory.CreateSubtitle();
audio.Playback();
subtitle.Show();
Console.Read();
        }
    }
```

程序运行结果：

```
正在播放普通话音频...
正在显示普通话字幕...
```

此时,客户端已经不再与具体音频类或具体字幕类直接发生关系,只需为客户端指定一个具体工厂。至于该工厂生产哪些产品,客户端已经不再需要知道了,客户端只需要知道该工厂能生成相互配合的一组(套)产品即可。

3. 效果分析

抽象工厂方法模式实现了客户端与具体产品类之间的分离,使得客户端不需要知道怎样生成每一个对象以及什么时间生成这些对象。客户端依赖于抽象类,耦合度低,容易保证各产品出自同一系列。

1）特点

抽象工厂方法模式的特点如表 3.3 所示。

表 3.3　抽象工厂方法模式的特点

优　点	缺　点
有利于保证产品的一致性。当一个系列中的产品对象被设计在一起工作时,一次抽象工厂方法的调用只能产生同一个系列中的对象 实现了客户端与具体类之间的分离,使得客户端不需要知道怎样生成每一个对象,什么时间生成这些对象。客户端依赖于抽象类,耦合度低 便于更换产品系列	难于支持新品种的产品。一方面是因为抽象工厂接口确定了可以被创建的产品集合,支持新种类的产品就需要扩展该工厂接口,这势必会引起抽象工厂及其所有子类的改变;另一方面,当产品种类很多时需要增加很多的工厂类,代码重复

2）适用性

抽象工厂模式适用于以下情形:

(1) 当一个系统要由多个产品系列中的一个来配置时;

(2) 当试图提供一组对象,只想显示它们的接口而不是实现时;

(3) 当要强调多个产品对象属于一个相关系列时;

(4) 当系统要独立于具体产品的创建、组合和表示时。

3.2.4　建造者模式

若干个子对象按一定的逻辑或步骤建立一个"复杂对象",建立复杂对象时的逻辑或步骤基本固定不变,而子对象会随着需求不断变化。例如组装一台电脑,将主板、CPU、内存等按照某个稳定步骤组合,基本过程是不变的,而构成部件却可以是不同性能、不同价位、不同版本的,当组装电脑时只需要选择配件就能按基本过程建造出不同配置的电脑。

1. 结构说明

建造者(Builder)模式的意图是将一个复杂对象的构建过程与其表示相分离,它使用相同的构建步骤作用于不同的子对象以构建出不同表现形式的"复杂对象"。

建造者模式包含的角色和结构如图 3.5 所示。

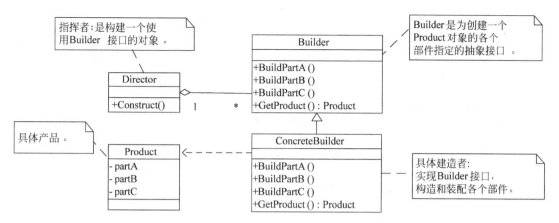

图 3.5　建造者模式结构图

类图代码示例:

```
class Product
//产品类,由多个部件组成
{
    List < string > parts = new List < string >();

    public void Add(string part)
    {
        parts.Add(part);
    }
}
```

```
class Director
//指挥者类,指挥建造过程
{
    publice void Construct(Builder builder)
    {
        builder.BuildPartA();
        builder.BuildPartB();
        builder.BuildPartB();
    }
}
```

```
abstract class Builder
//抽象建造者类
//确定产品由 PartA、PartB 和 PartC 组成
//声明产品建造结果方法 GetProduct
{
    public abstract void BuildPartA();
    public abstract void BuildPartB();
```

```
    public abstract void BuildPartC();
    public abstract Product GetProduct();
}
```

```
class ConcreteBuilder : Builder
//具体建造者类,更换部件 A、B、C 就成了新的建造者
{
    private Product product = new Product();

    public override void BuildPartA()
    {
        product.Add("A");
    }

    public override void BuildPartB()
    {
        product.Add("B");
    }

    public override void BuildPartC()
    {
        product.Add("C");
    }
}
```

在建造者模式中,Director 规定了创建一个对象所需的步骤和次序;Builder 则提供了一系列完成这些步骤的方法;ConcreteBuilder 给出了这些方法的具体实现,是对象的直接创建者。

2. 应用示例

在数据库中存有学生信息,分别由姓名、学号和出生年月组成,现在要求用普通文本形式和 html 形式两种方式列出学生信息。在此例子中读取数据库的过程可以简化并用直接赋值的方式代替。

方案一 不采用设计模式。

创建两个不同的类,达到采用两种表示方式列出学生信息的目的。主要代码如下:

```
//学生类
class Student
{
    private string name;            //姓名
    private string number;          //学号
    private string birth;           //出生年月

    public Student(string _name, string _number, string _birth)
    {
```

```
            name = _name;
            number = _number;
            birth = _birth;
        }

        public string Name
        {
            get { return name; }
        }

        public string Number
        {
            get { return number; }
        }

        public string Birth
        {
            get { return birth; }
        }
}

//普通文本格式显示学生表
public class TextBuilder
{
        public void MakeTitle(String title);           //生成标题部分
        public void MakeItems(Student[] items);        //生成学生信息
        public Object GetResult();                     //返回整个文件
}

//html 格式显示学生表
public class HTMLBuilder
{
        public void MakeTitle(String title);           //生成标题部分
        public void MakeItems(Student[] items);        //生成学生信息
        public Object GetResult();                     //返回整个文件
}

//客户端
class Client{
        static void Main(string[] args)
        {
            //以 html 格式显示学生信息表
            HTMLBuilder htmlBuilder = new HTMLBuilder();
            htmlBuilder.MakeTitle("学生表");
            htmlBuilder.MakeItems (new Student[] {
                    new Student ("张三", "123456","19850120"),
                    new Student("李四","456789","19860101") });
            String htmlResult = htmlBuilder.GetResult().ToString();
            Console.WriteLine(htmlResult);
            //TextBuilder 也用上述方式调用
        }
}
```

方案二 采用建造者模式。

因为这三种方式中建立的步骤相似,所以使用建造者模式解决以三种方式显示学生信息的问题。代码如下:

```
//学生类
class Student
{
    private string name;                                    //姓名
    private string number;                                  //学号
    private string birth;                                   //出生年月

    public Student(string _name, string _number, string _birth)  //构造函数
    {
        name = _name;
        number = _number;
        birth = _birth;
    }

    public string Name
    {
        get { return name; }
    }

    public string Number
    {
        get { return number; }
    }

    public string Birth
    {
        get { return birth; }
    }
}

//建造者抽象类
abstract class Builder
{
    public abstract void MakeTitle(String title);           //建造标题部分
    public abstract void MakeItems(Student[] items);        //建造主体部分
    public abstract Object GetResult();                     //返回结果
}

//TextBuilder 类: 建造普通格式的学生信息表
class TextBuilder : Builder
{
    private StringBuilder stringBuilder = new StringBuilder(); //保存整个建造的信息

    public override void MakeTitle(string title)            //建造标题部分
    {
```

```
        stringBuilder.Append(" ============================== \n");
        stringBuilder.Append("「" + title + "」\n");
        stringBuilder.Append("\n");
    }

    public override void MakeItems(Student[] items)          //建造主体部分,即学生信息
    {
        for (int i = 0; i < items.Length; i++)
        {
            stringBuilder.Append(" ■" + "姓名:" + items[i].Name + "\n");
            stringBuilder.Append(" ■" + "学号:" + items[i].Number + "\n");
            stringBuilder.Append(" ■" + "出生年月:" + items[i].Birth + "\n");
            stringBuilder.Append("\n");
        }
    }

    public override object GetResult()                        //返回结果
    {
        stringBuilder.Append(" ============================== \n");
        return stringBuilder;
    }
}

//HTMLBuilder 类: 建造 html 格式的学生信息表
class HTMLBuilder : Builder
{
    private StringBuilder stringBuilder = new StringBuilder(); //保存整个建造的信息
    public override void MakeTitle(string title)              //建造标题部分
    {
        stringBuilder.AppendLine("< html >< head >< title >" + title + "</title ></head >
< body >");
        stringBuilder.AppendLine("< h1 >" + title + "</h1 >");
    }

    public override void MakeItems(Student[] items)          //建造主体部分,即学生信息
    {
        for (int i = 0; i < items.Length; i++)
        {
            stringBuilder.AppendLine("< ul >");
            stringBuilder.AppendLine("< li >" + "姓名:" + items[i].Name + "</li >");
            stringBuilder.AppendLine("< li >" + "学号:" + items[i].Number + "</li >");
            stringBuilder.AppendLine("< li >" + "出生年月:" + items[i].Birth + "</li >");
            stringBuilder.AppendLine("</ul >");
        }
    }
    public override object GetResult()                        //返回结果
    {
        stringBuilder.AppendLine("</body ></html >");
        return stringBuilder;
    }
}

//负责调用建造者类
```

实用软件设计模式教程(第 2 版)

```
class Director
{
    private Builder builder;

    public Director(Builder _builder)
    {
        builder = _builder;
    }

    public Object Construct() //调用建造者 Builder 的建造步骤
    {
        builder.MakeTitle("学生信息表");
        builder.MakeItems(new Student[] { new Student("张三", "123456", "19850120"), new
Student("李四", "456789", "19860101") });
        return builder.GetResult();
    }
}

//客户端
class Client
{
    static void Main(string[] args)
    {
        Console.WriteLine(" ---------- 使用普通格式显示学生信息表 ---------- ");
        //调用具体建造者 TextBuilder
        Director myDirector = new Director(new TextBuilder());
        string result = myDirector.Construct().ToString();
        Console.WriteLine(result);

        Console.WriteLine(" ---------- 使用 html 格式显示学生信息表 ---------- ");
        //调用具体建造者 HTMLBuilder
        myDirector = new Director(new HTMLBuilder());
        result = myDirector.Construct().ToString();
        Console.WriteLine(result);
        Console.Read();
    }
}
```

运行结果为:

```
---------- 使用普通格式显示学生信息表 ----------
==============================
『学生信息表』

    ■姓名:张三
    ■学号:123456
    ■出生年月:19850120

    ■姓名:李四
```

```
■学号:456789
■出生年月:19860101
==============================
---------- 使用 html 格式显示学生信息表 ----------
<html><head><title>学生信息表</title></head><body>
<h1>学生信息表</h1>
<ul>
<li>姓名:张三</li>
<li>学号:123456 </li>
<li>出生年月:19850120 </li>
</ul>
<ul>
<li>姓名:李四</li>
<li>学号:456789 </li>
<li>出生年月:19860101 </li>
</ul>
</body></html>
```

3. 效果分析

方案一中以普通格式和 html 格式显示学生信息表的类: TextBuilder 和 HTMLBuilder 类,并且在客户端中分别生成上述两种类的对象并调用其提供的函数。若有新的要求使用 xml 格式显示学生表时,又要重新定义类并且在客户端对其进行调用,这加大了客户端和实现具体表现方式 TextBuilder 类和 HTMLBuilder 类之间的耦合度,不便于进行升级和维护。

在方案二中,因为普通格式和 html 格式生成学生信息表时创建步骤的相似性,所以使 TextBuilder 类和 HTMLBuilder 类都继承 Builder,通过 Director 类组织具体的建造步骤并最终返回其结果。如果又要求使用 xml 格式表示学生信息表时,则使新的表示类 XMLBuilder 同样继承 Builder 并通过 Director 类对其进行统一调用即可。实现的结果就是使客户端和具体的表示类 TextBuilder 类和 HTMLBuilder 类之间达到了解耦的效果,客户端不再考虑具体的构造步骤和表现方式,这些功能由 Director 类完成。

1) 特点

建造者模式的特点如表 3.4 所示。

表 3.4　建造者模式的特点

优　　点	缺　　点
使得产品的内部表象可以独立的变化 使客户不必知道产品内部组成的细节 每一个 Builder 都相对独立,与其他的 Builder 无关 可对构造过程更加精细控制 将构建代码和表示代码分开	难于应付"分步骤构建算法"的需求变动

2) 适用性

建造者模式可以适用于以下情形：

(1) 需要生成的产品对象有复杂的内部结构；

(2) 需要生成的产品对象的属性相互依赖，建造者模式可以强迫生成顺序。

3.2.5　单件模式

在软件系统中有很多对象，它们在同一时刻只能被一个用户或一个线程访问，如被共享的 Word 文档在同一时间内，只能有一个用户对其进行写操作。在程序设计中为了防止两个或两个以上用户同时写同一个文档，将产生且仅产生一个允许写操作的实例供一个用户使用，而其他用户则只能对该文档进行读操作。

1. 结构说明

单件（Singleton）模式保证一个类仅有一个实例，并提供一个访问它的全局访问点。

单件模式的结构如图 3.6 所示。

图 3.6　单件模式结构图

代码如下所示：

```
class Singleton
{
    private static Singleton instance;
    private Singleton()
    {

    }

    public static Singleton GetInstance()
    {
        if(instance == null)
        {
            instance = new Singleton();

        }
        return instance;
    }
}
```

2. 应用示例

现有一个单用户的简单系统，为了提高资源的利用率，系统只维护一个数据库的链接，要求实现此功能。

方案一　使用单件模式。

```
public class Singleton
    {
        //SqlInstance 为数据库链接实例
private static Singleton SqlInstance;

        //私有的构造函数,外界不能用 new 创建 Singleton 对象
private Singleton()
        { }

        //获取实例,并加入判断逻辑,保证实例只被创建一次
public static Singleton GetInstance()
        {
if (SqlInstance == null)
            {
SqlInstance = new Singleton();
Console.WriteLine("创建新的数据库链接并返回!");
            }
else
            {
Console.WriteLine("数据库链接已经存在,并返回已存在的对象");
            }

returnSqlInstance;
        }
    }
```

客户端程序:

```
class Client
    {
static void Main(string[] args)
        {
            //创建一个数据库链接实例 s1
            Singleton link1 = Singleton.GetInstance();
            //创建一个数据库链接实例 s2
            Singleton link2 = Singleton.GetInstance();

Console.Read();
        }
    }
```

运行结果为:

创建新的数据库链接并返回!
数据库链接已经存在,并返回已存在的对象

上述程序使用单件模式保证了只允许存在一个数据库链接的需求,但是通过下列检验

实用软件设计模式教程(第 2 版)

程序发现上述程序在线程级别的编程是不安全的,即当两个线程同时调用该类的 GetInstance()时,不能保证该系统只创建一个数据库链接实例。检验代码如下:

```
public class Singleton
    {
        //SqlInstance 为数据库链接实例
private static Singleton SqlInstance;

        //私有的构造函数,外界不能用 new 创建 Singleton 对象
private Singleton()
        { }

        //获取实例,并加入判断逻辑,保证实例只被创建一次
public static Singleton GetInstance()
        {
if (SqlInstance == null)
            {
Thread.Sleep(100);           //在此处让线程休眠 100ms
SqlInstance = new Singleton();
Console.WriteLine("创建新的数据库链接并返回!");
            }
else
            {
Console.WriteLine("数据库链接已经存在,并返回已存在的对象");
            }

returnSqlInstance;
        }
    }
```

客户端程序:

```
class Client
    {
static void Main(string[ ] args)
        {
            //第一个线程
            Thread thread1 = new Thread(new ThreadStart(test));
thread1.Start();
            //第二个线程
            Thread thread2 = new Thread(new ThreadStart(test));
thread2.Start();
Console.Read();
        }

        public static void test()           //调用
        {
Singleton.GetInstance();
        }
    }
```

运行结果为：

创建新的数据库链接并返回！
创建新的数据库链接并返回！

从运行结果可以看到，当第一个线程运行到 Thread.Sleep(100)休眠时，第二个线程进来并且两个都创建了新的 Singleton 实例，从而可以得出结论：方案一线程不安全。

方案二 建立线程安全的单件模式。

```
public class Singleton
    {
private static Singleton instance;
        private static readonly object myLock = new object(); //锁的定义

        private Singleton() { }

        public static Singleton GetInstance()
        {
            if (instance == null)
            {
                Thread.Sleep(100);                          //在此处让线程休眠 100ms
                lock (myLock)
                {
                    //虽然在执行此操作之前已经判断了 instance
                    //是否为 null,但是在多线程环境下
                    //第一次判断的结论到此处已经"过时"了
                    //因为一个进程在锁外排队等候期间,可能有其他进程创建了实例
                    Thread.Sleep(100);                      //在此处让线程休眠 100ms
                    if (instance == null)
                    {
                        Thread.Sleep(100);                  //在此处让线程休眠 100ms
                        instance = new Singleton();
                        Console.WriteLine("创建新的数据库链接并返回!");
                    }
                    else
                    {
                        Console.WriteLine("数据库链接已经存在,并返回已存在的对象");
                    }
                }
            }
            else
            {
Console.WriteLine("数据库链接已经存在,并返回已存在的对象");
            }

                return instance;
        }
    }
```

实用软件设计模式教程(第 2 版)

客户端程序：

```
class Client
    {
        static void Main(string[] args)
        {
            //第一个线程
            Thread thread1 = new Thread(new ThreadStart(test));
            thread1.Start();
            //第二个线程
            Thread thread2 = new Thread(new ThreadStart(test));
            thread2.Start();
            //第三个线程
            Thread thread3 = new Thread(new ThreadStart(test));
            thread3.Start();
            Console.Read();
        }

        public static void test()
        {
            Singleton.GetInstance();
        }
    }
```

运行结果：

创建新的数据库链接并返回!
数据库链接已经存在,并返回已存在的对象
数据库链接已经存在,并返回已存在的对象

3. 效果说明

方案一是简单的单件模式,当使用多个线程访问时会失效,方案二使用双重锁,它可以使得程序只在第一次创建实例时加锁,以后每次直接跳过加锁操作,从而使多个线程访问时只创建一个实例。

1) 特点

单件模式的特点如表 3.5 所示。

表 3.5 单件模式的特点

优　　点	缺　　点
保证一个对象只有一个实例	可能造成开发上的混淆：使用 Singleton 对象时,开发人员必须记住自己不能使用 new 关键字实例化对象,因为可能无法访问库源代码,因此应用程序开发人员可能会意外发现自己无法直接实例化此类 对象的生存期问题：Singleton 不能解决删除单个对象的问题。在提供内存管理的语言中(例如基于 .NET Framework 的语言),只有 Singleton 类能够导致实例被取消分配,因为它包含对该实例的私有引用。在某些语言中(如 C++),其他类可以删除对象实例,但这样会导致 Singleton 类中出现悬浮引用

2）适用性

单件模式可以适用于以下情形：

（1）当类只能有一个实例而且客户可以从一个众所周知的访问点访问它时；

（2）当这个唯一实例应该是通过子类化可扩展的，并且客户无须更改代码就能使用一个扩展的实例时。

3.2.6　原型模式

当需要创建相同或相似的对象时，程序希望能以一个已经建立好的对象为蓝本克隆出一个新的对象，就像使用"int b＝a;"一样直截了当。然而，需要提醒的是，对象的复制工作并不像赋值操作那么简单，千万不要期望"SomeClass b＝a;"一定能创建出一个独立的、和 a 完全对等的对象"副本"，如图 3.7 所示。

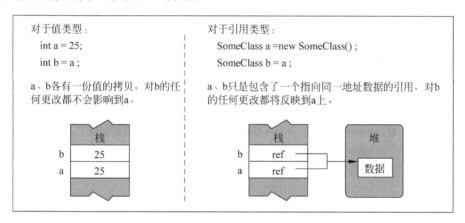

图 3.7　值类型和引用类型的赋值

因此"SomeClass b＝a;"并不一定能创建出 a 的副本。

另一种不便创建副本的情况是对象是动态获得的，该对象所属类的实现细节不清楚，当然也就不知道该如何去复制该对象了。例如"object duplicate(object proto)"方法用来复制一个对象，当试图使用"SomeClass b＝duplicate(a)"获得对象 a 的一个副本时，由于对象 a 作为参数被传递到 duplicate()方法前进行了装箱操作，此时已经很难确定形参 proto 的原始类型了，复制操作恐怕也难以实现了。

既然如此，有什么办法能简捷且可靠地获得一个对象的副本呢？GoF 已经提出了解决方法——使用原型模式。在原型模式中，要求被复制对象所属的类必须提供一个克隆自身的方法。

1. 结构说明

原型（Prototype）模式关注的是大量相同或相似对象的创建问题，其意图在于通过复制一个已经存在的实例来获得一个新的实例，以避免重复创建此类实例所带来的开销。被复制的实例就是"原型"，这个原型是可定制的。

原型模式包含的角色和结构如图 3.8 所示。

实用软件设计模式教程(第 2 版)

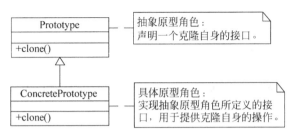

图 3.8　原型模式结构图

类图代码示例:

```
/* 抽象原型类 */
interface Prototype{

    public Object clone();          //克隆自身的方法,return 一个从自身克隆出来的对象
}
```

```
/* 具体原型类 */
class ConcretePrototype : Prototype {
    public Prototype clone(){
        /* 最简单的克隆,新建一个自身对象由于没有属性就不再复制值了 */
        Prototype prototype = new ConcretePrototype();
        return prototype;
    }

}
```

```
/* 客户端代码 */
public class Client {

    public static void Main(String[] args){
        ConcretePrototype p1 = new ConcretePrototype();

        /* 克隆类 ConcretePrototype 的对象 p1 就能得到新的实例 c1 */
        ConcretePrototype copyPrototype = (ConcretePrototype)p1.clone();
        Console.WriteLine("Cloned" + copyPrototype);
    }

}
```

通常 Prototype 被声明为一个接口类型(Interface),任何一个需要实现克隆自身的类都可以继承该接口,并且实现该接口中定义的克隆方法。

2. 应用示例

假设现在要撰写一份电子版求职信,求职信包含以下信息:主题、邮件地址、正文(又分为称谓、应征职位、个人简历和落款)以及投递时间。除了邮件地址、称谓及应征职位外其他信息基本保持不变。现在打算将其投递到多家公司，试使用编程的方式模拟该任务。

方案一　不采用设计模式。

假定有一个方法来实现对象的复制功能，暂且命名为 Duplicate()。

```
/* 求职信类 */
class ApplicationLetter {

    public String subject = "";                    //主题
    public String mailAddress = "";                //邮件地址
    public String salutation = "";                 //称谓
    public String positionApplied = "";            //应征职位
    public String personalExperience = "";         //个人经历
    public String signature = "";                  //落款

    Date now = new Date();
    DateFormat d = DateFormat.getDateTimeInstance();

    /* 发送邮件 */
public void send() {
        Console.WriteLine("Mail to: " + mailAddress);
        Console.WriteLine("Subject: " + subject); Console.WriteLine("------------");
        Console.WriteLine("Dear " + salutation);
        Console.WriteLine(" Your advertisement for a [" + positionApplied + "]\n
interested me" + " because the position that you described sounds\n exactly" + " like the kind
of job I am seeking.");
        Console.WriteLine(" ...\n Here is my experience:\n " + personalExperience +
"\n ...");
        Console.WriteLine("\n With many thanks!\n\t" + signature);           Console.
WriteLine("------------");
        Console.WriteLine("Delivery DateTime: " + d.format(now) + "\n\n");
}

}

/* 客户端 */
public class Client {

    public static void Main(String[] args) {
        /* 创建第一封求职信 */
        ApplicationLetter appLetter1 = new ApplicationLetter();
        appLetter1.subject = "Application";
        appLetter1.mailAddress = "job@ibm.com";
        appLetter1.salutation = "Sir/Madam";
        appLetter1.positionApplied = "Network Maintenance Engineer Master's degree ";
        appLetter1.personalExperience = "2009 graduate from * * University with a.";
        appLetter1.signature = "Mao Sui";
        appLetter1.send();

        /* 创建第二封求职信,直观创建法,步骤繁琐且容易出错 */
        ApplicationLetter appLetter2 = new ApplicationLetter();
```

```
            appLetter2.subject = appLetter1.subject;
            appLetter2.mailAddress = "job@lenovo.com";
            appLetter2.salutation = appLetter1.salutation;
            appLetter2.positionApplied = "Developmental Engineer";
            appLetter2.personalExperience = appLetter1.personalExperience;
            appLetter2.signature = appLetter1.signature;
            appLetter2.send();

            /* 创建第三封求职信,使用 Duplicate()方法,减少出错概率,但该方法局限于
    ApplicationLetter 类
              */
            ApplicationLetter appLetter3 = Duplicate(appLetter1);
            appLetter3.mailAddress = "job@microsoft.com";
            appLetter3.positionApplied = "Software QA Engineer";
            appLetter3.send();
        }

        /* 复制对象的方法. 请考虑一下如何复制多个不同类型的对象. */
        static ApplicationLetter Duplicate(ApplicationLetter proto) {
            ApplicationLetter letter = new ApplicationLetter();
            letter.subject = proto.subject;
            letter.mailAddress = proto.mailAddress;
            letter.salutation = proto.salutation;
            letter.positionApplied = proto.positionApplied;
            letter.personalExperience = proto.personalExperience;
            letter.signature = proto.signature;
            return letter;
        }

    }
```

程序运行结果：

```
Mail to: job@ibm.com
Subject: Application
-------------------------------------------------------
Dear Sir/Madam:
    Your advertisement for a [Network Maintenance Engineer]
interested me because the position that you described sounds
exactly like the kind of job I am seeking.
    ...
    Here is my experience:
    2009 graduate from * * University with a Master's degree.
    ...

    With many thanks!
        Mao Sui
```

```
------------------------------------------------------
Delivery DateTime: 2010 - 5 - 6 23:38:25


Mail to: job@lenovo.com
Subject: Application
------------------------------------------------------
Dear Sir/Madam:
    Your advertisement for a [Developmental Engineer]
  interested me because the position that you described sounds
  exactly like the kind of job I am seeking.
    ...
    Here is my experience:
    2009 graduate from * * University with a Master's degree.
    ...


    With many thanks!
        Mao Sui
------------------------------------------------------
Delivery DateTime: 2010 - 5 - 6 23:38:25


Mail to: job@microsoft.com
Subject: Application
------------------------------------------------------
Dear Sir/Madam:
    Your advertisement for a [Software QA Engineer]
  interested me because the position that you described sounds
  exactly like the kind of job I am seeking.
    ...
    Here is my experience:
    2009 graduate from * * University with a Master's degree.
    ...


    With many thanks!
        Mao Sui
------------------------------------------------------
Delivery DateTime: 2010 - 5 - 6 23:38:25
```

　　显然，创建第二封求职信的方法过于烦琐且容易引起疏漏，而创建第三封求职信的方法简洁但又不够灵活，无法作用于其他类型的对象。无论哪种方法，复制对象的重担都落在客户端的肩上。

　　方案二　采用原型模式。

　　接下来换一种思维方式，让对象提供复制自身的方法，客户端仅引用该方法即可获得对象副本，从而大大减轻了客户端的压力，这就是原型模式的思想。

实用软件设计模式教程(第 2 版)

```
/*
按照原型模式的要求,首先需要一个代表 Prototype 角色的接口,该接口声明了克隆对象自身的
方法.
*/
interface ICloneable {

    public Object clone();

}

/* 求职信类需要继承自该接口,并实现克隆自身的方法. */
class ApplicationLetter : ICloneable {

/* 求职信类的前半部分内容与方案一相同,此处省略 */
        …
    /* 实现 ICloneable 接口 */
    public Object clone() {
        ApplicationLetter obj = new ApplicationLetter();
        obj.subject = this.subject;
        obj.mailAddress = this.mailAddress;
        obj.salutation = this.salutation;
        obj.positionApplied = this.positionApplied;
        obj.personalExperience = this.personalExperience;
        obj.signature = this.signature;

        return obj;
    }

}

/*
更改后,对象属性值的复制工作被封装在了类的内部,接下来,查看客户端在引用时有什么变化.
*/
public class Client {

    public static void Main(String[] args) {
        /* 与方案一相同,首先创建 appLetter1 对象 */
        ApplicationLetter appLetter1 = new ApplicationLetter();
        appLetter1.subject = "Application";
        appLetter1.mailAddress = "job@ibm.com";
        appLetter1.salutation = "Sir/Madam";
        appLetter1.positionApplied = "Network Maintenance Engineer";
        appLetter1.personalExperience = "2009 graduate from * * University with a Master's
degree.";
        appLetter1.signature = "Mao Sui";
```

```
        appLetter1.send();

    /*
        创建第二封信,可以显式地调用 ApplicationLetter 的 Clone()方法.
    */
        ApplicationLetter appLetter2 = (ApplicationLetter)appLetter1.clone();
        /* 此后,可以按需求对克隆出的对象进行适当修改 */
        appLetter2.mailAddress = "job@lenovo.com";
        appLetter2.positionApplied = "Developmental Engineer";
        appLetter2.send();

    /*
        创建第三封信,可以显式地调用新的 Duplicate()方法,当不清楚对象的具体
        类型,但知道它实现了 ICloneable 接口的时候.
    */
        ApplicationLetter appLetter3 = (ApplicationLetter)duplicate(appLetter1);
        /* 此后,可以按需求对克隆出的对象进行适当修改 */
        appLetter3.mailAddress = "job@microsoft.com";
        appLetter3.positionApplied = "Software QA Engineer";
        appLetter3.send();
    }

    /* 复制对象方法 */
    static Object duplicate(ICloneable proto) {
      return proto.clone();
        }

  }
```

使用 Prototype 模式,可以通过克隆一个原型,减少子类的数量。只需要唯一的一个子类,这个子类保持对每个对象基类的引用,并通过这个子类创建对象。在该方案中,客户端仅需要使用 ApplicationLetter.clone()方法便可轻易地得到一个相同的对象,减少了在方案一中复制对象属性时出现差错的概率。同时,当获得一个对象,但是不知道其类型,仅知道其实现了 ICloneable()接口时,也可轻易得到该对象的副本。

看到这里,有些读者可能有些疑问,为什么不使用工厂方法模式去创建一个新实例呢?工厂方法模式的特点在于产品出厂前就已经定型了,原型模式则不受此限制。

3. 效果分析

在上面的例子中,客户端可以仅依赖于抽象部分(ICloneable),而把创建某个对象副本的任务推托给了被复制的类,很好地满足了依赖倒置原则。

1) 特点

原型模式的特点如表 3.6 所示。

表 3.6　原型模式的特点

优　　点	缺　　点
原型模式多用于创建复杂的或者耗时的实例:复制一个已经存在的实例使程序运行更高效;或者创建值相等,只是命名不一样的同类数据 原型模式对客户隐藏了具体的产品类,减少了客户知道的类型的数目 允许客户只通过注册原型实例就可以将一个具体产品类并入到系统中,客户可以在运行时刻建立和删除原型 相对于工厂模式,原型模式减少了子类构造。原型模式是克隆一个原型而不是请求工厂方法创建一个,所以不需要设立与具体产品类平行的 ConcreteFactory 类层次 原型模式具有给应用软件动态加载新功能的能力。由于 Prototype 的独立性较高,可以很容易动态加载新功能而不影响旧系统 产品类不需要非得有任何事先确定的等级结构,因为原型模式适用于任何的等级结构	每一个产品类必须配备一个克隆方法,而且这个克隆方法需要对类的功能进行整体的考虑,这对全新的类来说不是很难,但对已有的类进行改造时却不一定是件容易的事

2) 适用性

原型模式可以适用于以下情形:

(1) 当一个系统应该独立于它的产品创建、构成和表示时;

(2) 当要实例化的类是在运行时刻指定时,例如通过动态装载;

(3) 为了避免创建一个与产品类层次平行的工厂类层次时;

(4) 当一个类的实例只能有几个不同状态组合中的一种时,预先建立相应数目的原型并克隆它们可能比每次用合适的状态手工实例化该类要更方便一些。

3.3　结构型模式

在解决了对象的创建问题之后,对象的组成以及对象之间的依赖关系就成了开发人员关注的焦点,因为如何设计对象的结构、继承和依赖关系会影响到后续程序的维护性、代码的健壮性和耦合性等。

3.3.1　适配器模式

在实际的软件系统设计和开发中,为完成某项工作需要购买第三方的库来加快开发。这时可能会出现以下问题:在应用程序中已经设计好的功能接口与第三方提供的接口不一致。为了解决这种不兼容的问题引进一种接口的兼容机制,即适配器模式,其通过提供一种适配器类将第三方提供的接口转化为客户(购买使用者)希望的接口。

适配器(Adapter)模式的设计思想在生活中经常会应用到:如在给手机充电的时候,不可能直接在 220V 电源上充电,而是用手机"充电器"将其转换成手机需要的电压才可以正常充电,这个"充电器"就起到了适配的作用。

1. 结构说明

适配器模式是通过将一个类的接口转换成客户希望的另外一个接口,使原本由于接口不兼容而不能一起工作的那些类可以一起工作。

适配器从结构上可以分为类适配器和对象适配器。其中类适配器使用继承关系来对类进行适配,而对象适配器则使用对象引用的方法来进行适配。

类适配器使用多重继承实现两个接口的匹配,其角色及其职责结构如图3.9所示。

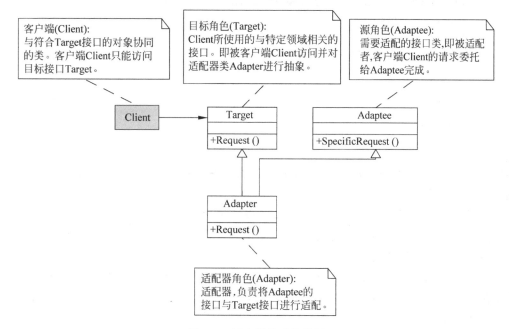

图 3.9　适配器模式结构图

对象适配器也包括 Target、Client、Adaptee 和 Adapter 4 部分,上述 4 种类的功能描述也与类适配器的相同,但类适配器是由对被适配类 Adaptee 的继承实现的,而对象适配器是由被适配器对象的引用实现的。对象适配器依赖于对象的组合。

类图代码示例:

```
//目标角色接口
public interface Target
{
    //目标角色接口 Target,其中有方法 request()
    public void request();
}
```

```
//源角色类
public class Adaptee
{
    //源角色类 Adaptee,其中有方法 specificRequest
    public void specificRequest()
    {
        System.out.println("this is in specificrequest");
    }
}
```

```
//适配器角色类
public class Adapter extends Adaptee implements Target
{
    //适配器类,其继承源角色类并实现目标类方法,如下实现方法重用
    public void request()
    {
    this.specificRequest();
    }
}
```

2. 应用示例

假设现有第三方提供的一种计算三角形面积的 CalculateTriangleAdaptee 类,并且要求以三个顶点的坐标值作为参数。但是现在项目的系统需求是:由 4 个顶点的坐标值计算出四边形的面积。

方案一 不采用第三方提供的 CalculateTriangleAdaptee 类。

重新编写一种计算四边形面积的类,即重新设计算法并对其进行测试,这种方式的结果将会花费额外的时间和精力。

由于四边形可以被对角线划分为两个三角形,可相加这两个三角形的面积从而得出四边形的面积。在此过程中将要采用适配器类对 CalculateTriangleAdaptee 类进行适配,可分别采用类适配器和对象适配器进行实现。

方案二 首先看类适配器的代码实现。

```
//由第三方提供的计算三角形面积的类
public class CalculateTriangleAdaptee
{
public double calculateTriangleSquare(Point p1, Point p2, Point p3)
    {
        double sideA = Math.Sqrt(Math.Pow((p1.X - p2.X), 2) + Math.Pow((p1.Y - p2.Y), 2));
        double sideB = Math.Sqrt(Math.Pow((p2.X - p3.X), 2) + Math.Pow((p2.Y - p3.Y), 2));
        double sideC = Math.Sqrt(Math.Pow((p1.X - p3.X), 2) + Math.Pow((p1.Y - p3.Y), 2));
        double p = (sideA + sideB + sideC) / 2;
        double square = Math.Sqrt(p * (p - sideA) * (p - sideB) * (p - sideC));
        return square;
    }
}

//供客户端使用的接口
public interface ICalculate
{
    double calculate(Point p1, Point p2, Point p3, Point p4);
}

//适配器类
public class CalculateQuadAdapter : CalculateTriangleAdaptee, ICalculate
```

```
{
    public double calculate(Point p1, Point p2, Point p3, Point p4)
    {
        return (this.calculateTriangleSquare(p1, p2, p3) + this.calculateTriangleSquare
(p1, p3, p4));
    }
}
```

客户端程序：

```
class Client
{
static void Main(string[] args)
    {
        Point pointA = new Point(0, 0);
        Point pointB = new Point(4, 0);
        Point pointC = new Point(8, 5);
        Point pointD = new Point(4, 5);
        ICalculate ic = new CalculateQuadAdapter();
        double result = ic.calculate(pointA, pointB, pointC, pointD);
        Console.WriteLine("以 (" + pointA.X + "," + pointA.Y + "),(" + pointB.X + ",
" + pointB.Y + "),(" + pointC.X + "," + pointC.Y + "),(" + pointD.X + "," + pointD.Y +
")" + "为顶点的四边形的面积为: " + result);
        Console.Read();
    }
}
```

运行结果为：

以(0,0),(4,0),(8,5),(4,5)为顶点的四边形的面积为: 20

在该程序中 CalculateTriangleAdaptee 类是被适配类，相当于 Adaptee 类，由第三方提供，用于计算三角形面积，只允许以三个顶点的坐标作为输入参数。

ICalculate 是目标接口，规定以四边形 4 个顶点为参数（顺时针或逆时针方式输入）计算面积值，供客户端调用。

CalculateQuadAdapter 适配器类，实现目标接口 ICalculate 和 CalculateTriangleAdaptee 类。该类使用继承关系实现适配器。

Client 客户端程序包含程序入口。目标接口 ICalculate 对其可见。

方案三　使用对象适配器的代码实现。

```
//由第三方提供的计算三角形面积的类
public class CalculateTriangleAdaptee
{
public double calculateTriangleSquare(Point p1, Point p2, Point p3)
    {
```

实用软件设计模式教程(第 2 版)

```
        double sideA = Math.Sqrt(Math.Pow((p1.X - p2.X), 2) + Math.Pow((p1.Y - p2.Y), 2));
        double sideB = Math.Sqrt(Math.Pow((p2.X - p3.X), 2) + Math.Pow((p2.Y - p3.Y), 2));
        double sideC = Math.Sqrt(Math.Pow((p1.X - p3.X), 2) + Math.Pow((p1.Y - p3.Y), 2));
        double p = (sideA + sideB + sideC) / 2;
        double square = Math.Sqrt(p * (p - sideA) * (p - sideB) * (p - sideC));
        return square;
    }
}


//供客户端使用的接口
public interface ICalculate
    {
        double calculate(Point p1, Point p2, Point p3, Point p4);
    }


//对象适配器类
public class CalculateQuadAdapter : ICalculate
    {
        private CalculateTriangleAdaptee cta;
        public double calculate(Point p1, Point p2, Point p3, Point p4)
    {
        cta = new CalculateTriangleAdaptee();
        return (cta.calculateTriangleSquare(p1, p2, p3) +
            cta.calculateTriangleSquare(p1, p3, p4));
    }
}
```

客户端程序：

```
class Client
{
static void Main(string[] args)
    {
        Point pointA = new Point(0, 0);
        Point pointB = new Point(4, 0);
        Point pointC = new Point(8, 5);
        Point pointD = new Point(4, 5);
        ICalculate ic = new CalculateQuadAdapter();
        double result = ic.calculate(pointA, pointB, pointC, pointD);
        Console.WriteLine("以 (" + pointA.X + "," + pointA.Y + "),(" + pointB.X + ","
+ pointB.Y + "),(" + pointC.X + "," + pointC.Y + "),(" + pointD.X + "," + pointD.Y +
")" + "为顶点的四边形的面积为：" + result);
Console.Read();
    }
}
```

运行结果与类适配器相同：

> 以(0,0),(4,0),(8,5),(4,5)为顶点的四边形的面积为：20

使用对象适配器中,CalculateQuadAdapter 是采用对被适配者 CalculateTriangleAdaptee 进行引用实现适配的,而类适配器中是通过对其继承实现的。

3. 效果分析

在上述应用示例中,不论是类适配器还是对象适配器,都是通过适配器对被适配者进行包装,并最后达到使用三个参数的 CalculateTriangleAdaptee 类求解带有 4 个参数的凸四边形面积的问题的目的,即采用计算三角形面积的方法求解四边形的面积。适配器模式将一个类的接口——CalculateTriangleAdaptee 转换成客户希望的另外一个接口——ICalculate,使得这些类可以一起工作。类适配和对象适配的区别在于类适配是对被适配者 CalculateTriangleAdaptee 的继承,对象适配是对 CalculateTriangleAdaptee 的引用。

1) 特点

类适配器模式的特点如表 3.7 所示。

表 3.7 类适配器模式的特点

优 点	缺 点
使得 Adapter 可以重定义 Adaptee 的部分行为,因为 Adapter 是 Adaptee 的一个子类 仅仅引入了一个对象,并不需要额外的指针间接得到 Adaptee	因为适配器是适配者的子类,所以适配器可能会重载被适配者的行为

对象适配器模式的特点如表 3.8 所示。

表 3.8 对象适配器模式的特点

优 点	缺 点
允许一个 Adapter 与多个 Adaptee 同时工作。Adapter 也可以一次给所有的 Adaptee 添加功能 使得重定义 Adaptee 的行为比较困难：需要生成一个 Adaptee 的子类,然后使 Adapter 引用这个子类而不是引用 Adaptee 本身	与类适配器相比,置换适配器类的方法较为不易

2) 适用性

适配器模式适用于以下情形:

- 当使用一个已经存在的类,而它的接口不符合要求的时候;
- 想要创建一个可以复用的类,该类可以与原接口的类协同工作的时候;
- 在对象适配器中,当要匹配数个子类的时候,对象适配器可以适配它们的父类接口。

3.3.2 装饰模式

在项目中需要给某个对象而不是整个类添加一些功能,使用继承机制是添加功能的一种有效途径,但这种方法不够灵活,用户不能控制对组件加边框的方式和时机,并且会导致子类膨胀。一种较为灵活的方式是将组件嵌入另一个对象中。例如送礼品时,首先为了防止摔坏将买好的礼品先放进小纸盒里,然后为了使其美观用包装纸将纸盒包起来,最后再用丝带系个蝴蝶结得到精美的礼品。装饰(Decorator)模式动态地给一个对象添加额外的职责。其中礼品相当于原有的对象;防止摔坏和让礼品更加美观等要求都可看作是需求;纸盒、包装纸、丝带都可看作是装饰者对被装饰者——礼品进行层层的装饰,最后满足需求。

1. 结构说明

将组件嵌入另一个对象中,由这个对象添加功能,称这个嵌入的对象为装饰。这个装饰与它所装饰的组件接口一致,因此它对使用该组件的客户透明。它将客户请求转发给该组件,并且可能在转发前后执行一些额外的动作。透明性使得设计者可以递归嵌套多个装饰,从而可以添加任意多个功能,动态地给一个对象添加一些额外的职责。装饰模式提供了一种给类增加功能的方法,它通过动态地组合对象,可以给原有的类添加新的代码,而无须修改现有的代码。装饰模式包含的角色和结构如图 3.10 所示。

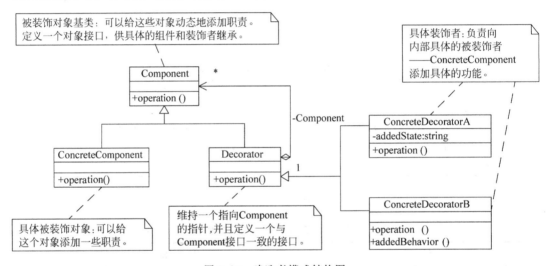

图 3.10　建造者模式结构图

类图代码示例:

```
abstract class Component
{
    public abstract void operation();
}
```

```
Class ConcreteComponent : Component
{
    Public override void operation()
    {
        Console.WriteLine("具体对象的操作");
    }
    {
```

```
    abstract class Decorator : Component
    {
        protected Component component;
        public void SetComponent(Component component)
        {
            this.component = component;
        }

        public override void operation()
        {
            if (component != null)
            {
                component.operation();
            }
        }
    }
```

```
    class ConcreteDecoratorA : Decorator
    {
        private string addedState;

        public override void operation()
        {
            base.operation();
            addedState = "New State";
            Console.WriteLine("具体装饰对象 A 的操作");
        }
    }

    class ConcreteDecoratorB : Decorator
    {
        private string addedState;

        public override void operation()
        {
            base.operation();
            AddedBehavior();
            Console.WriteLine("具体装饰对象 B 的操作");
        }

        private void AddedBehavior()
        {                    }
    }
```

2. 应用示例

超市购物单的内容除了包括物品名称、数量、单价、总价及收银员号等主要信息外,还可能会包含欢迎辞、促销广告等额外的信息,而且这些额外信息的内容及打印位置也不固定。

为了模拟打印购物单的功能模块,假设购物单主要由正文部分和动态变化的若干购物单头部和脚部构成。

方案一 不采用设计模式。

定义一个抽象类——List 并包含 PrintInfo()抽象方法,接下来每个不同的购物单子类必须继承此类并实现 PrintInfo()方法。当子类的数量不多时可以采用这种解决方案,但是当子类的数量大量增加时将会导致"类爆炸",如图 3.11 所示。

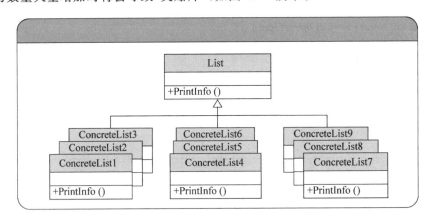

图 3.11 "类爆炸"

方案二 采用装饰模式,把购物单正文类当作具体被装饰者类,把具体的头部或脚步额外信息当作装饰者。代码实现如下:

```
//购物单的抽象类
abstract class ShoppingList
{
    public abstract void printInfo();
}


//购物单的具体类
class concreteList : ShoppingList
{
    public override void printInfo()
    {
        System.Console.WriteLine("购物单正文信息\n");
    }
}


//购物单装饰者的抽象类
abstract class ListDecorator : ShoppingList
{
    protected ShoppingList shoppingList;
    public ListDecorator(ShoppingList sl)
    {
        shoppingList = sl;
```

```
    }

    public abstract override void printInfo();
}

//头部信息 1 装饰者
class header1List : ListDecorator
{
    public header1List(ShoppingList sl) : base(sl) { }
    public override void printInfo()
    {
        System.Console.WriteLine("头部信息 1\n");
        shoppingList.printInfo();
    }
}

//头部信息 2 装饰者
class header2List : ListDecorator
{
    public header2List(ShoppingList sl) : base(sl) { }
    public override void printInfo()
    {
        System.Console.WriteLine("头部信息 2\n");
        shoppingList.printInfo();
    }
}

//脚注 1 装饰者
class footer1List : ListDecorator
{
    public footer1List(ShoppingList sl) : base(sl) { }
    public override void printInfo()
    {
        shoppingList.printInfo();
        System.Console.WriteLine("脚注 1\n");
    }
}

//脚注 2 装饰者
class footer2List : ListDecorator
{
    public footer2List(ShoppingList sl) : base(sl) { }
    public override void printInfo()
    {
        shoppingList.printInfo();
        System.Console.WriteLine("脚注 2\n");
    }
}
```

实用软件设计模式教程(第 2 版)

客户端代码：

```
//客户端代码：
class Client
{
    static void Main(string[ ] args)
    {
        ShoppingList myList = new header1List ( new footer2List ( new footer1List ( new
concreteList()))));
        myList.printInfo();
        System.Console.WriteLine("…………更改购物单的正文、头部、脚步的布局…………\n");
        myList = new header1List ( new header2List ( new footer1List ( new footer2List ( new
concreteList())))));
        myList.printInfo();
        System.Console.Read();
    }
}
```

运行结果：

```
头部信息 1
购物单正文信息
脚注 1
脚注 2
…………更改购物单的正文、头部、脚步的布局…………
头部信息 1
头部信息 2
购物单正文信息
脚注 2
脚注 1
```

在上述程序中，ShoppingList 是被装饰者的抽象类；concreteList 是具体的装饰者类，继承 ShoppingList；ListDecorator 是装饰者的抽象类；而 header1List、header2List、footer1List 和 footer2List 都是具体的装饰者类，既可以装饰被装饰者类，也可以被其他装饰者用来装饰。

3. 效果分析

从方案一和方案二发现通过装饰模式可以避免"类爆炸"现象，并且可以动态而透明地增加或删除对象的职能。在方案二中的头部信息和脚部信息可以动态地增加、删除或更改其顺序。但是如果采用直接继承实现上述功能，如方案一，则会造成生成很多子类以满足头部和脚步信息在位置和内容上的变化。

1) 特点

装饰模式的特点如表 3.9 所示。

表 3.9 装饰模式的特点

优　　点	缺　　点
比静态继承更灵活:使用装饰模式可以很容易地向对象添加职责的方式。可以用添加和分离的方法,对装饰在运行时添加和删除职责。相比之下,继承机制要求为每个添加的职责创建一个新的子类,这会产生很多新的类,并会增加系统的复杂度 使用装饰模式可以很容易地重复添加一个特性,而两次继承特性类则极容易出错 为了避免处于顶层的类有太多的特征,在装饰模式下,可以定义一个简单的类,并用装饰类给它逐渐地添加功能,从简单的部件组合出复杂的功能。具有低依赖性和低复杂性	产生小对象:采用装饰模式进行系统设计往往会产生许多看上去类似的小对象,尽管对于了解这些系统的人来说,很容易进行定制,但是很难学习这些系统,排错也很困难 随着装饰者数量的增加,可能导致运行效率的降低

2) 适用性

装饰模式适用于以下情形:

(1) 需要对一个类进行功能扩展时;

(2) 需要一个对象增加功能,或撤销此功能时。

3.3.3　桥接模式

有些类由于功能设计上的要求,自身包含两个或两个以上变化的因素,即该类在二维或多维上变化。以一杯咖啡为例,类有4个:中杯加奶、大杯加奶、中杯不加奶和大杯不加奶。通过观察可以发现:这杯咖啡随着杯的大小和加奶与否这两个变化因素在两个维度上发生着变化。对这类问题可以采用继承机制对上述两个因素进行协调,但是这种因素若在数量或种类上有所变化,可能会导致采用该方法的子类以几何形式增长,从而导致其缺乏灵活性。通过分析上面4个子类中有概念重叠,可从另外一个角度进行考虑,这4个类实际是两个角色的组合:抽象和行为,其中抽象为中杯和大杯;行为为加奶和不加奶。这种分离抽象和行为的方法称为桥接模式。

1. 结构说明

桥接(Bridge)模式力图将系统的抽象部分和实现部分分离,使得这两个部分中的任何一部分发生变化时都不会影响对方。这样做的目的是使上述两个部分可以独立变化,以适应业务扩展的需求。桥接模式如同真实生活中的桥一样,被连接的两方的变化互不影响,做到"井水不犯河水"的效果,两者之间只能通过桥来实现通信。

桥接模式的结构如图 3.12 所示。

代码如下所示:

```
abstract class Implementor
{
    public abstract void OperationImp();
}
```

实用软件设计模式教程(第 2 版)

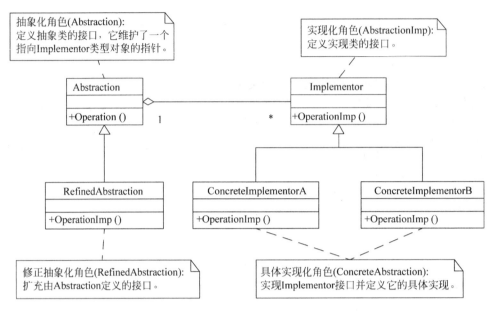

图 3.12　桥接模式结构图

```
classConcreteImplementor: Implementor
{
    public override void OperationImp()
    {
        Console.WriteLine("具体实现的方法执行");
    }
}
```

```
class Abstraction
{
    protected Implementor implementor;

    public void SetImplementor(Implementor implementor)
    {
        this.implementor = implementor;
    }

    public virtual void Operation()
    {
        implementor.OperationImp();
    }
}
```

```
class RefinedAbstraction : Abstraction
{
    public override void Operation()
    {
        Implementor.Operation();
    }
}
```

在桥接模式中,两个类 Abstraction 和 AbstractionImp 分别定义了抽象与行为类的接口,降低了两个接口之间的耦合度,通过调用两接口的子类实现抽象与行为的动态组合。

2. 应用示例

设计一种根据现有的模板打印学位证书的功能模块,假设现在有本科生、硕士生和博士生三个学生类别,并且还有学位证样板 A 和样板 B 两个样式,要求使该功能模块采用两种样板分别打印各类学生的学位证书。

方案一　不采用设计模式。

首先对三名学生类别进行抽象建立一个 Student 超类,三名学生分别对 Student 类继承得到 Bachelor、Master 和 Doctor 三个子类,再分别对上述三个类使用继承机制进行扩充得到 BachelorTemplateA、BachelorTemplateB、MasterTemplateA、MasterTemplateB、DoctorTemplateA 和 DoctorTemplateB 6 个子类,如图 3.13 所示。

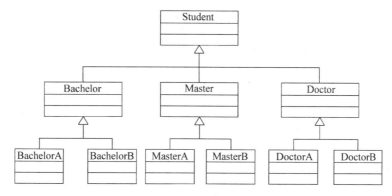

图 3.13　学生类结构图

方案二　采用桥接模式。

用桥接模式时,把打印学位证的部分看作是行为,即实现部分,并对其进行抽象得出 PrintWithTemplateImpl 类型,而对学生类进行抽象得出 IStudent 类型,在此接口中维护一个 PrintWithTemplateImpl 接口的引用,将两个部分分离并分别用 PrintWithTemplatA、PrintWithTemplateB 子类实现 PrintWithTemplateImpl 类型,用 Bachelor、Master 和 Doctor 三个子类实现 IStudent。其实现代码如下:

```
public abstract class IStudent
    {
protected PrintWithTemplateImpl templateImpl;
```

```
public PrintWithTemplateImpl TemplateImpl
        {
            set { templateImpl = value; }
        }
public virtual void printStudent(string student)
        {
            templateImpl.printTemplate(student);
        }
```

```
        }
    }
```

```
public class Bachelor : IStudent
    {
        public override void printStudent(string student)
        {
            base.templateImpl.printTemplate(student);
        }
    }
```

```
public class Master : IStudent
    {
        public override void printStudent(string student)
        {
            base.templateImpl.printTemplate(student);
        }
    }
```

```
public class Doctor : IStudent
    {
        public override void printStudent(string student)
        {
            base.templateImpl.printTemplate(student);
        }
    }
```

```
public abstract class PrintWithTemplateImpl
    {
        public abstract void printTemplate(string msg);
    }
```

```
public class PrintWithTemplatA : PrintWithTemplateImpl
    {
        public override void printTemplate(string msg)
        {
            Console.WriteLine("使用样板 A 打印" + msg + "学位证");
        }
    }
```

```
public class PrintWithTemplatB : PrintWithTemplateImpl
    {
        public override void printTemplate(string msg)
        {
```

```
                Console.WriteLine("使用样板 B 打印" + msg + "学位证");
            }
    }
```

客户端程序为：

```
//客户端
    class Client
    {
        static void Main(string[] args)
        {
            //用样板 A 打印本科生学位证
            IStudent istudent = new Bachelor();
            istudent.TemplateImpl = new PrintWithTemplatA();
            istudent.printStudent("本科生");

            //用样板 A 打印硕士生学位证
            istudent = new Master();
            istudent.TemplateImpl = new PrintWithTemplatA();
            istudent.printStudent("硕士生");

            //用样板 B 打印硕士生学位证
            istudent = new Master();
            istudent.TemplateImpl = new PrintWithTemplatB();
            istudent.printStudent("硕士生");

            //用样板 A 打印博士生学位证
            istudent = new Doctor();
            istudent.TemplateImpl = new PrintWithTemplatA();
            istudent.printStudent("博士生");

Console.ReadLine();
        }
    }
```

运行结果为：

```
使用样板 A 打印本科生学位证
使用样板 A 打印硕士生学位证
使用样板 B 打印硕士生学位证
使用样板 A 打印博士生学位证
```

3. 效果说明

方案一中采用直接继承的机制实现功能，可以看作是一种穷举的方式，通过仔细观察可以发现方案一的复用性和可扩展性很差，TemplateA 和 TemplateB 在 Bachelor、Master 和 Doctor 三个类中都出现，没有被很好地复用；同时当新的模板 TemplateC 出现时，Bachelor、Master 和 Doctor 三个类都需要进行一定的修改，可扩展性比较差。

方案二中分离了抽象和实现,达到了降低抽象和实现的耦合度的目标,当增加新的学生类型时,只要对 IStudent 进行继承即可,即使出现新的实现时,采用同样的分离方式进行处理即可。抽象和实现分离的结果是在功能模块中类的关系清晰并且提高了其扩展性。

1) 特点

桥接模式的特点如表 3.10 所示。

表 3.10　桥接模式的特点

优　点	缺　点
分离接口及其实现部分,一个实现未必不变地绑定在一个接口上。抽象类的实现可以在运行时刻进行配置,一个对象甚至可以在运行时刻改变它的实现,接口与实现分离有助于分层,从而产生更好的结构化系统 提高可扩充性,可以独立地对 Abstraction 和 AbstractionImp 层次结构进行扩充 实现细节对客户透明从而做到对客户隐藏实现细节	抽象类与实现类的双向链接会降低程序执行性能

2) 适用性

桥接模式可以适用于以下情形:

- 不希望在抽象与实现部分之间有固定的绑定关系时;
- 类的抽象以及它的实现都应该可以通过生成子类的方法加以扩充,这时将桥接模式不同的抽象接口和实现部分进行组合,并分别对它们进行扩充;
- 对抽象的实现部分进行修改应对客户不产生影响,即客户的代码不必重新编译;
- 想对客户完全隐藏抽象的实现部分;
- 想在多个对象间共享实现,但同时要求客户并不知道这一点。

3.3.4　享元模式

面向对象思想中一切事物都可以当作对象,通过面向对象的思想可以把一切待处理的事物进行抽象并建立类和对其实例化。同时也要考虑程序运行的资源开销的问题,例如在文字编辑软件中,把每个字符当作对象处理,并分配相应的系统空间,但是随着字符数量的增加将会逐渐耗尽系统资源。因此有时采用纯粹的面向对象方法会使得大量的细粒度对象充斥在系统之中,从而导致系统运行效率的降低。解决上述问题可以采用享元模式——通过共享机制解决系统资源的消耗问题。

1. 结构说明

享元(Flyweight)模式的意图:通过共享的方式减少对象的个数,避免大量拥有相同内容的小类带来的系统开销。

享元模式能做到共享是因为它把对象分成内蕴状态(Internal State)和外蕴状态(External State)。内蕴状态存储在享元对象内部并且不会随着环境而改变,因此内蕴状态是能被共享的部分。外蕴状态是随环境而改变、不可以共享的状态。享元对象的外蕴状态必须由客户端保存,并在享元对象被创建之后,在需要使用的时候再传入到享元对象内部。

外蕴状态与内蕴状态是相互独立的。

享元模式包含的角色和结构如图 3.14 所示。

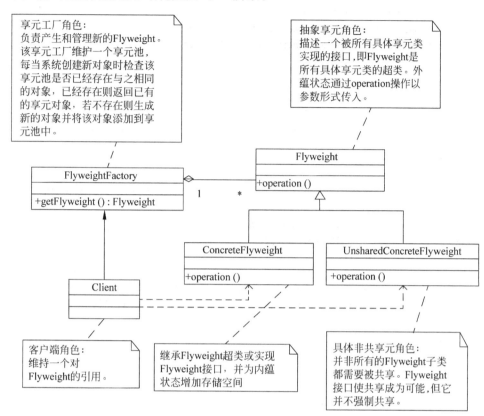

图 3.14 享元模式结构图

类图代码示例：

```
/* 抽象享元角色 */
interface Flyweight
{

    public void operation(String state);

}
```

```
/* 具体享元类 */
class ConcreteFlyweight : Flyweight {

    private Character intrinsicState = null;


    public ConcreteFlyweight(Character state){           //构造函数
        this.intrinsicState = state;
```

实用软件设计模式教程（第 2 版）

```
        }

    public void operation(String state) {
        Console.WriteLine("Intrinsic State = " + this.intrinsicState);
        Console.WriteLine("Extrinsic State = " + state);
    }

}
```

```
/* 享元工厂类 */
class FlyweightFactory {

    private Map<Character,Flyweight> files = new HashMap<Character,Flyweight>();

    public Flyweight factory(Character state){
        Flyweight fly = (Flyweight)files.get(state);
        if(fly == null){

            fly = new ConcreteFlyweight(state); //如果对象不存在则创建一 Flyweight 对象
            files.put(state, fly); //把这个新的 Flyweight 对象添加到缓存中
        }
        return fly;
    }

}
```

```
/* 客户端 */
public class Client {

    public static void Main(String[] args) {
        FlyweightFactory factory = new FlyweightFactory();
        Flyweight fly = factory.factory(new Character('a'));
        fly.operation("First Call");

        fly = factory.factory(new Character('b'));
        fly.operation("Second Call");

        fly = factory.factory(new Character('a'));
        fly.operation("Third Call");
    }

}
```

2. 应用示例

Windows 是一种图形化的操作系统，其中每一个文件都用相应的图标表示。现在有一个 Windows 系统的磁盘，其中一级目录只包含文件夹和公文包，即只有文件夹图标和公文

包图标,而且随着应用,文件夹和公文包的数量会以指数形式增加。要求模拟该磁盘的图标生成和管理机制。

　　方案一　每当增加文件夹或公文包时,都重新生成相应的图标对象并对其分配存储空间。

```
/*
抽象类,表示一级目录
name 表示文件名,以参数形式传入
*/
abstract class Icon {

    public abstract void printName(String name);

}

/* 文件夹图标类 */
class Folder : Icon {

    /* 分别表示文件夹的长、宽和颜色 */
    int width = 50;
    int height = 40;
    String color = "Yellow";

    public void printName(String name) {
        Console.WriteLine("创建文件夹并命名为: " + name);
    }

}

/* 公文包图标类 */
class BriefCase : Icon {

    /* 分别表示公文包的长、宽和颜色 */
    int width = 40;
    int height = 60;
    String color = "Brown";

    public void printName(String name) {
        Console.WriteLine("创建公文包并命名为: " + name);
    }

}
/* 客户端程序 */
public class Client {

    public static void Main(String[] args) {
        //每次都重新生成相关对象并分配内存
        Folder folder1 = new Folder();
```

```
        folder1.printName("创建型模式集合");

        Folder folder2 = new Folder();
        folder2.printName("结构型模式集合");

        Folder folder3 = new Folder();
        folder3.printName("行为型模式集合");

        BriefCase briefCase = new BriefCase();
        briefCase.printName("设计模式集合");
    }

}
```

运行结果为：

```
创建文件夹并命名为:创建型模式集合
创建文件夹并命名为:结构型模式集合
创建文件夹并命名为:行为型模式集合
创建公文包并命名为:设计模式集合
```

方案二 采用享元模式建立图标对象：通过享元工厂将重复的内容都共享到一个实体。实现代码如下：

```
import java.util.*;

/*
抽象类,表示一级目录
name 表示文件名,以参数形式传入
*/
abstract class Icon {
    public abstract void printName(String name);

}

/* 文件夹图标类 */
class Folder : Icon {

    /* 分别表示文件夹的长、宽和颜色 */
    int width = 50;
    int height = 40;
    String color = "Yellow";

    public void printName(String name) {
        Console.WriteLine("创建文件夹并命名为: " + name);
```

```
        }

    }

    /* 公文包图标类 */
    class BriefCase : Icon {

        /* 分别表示公文包的长、宽和颜色 */
        int width = 40;
        int height = 60;
        String color = "Brown";

        public void printName(String name) {
            Console.WriteLine("创建公文包并命名为: " + name);
        }

    }
    /*
    享元工厂,维护一个共享池
    用共享机制维护大量细粒度对象
    */
    class IconFactory {

        private Map< String, Icon> iconMap = new HashMap< String, Icon>(); //共享池

        public Icon getIcon(String key) {
            if(iconMap.containsKey(key)) {
                return iconMap.get(key);
            }else if(key == "folder") {
                Icon _folder = new Folder();
                iconMap.put("folder", _folder);
            }else if(key == "briefCase") {
                Icon _briefCase = new BriefCase();
                iconMap.put("briefCase", _briefCase);
                }
            return iconMap.get(key);
        }

    }

    import java.util

    /* 客户端程序 */
    public class Client {

        public static void Main(String[] args) {
            IconFactory factory = new IconFactory();

            Icon folder1 = factory.getIcon("folder");
```

实用软件设计模式教程(第 2 版)

```
        folder1.printName("创建型模式集合");

        Icon folder2 = factory.getIcon("folder");
        folder2.printName("结构型模式集合");

        Icon folder3 = factory.getIcon("folder");
        folder3.printName("行为型模式集合");

        Icon briefCase1 = factory.getIcon("briefCase");
        briefCase1.printName("设计模式集合1");

        Icon briefCase2 = factory.getIcon("briefCase");
        briefCase2.printName("设计模式集合2");
    }
}
```

运行结果：

```
创建文件夹并命名为:创建型模式集合
创建文件夹并命名为:结构型模式集合
创建文件夹并命名为:行为型模式集合
创建公文包并命名为:设计模式集合1
创建公文包并命名为:设计模式集合2
```

3. 效果分析

在方案一中，当创建一个新的文件夹或公文包时都会重新建立图标对象并分配相应的存储空间。但是随着应用的不断扩展，系统中会充斥大量的公文包和文件夹对象，增加系统的开销。

在方案二中，将文件夹和公文包的图标分别当作享元，通过享元工厂，当建立文件夹或公文包时检查该图标是否在享元池里存在，若存在则不再重新创建新的图标对象，以此来保证对象的共享性。在文件夹和公文包图标类中长、宽和颜色是内蕴状态，可以被共享，而名称作为外蕴状态，以参数形式传入。

1) 特点

享元模式的特点如表 3.11 所示。

表 3.11　享元模式的特点

优　点	缺　点
将大量共享的对象收集在一起并使用简单工厂模式进行管理，避免由于大量的小对象导致的系统内存消耗	享元在重复对象较多时有很好的空间复杂度，但在查找搜索上增加了时间复杂度

2）适用性

享元模式可以适用于以下情形：

（1）一个应用程序使用了大量的对象；

（2）由于使用大量的细粒度对象，造成很大的存储开销；

（3）对象的大多数状态都可变为外蕴状态；

（4）如果剔除对象的外蕴状态，那么可以用相对较少的共享对象取代很多组对象；

（5）应用程序不依赖对象标识，即软件系统不依赖于这些对象的身份，这些对象可以是不可分辨的。

3.3.5 外观模式

解耦是面向对象程序设计中推崇的一种理念，但有时由于某些系统中的子系统过于复杂，从而增加了客户端与子系统之间的耦合度。针对上述情况可以采用外观模式，即引进一个类对子系统进行包装，让客户端与其进行交互。例如当享受家庭影院的时候，更希望通过按下遥控器的一个按钮就能实现影碟机、电视、音响的协同工作，而不希望分别对每个机器都进行一次操作，这时遥控器就把人从具体的操作中解脱出来，使人不用理会细节部分。

1. 结构说明

外观（Facade）模式主要解决的问题是：减少客户端与子系统之间的耦合度。外观模式通过定义一个界面，把处理子类的过程封装成操作，并提供了一个统一的接口，用来访问子系统中的一群接口，从而使用户避免了与子系统之间复杂交互带来的不便。

外观模式包含的角色和结构如图 3.15 所示。

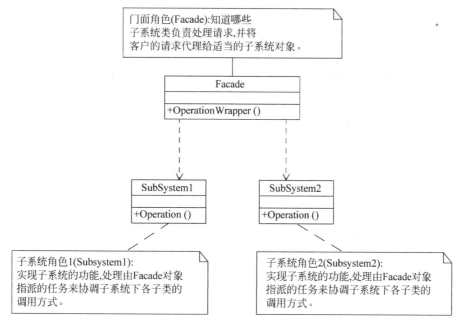

图 3.15 外观模式结构图

类图代码示例:

```
class SubSystem1 {
    //子系统一
    public void method1()
    {
        //子系统方法 1
    }
}
```

```
class SubSystem2 {
    //子系统二
    public void method2()
    {
        //子系统方法 2
    }

}
```

```
class Facade {
    //门面角色类
    SubSystem1 one;
    SubSystem2 two;

    public Facade()
    {
        one = new SubSystem1();
        two = new SubSystem2();
    }

    public void MethodA()
    {
        one.method1();
        two.method2();
    }
}
```

```
publicclass Client {
    //客户端
    public static void main(String[] args) {
        Facade facade = newFacade();
        facade.MethodA();
    }

}
```

在外观模式中,外观类 Facade 的方法 OperationWrapper 实现的就是以不同的次序调用下面类 SubSystem1、SubSystem2 的方法 Operation,通过不同的 Operation 组合实现装饰功能。

2. 应用示例

网络流量计费系统是一种面向个人用户的,通过计算网络流量进行收费的系统,在本实验中将模拟网络流量计费系统的登录和退出过程。假设登录过程中,该系统将会对用户与密码的有效性进行检测与验证,返回该用户已使用的网络流量等历史数据,触发流量监测功能模块开始新一轮网络流量监测,开始实时计算费用。把用户退出过程定义为:首先停止网络流量的监测和费用计算,其次返回用户的网络流量的使用情况,最后用户退出。

方案一　不使用设计模式。

客户端(Client)类直接与各个功能模块(UserPasswordController 类、GetAndReturnData 类、NetWorkCheck 类和 RealtimeCompute 类等)进行交互,即分别调用这些类的不同功能函数。其代码如下:

```csharp
//用来验证用户名和密码的有效性
public class UserPasswordController
    {
private string name;
private string password;
public void login(string loginName, string loginPassword)
        {
            this.name = loginName;
this.password = loginPassword;
Console.WriteLine("用户名:" + name + " " + "密码:" + password + " " + "用户登录!");
        }
public void logout()
        {
Console.WriteLine("用户名:" + name + " " + "密码:" + password + " " + "用户退出!");
        }
    }


    //返回用户已使用的网络流量等历史数据
public class GetAndReturnData
    {
public void getData()
        {
Console.WriteLine("返回用户已使用的网络流量等历史数据!");
        }
    }


    //触发流量监测操作或停止该过程
public class NetWorkCheck
    {
public void triggerCheck()
```

```
            {
Console.WriteLine("触发新一轮的流量监测操作!");
            }
public void stopCheck()
            {
Console.WriteLine("停止流量监测!");
            }
        }


    //进行或停止实时费用计算
public class RealtimeCompute
        {
public void startCompute()
            {
Console.WriteLine("触发实时费用计算操作!");
            }
public void stopCompute()
            {
Console.WriteLine("停止实时费用计算!");
            }
        }
```

客户端程序为：

```
class Client
        {
static void Main(string[] args)
            {
UserPasswordController controller = new UserPasswordController();
GetAndReturnData getAndReturnData = new GetAndReturnData();
NetWorkCheck check = new NetWorkCheck();
RealtimeCompute realtimeCompute = new RealtimeCompute();
                //模拟登录过程
controller.login("admin", "123456");
getAndReturnData.getData();
check.triggerCheck();
realtimeCompute.startCompute();
                //用户在使用网路
Console.WriteLine("正在使用网络……");
                //模拟用户退出过程
getAndReturnData.getData();
check.stopCheck();
realtimeCompute.stopCompute();
controller.logout();
Console.ReadLine();             //等待控制台的输入
            }
        }
```

运行结果为：

用户名:admin 密码: 123456 用户登录!
返回用户已使用的网络流量等历史数据!
触发新一轮的流量监测操作!
触发实时费用计算操作!
正在使用网络……
返回用户已使用的网络流量等历史数据!
停止流量监测!
停止实时费用计算!
用户名:admin 密码: 123456 用户退出!

方案二　采用外观模式设计。

```csharp
using System;
usingSystem.Collections.Generic;
usingSystem.Linq;
usingSystem.Text;

namespaceSubSystemFunction
{
    //用来验证用户名和密码的有效性
public class UserPasswordController
    {
        …//定义与解决方案一中的相同
    }

    //返回用户已使用的网络流量等历史数据
public class GetAndReturnData
    {
        …//定义与解决方案一中的相同
    }

    //触发流量监测操作或停止该过程
public class NetWorkCheck
    {
        …//定义与解决方案一中的相同
    }

    //进行或停止实时费用计算
public class RealtimeCompute
    {
        …//定义与解决方案一中的相同
    }

    //外观模式的应用,提供统一的接口类 Facade
public class Facade
    {
```

```
UserPasswordController controller = new UserPasswordController();
GetAndReturnData getAndReturnData = new GetAndReturnData();
NetWorkCheck check = new NetWorkCheck();
RealtimeCompute realtimeCompute = new RealtimeCompute();

        //模拟登录过程
public void userLogin(string loginName,stringloginPassword)
        {
controller.login(loginName, loginPassword);
getAndReturnData.getData();
check.triggerCheck();
realtimeCompute.startCompute();
        }

        //模拟用户退出过程
public void userLogout()
        {
getAndReturnData.getData();
check.stopCheck();
realtimeCompute.stopCompute();
controller.logout();
        }
    }
```

客户端程序:

```
class Client
    {
static void Main(string[] args)
        {
            Facade facade = new Facade();
facade.userLogin("facadeAdmin", "facade123456");
Console.WriteLine("正在使用网络……");
facade.userLogout();
Console.ReadLine();                    //等待控制台的输入
        }
    }
```

运行结果为:

用户名:facadeAdmin 密码:facade123456 用户登录!
返回用户已使用的网络流量等历史数据!
触发新一轮的流量监测操作!
触发实时费用计算操作!
正在使用网络……
返回用户已使用的网络流量等历史数据!
停止流量监测!
停止实时费用计算!
用户名:facadeAdmin 密码:facade123456 用户退出!

3. 效果分析

方案一中,客户端程序和子系统中各个模块之间的耦合度较大,当子系统中个别模块中某些操作发生改变或进行修改时,客户端模块要进行相应的改变。不同模块之间相互依赖性越大会使维护成本越高,并使客户端程序比较复杂而不易读懂。

方案二中,在模拟该系统的登录和退出过程时采用设计模式中的外观模式,解决了耦合度高和依赖性大等问题。

1) 特点

外观模式的特点如表 3.12 所示。

表 3.12　外观模式的特点

优　　点	缺　　点
实现了子系统组件对客户屏蔽,因而减少了客户处理的对象数目并使得子系统使用起来更加方便 实现了子系统与客户之间的松耦合关系,而子系统内部的功能组件往往是紧耦合的。松耦合关系使得子系统的组件变化不会影响到其客户	必须为封装业务逻辑而特意写很多代码(添加新的接口)

2) 适用性

外观模式可以适用于以下情形。

(1) 客户程序与抽象类的实现部分之间存在着很大的依赖性。引入外观模式将这个子系统与客户以及其他子系统分离,可以提高该子系统的独立性和可移植性。

(2) 当需要构建有层次结构的子系统时,使用外观模式定义每层的入口点。如果子系统间相互依赖,只需通过外观进行通信,从而简化它们之间的依赖关系。

(3) 外观模式可以提供一个简单的缺省视图,这一视图对大多数用户来说已经足够,而那些需要更多的可定制性的用户可以越过 Facade 层。

3.3.6　代理模式

在软件系统中,当访问网络上某一台计算机的资源时,需要跨越网络障碍;当访问服务器上数据库时,又需要跨越数据库访问障碍,同时还有网络障碍。跨越这些障碍有时候是非常复杂的,如果更多地去关注处理这些障碍问题,可能就会忽视了本来应该关注的业务逻辑问题。代理模式为其他对象提供一种代理。代理可以对对象进行访问控制,例如在需要时才对对象进行创建和初始化。代理可以看作给某一个对象提供一个占位者,解耦 Client 对象和 Subject 对象之间的调用,使编码更有效率。一个处理纯本地资源的代理有时被称作虚拟代理;远程服务的代理常常称为远程代理;强制控制访问的代理称为保护代理。

1. 结构说明

代理(Proxy)模式为客户端程序提供一种代理以控制对这个对象的访问。代理模式使客户端与不能直接访问的对象间进行交互,用代理对象全权受理客户端对该对象的访问操作,真正对象与代理对象实现同一个接口,先访问代理类再访问真正要访问的对象。

代理模式包含的角色和结构如图 3.16 所示。

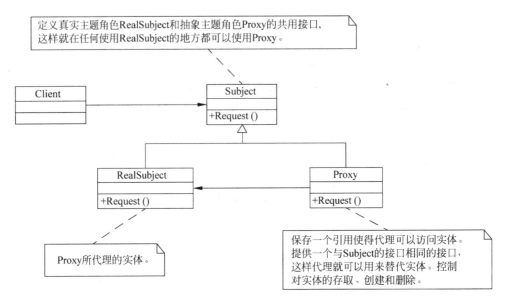

图 3.16　代理模式结构图

类图代码示例：

```
abstract class Subject
//定义 RealSubject 和 Proxy 的共用接口
{
    public abstract void Request();
}
```

```
class RealSubject : Subject
//真实实体
{
    public override void Request()
    {
        Console.WriteLine("真实的请求");
    }
}
```

```
class Proxy : Subject
//代理
{
    RealSubject realSubject;
    public override void Request()
    {
        if(realSubject == null)
        {
            realSubject = new RealSubject();
```

```
        }
        realSubject.Request();
    }
}
```

在代理模式中,由于 Proxy 与 ConcreteSubject 继承同一接口,所以 Client 调用 ConcreteSubject 就可以转化为 Client 调用 Proxy 再调用 ConcreteSubject,类 Proxy 就是个中间代理。

2. 应用示例

现在实验人员要使用一台高性能计算机完成一个复杂的数学计算,该高性能计算机在地点 A,实验人员在地点 B,高性能计算机与实验人员的 PC 由 Internet 相连,如图 3.17 所示。要求实验人员通过本地 PC 输入数值并完成计算。

图 3.17　跨越 Internet 的 PC 和高性能计算机

采用代理模式设计上述问题,代码如下所示。

```
//ComputeOnServer 和 ComputeProxyOnPC 实现 Icompute 接口
interface Icompute
{
    void compute(string value);
}
//ComputeOnServer 类模拟运行在高性能机器上的计算类
class ComputeOnServer : Icompute
{
    public void compute(string value)
    {
        Console.WriteLine("Compute \"" + value + "\" using Server!");
    }
}

//ComputeProxyOnPC 运行在 pc 上的代理类,维护 ComputeOnServer 对象的引用
class ComputeProxyOnPC : Icompute
{
//此处简化了通过远程得到 ComputeOnServer 实例的过程
Icompute icompute = new ComputeOnServer();

public void compute(string value)
{
icompute.compute(value);
}
}
```

客户端程序：

```
//客户端程序
class Client
{
    static void Main(string[ ] args)
    {
        ComputeProxyOnPC proxy = new ComputeProxyOnPC();

        proxy.compute("DATA ONE");
        proxy.compute("DATA TWO");

        Console.Read();
    }
}
```

运行结果为：

```
Compute "DATA ONE" using Server!
Compute "DATA TWO" using Server!
```

3. 效果分析

被代理类 ComputeOnServer 和代理类 ComputeProxyOnPC 都实现了同一个接口 Icompute,这是因为让代理类和被代理类都实现接口 Icompute 的所有方法,使得客户端访问代理类与访问被代理类的效果相同,所有操作对客户端呈现出透明性,客户端用代理类透明地使用了被代理类提供的功能。

1) 特点

代理模式的特点如表 3.13 所示。

表 3.13　代理模式的特点

优　　点	缺　　点
职责清晰,真实的角色就是实现实际的业务逻辑,不用关心其他非本职责的事务,通过后期的代理完成一件事务,附带的结果就是编程简洁清晰 代理对象可以在客户端和目标对象之间起到中介的作用,这样起到了保护目标对象的作用 可以对用户隐藏一种称之为 copy-on-write 的优化方式。当进行一个开销很大的拷贝操作的时候,如果拷贝没有被修改,则代理延迟这一拷贝过程,只有当这个对象被修改的时候才对它进行拷贝	由于在客户端和真实主题之间增加了代理对象,因此有些类型的代理模式可能会造成请求的处理速度变慢 实现代理模式需要额外的工作,有些代理模式的实现非常复杂

2) 适用性

代理模式适用范围很广,不同的代理适合于不同的情形：

(1) 远程代理为一个对象在不同的地址空间提供局部代表；

（2）虚代理在需要创建开销很大的对象时缓存对象信息；

（3）保护代理控制对原始对象的访问，用于对象应该有不同的访问权限的时候；

（4）智能指引取代了简单的指针，它在访问对象时执行一些附加操作。它的典型用途包括：对指向实际对象的引用计数，这样当该对象没有引用时，可以自动释放它；当第一次引用一个持久对象时，将它装入内存；在访问一个实际对象前，检查是否已经锁定了它，以确保其他对象不能改变它。

3.3.7　组合模式

组合(Composite)模式主要用来处理一类具有"容器特征"的对象——它们既充当对象，又可以作为容器包含其他多个对象。组合模式对"容器特征"的对象和单个对象一视同仁。例如计算机在处理算术表达式时，算术表达式包括操作数、操作符和另一个操作数。操作数可以是数字，也可以是另一个表达式。这样，7+8和(2+3)＋(4＊6)都是合法的表达式，计算机首先将(2+3)＋(4＊6)分解成操作数(2+3)和(4＊6)，再对上述两个操作数做进一步分解。

1. 结构说明

当处理树形结构的数据时，往往要判断该节点是叶子节点还是分支节点，这样会让程序变得复杂并且容易出错。解决方法是让叶子节点和分支节点实现同一个接口类，对上述两种节点等同对待，并将对象组合成树形结构来表示"部分-整体"的层次结构，使得用户对单个对象和组合对象的使用具有一致性。组合模式的结构图如图 3.18 所示。

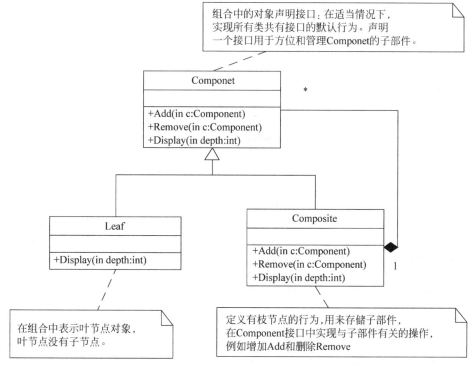

图 3.18　组合模式结构图

实用软件设计模式教程(第 2 版)

代码如下所示：

```
abstract class Component
{
    protected Component(string name)
    {
        this.name = name;
    }

    public abstract void Add(Component c);
    public abstract void Remove(Component c);
    public abstract void Display(int depth);
}
```

```
class Leaf : Component
{
    public Leaf(string name)
        : base(name)
        { }

    public override void Add(Component c)
    {

    }

    public override void Remove(Component c)
    {

    }

    public override void Display(int depth)
    {

    }
}
```

```
class Composite : Component
{
    private Composite(string name)
        : base(name)
        {}

    public override void Add(Component c)
    {
        children.Add(c);
```

```
        }

        public override void Remove(Component c)
        {
            children.Remove(C);
        }

        public override void Display(int depth)
        {
            foreach(Component component in children)
            {
                component.Display(depth + 2);
            }
        }
    }
}
```

2. 应用示例

计算机中的目录文件呈树形结构,每一层的目录文件都可以包含若干个目录文件或具体文件。要求模拟该目录文件,并对该目录进行遍历并显示其结构。

方案一 分别创建普通文件 File 类和目录文件 MyDirectory 类,并且在遍历时判断文件是普通文件还是目录文件,代码如下所示。

```
//文件夹类型
class File
    {
        string f_name;                    //文件夹名称

        public File(string name)
        {
            f_name = name;
        }

            public string F_name
        {
            get
            {
            return f_name;
            }
        }

        //打印文件夹名称
public void traverseFile()
        {
            //"-"表示目录文件
            Console.WriteLine(Client.space + "-" + f_name);
        }
```

```
        }

        //目录文件
    class MyDirectory
        {
            //保存目录中包含的文件和下级目录
            List < object > mylist = new List < object >();
            //目录名称
            stringd_name;

            public MyDirectory(string name)
            {
                d_name = name;
            }

            //目录中添加下级目录或文件
            public void add(object obj)
            {
                mylist.Add(obj);
            }

            //对目录进行遍历
            public void traverseDirectory()
            {
            //" + "表示目录文件
            Console.WriteLine(Client.space + " + " + d_name);

            Client.space.Append(" ");                     //调整打印的位置
            //判断文件的类型
            foreach (object obj in mylist)
            {
                if (obj.GetType() == typeof(File))        //普通文件
                {
                    ((File)obj).traverseFile();
                }
                else if (obj.GetType() == typeof(MyDirectory))//目录文件
                {
                    ((MyDirectory)obj).traverseDirectory();
                }
            }
            //调整打印的位置
            Client.space.Length = (Client.space.Length - 7);
            }
        }
```

```
    //客户端程序
    class Client
        {
```

```
            //调整打印位置的空格字符串
public static StringBuilder space = new StringBuilder(" ");
        //创建根目录、目录文件和具体文件
        static void Main(string[] args)
        {
            //根目录
        MyDirectory root = new MyDirectory("根目录");

        MyDirectory dir1 = new MyDirectory("结构型模式");
        MyDirectory dir2 = new MyDirectory("桥接模式");

            File file1 = new File("行为型模式");
            File file2 = new File("外观模式");
            File file3 = new File("组合模式");
            File file4 = new File("代理模式");
            File file5 = new File("意图及结构");
            File file6 = new File("应用示例");
            File file7 = new File("效果分析");

            root.add(dir1);
            root.add(file1);
            dir1.add(file2);
            dir1.add(file3);
            dir1.add(file4);
            dir1.add(file5);
            dir1.add(dir2);
            dir2.add(file5);
            dir2.add(file6);
            dir2.add(file7);

            root.traverseDirectory();

            Console.Read();
        }
    }
```

运行结果为：

```
+ 根目录
        + 结构型模式
                - 外观模式
                - 组合模式
                - 代理模式
                - 意图及结构
                + 桥接模式
                        - 意图及结构
                        - 应用示例
                        - 效果分析
        - 行为型模式
```

实用软件设计模式教程(第 2 版)

方案二 采用组合模式,代码如下:

```
//普通文件夹 File 类和目录文件 MyDirectory 类都将实现该接口
interface IFile
    {
        //遍历
        void traverse();
    }

    //普通文件夹类型
class File : IFile
    {
        string f_name;                              //文件夹名称

        public File(string name)
        {
            f_name = name;
        }

        public string F_name
        {
            get
            {
                returnf_name;
            }
        }

        //打印文件夹名称
        public void traverse()
        {
            Console.WriteLine(Client.space + "-" + f_name);
        }
    }

    //目录文件
class MyDirectory : IFile
    {
        //保存目录中包含的文件和下级目录
        List<object>mylist = new List<object>();
        //目录名称
        stringd_name;

        public MyDirectory(string name)
        {
            d_name = name;
        }

        //目录中添加下级目录或文件
```

```
public void add(object obj)
    {
    mylist.Add(obj);
    }


    //对目录进行遍历
    public void traverse()
    {
        Console.WriteLine(Client.space + "+" + d_name);

        Client.space.Append(" "); //调整打印的位置
        //判断文件的类型
        foreach (object obj in mylist)
        {
            ((IFile)obj).traverse();
        }
        //调整打印的位置
            Client.space.Length = (Client.space.Length - 7);
    }
}
```

客户端程序为：

```
//客户端程序
class Client
    {
        //调整打印位置的空格字符串
public static StringBuilder space = new StringBuilder(" ");
        //创建根目录、目录文件和具体文件
        static void Main(string[] args)
        {
            //跟目录
            MyDirectory root = new MyDirectory("根目录");

            MyDirectory dir1 = new MyDirectory("结构型模式");
            MyDirectory dir2 = new MyDirectory("桥接模式");
            MyDirectory dir3 = new MyDirectory("创建型模式");

            File file1 = new File("行为型模式");
            File file2 = new File("外观模式");
            File file3 = new File("组合模式");
            File file4 = new File("代理模式");
            File file5 = new File("意图及结构");
            File file6 = new File("应用示例");
            File file7 = new File("效果分析");
            File file8 = new File("建造者模式");
            File file9 = new File("单件模式");
```

```
            root.add(dir1);
            root.add(file1);
            root.add(dir3);
            dir3.add(file8);
            dir3.add(file9);
            dir1.add(file2);
            dir1.add(file3);
            dir1.add(file4);
            dir1.add(file5);
            dir1.add(dir2);
            dir2.add(file5);
            dir2.add(file6);
        dir2.add(file7);

        root.traverse();
            //等待用户端输入
        Console.Read();
        }
    }
```

运行结果为:

```
+ 根目录
        + 结构型模式
                - 外观模式
                - 组合模式
                - 代理模式
                - 意图及结构
                + 桥接模式
                        - 意图及结构
                        - 应用示例
                        - 效果分析
        - 行为型模式
        + 创建型模式
                - 建造者模式
                - 单件模式
```

3. 效果说明

在方案一中,分别定义和实现了普通文件类和目录文件类,因此在遍历过程中首先要判断该节点是目录文件还是普通文件,然后再采取不同的操作。

在方案二中,普通文件类和目录文件类都实现同一接口,因此在遍历过程中客户端不需要判断其具体类型,不管是组合形式的目录文件对象还是单个形式的普通对象都等同对待,实现了对其操作时的透明性。

1) 特点

组合模式的特点如表 3.14 所示。

表 3.14　组合模式的特点

优　　点	缺　　点
定义了包含单个对象和组合对象的类层次结构。单个对象可以被组合成更复杂的组合对象,而这个组合对象又可以被组合,这样不断地递归下去。客户代码中,任何用到单个对象的地方都可以使用组合对象 简化了客户代码。客户可以一致地使用组合结构和单个对象,这样用户就不必关心处理的是一个叶节点还是一个组合组件,这样就大大简化了客户代码	组合模式在定义树叶和树枝时直接使用了实现类,不符合面向接口编程,与依赖倒置原则冲突

2) 适用性

组合模式可以适用于以下情形:

- 希望把对象表示成部分-整体层次结构时;
- 希望用户忽略组合对象与单个对象的不同,用户将统一地使用组合结构中所有对象。

3.4　行为型模式

在对象的结构和对象的创建问题都解决了之后,就剩下对象的行为问题了,如果对象的行为设计得好,那么对象的行为就会更清晰,它们之间的协作效率就会提高。

3.4.1　模板方法模式

模板方法(Template Method)模式是行为模式中比较简单的设计模式之一,同时作为代码复用的一项基本技术,被广泛应用在类库中。模板方法模式关注于这样一类行为:该类行为在执行过程中拥有大致相同的动作序列,只是这些具体动作在实现细节上有所差异,例如表 3.15 所示。

表 3.15　模板方法模式关注的类行为举例

行为	冲泡咖啡	冲泡柠檬茶
动作序列	(1) 把水煮沸 (2) 用沸水冲泡咖啡 (3) 把咖啡倒进杯子 (4) 加糖和牛奶	(1) 把水煮沸 (2) 用沸水冲泡茶叶 (3) 把茶倒进杯子 (4) 加柠檬

两种冲泡行为都包含了相同的动作序列:(1)把水煮沸;(2)用沸水冲泡;(3)把泡好的饮品倒进杯子;(4)加入适当的饮品伴侣。类似的行为可能还会出现在其他场合。从代码复用的角度来看,可将这一类行为抽象成一个算法,并将其中的动作序列按其先后顺序也抽象出来作为该算法的一些步骤。至于这些步骤的实现细节,则由算法的子类去完成。

1. 结构说明

模板方法模式的意图:定义一个操作中算法的骨架,而将一些步骤延迟到子类中。模

实用软件设计模式教程(第 2 版)

板方法模式使得子类可以在不改变一个算法结构的情况下重新定义算法的某些特定步骤。

模板方法模式包含的角色和结构如图 3.19 所示。

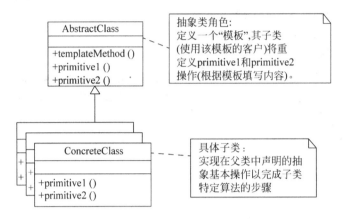

图 3.19　模板方法模式结构图

类图代码示例:

```
/* 抽象类 */
abstract class AbstractClass {

    //抽象行为由子类实现
    public abstract void primitiveOperation1();
    public abstract void primitiveOperation2();

    //模板方法,给出了逻辑的骨架,而逻辑的组成是一些相应的抽象操作,由子类实现
    public void templeteMethod() {
        primitiveOperation1();
        primitiveOperation2();
        Console.WriteLine("");
    }

}
```

```
/* 具体类 */
class ConcreteClassA : AbstractClass {

    //与 ConcreteClassB 不同的方法实现
    public void primitiveOperation1() {
        Console.WriteLine("具体 A 类方法 1 实现");
    }

    public void primitiveOperation2() {
        Console.WriteLine("具体 A 类方法 2 实现");
    }

}
```

```
class ConcreteClassB : AbstractClass {

    //与 ConcreteClassA 不同的方法实现
    public void primitiveOperation1() {
        Console.WriteLine("具体 B 类方法 1 实现");
    }

    public void primitiveOperation2() {
        Console.WriteLine("具体 B 类方法 2 实现");
    }

}
```

```
/* 客户端 */
public class Client {

    public static void Main (String[] args) {
        AbstractClass c;

        c = new ConcreteClassA();
        c.templeteMethod();

        c = new ConcreteClassB();
        c.templeteMethod();
    }

}
```

在模板方法模式中，AbstractClass 中的 templateMethod 提供了一个标准模板，该模板包含 primitive1 和 primitive2 方法，这两个方法的内容可以由用户重写。

2．应用示例

这是一个简单的数据库查询的例子（注意：这个例子在这里仅是为了作为演示），以此来说明模板方法模式。

假如需要查询并显示 Northwind 数据库（微软 SQL Server 中提供的一个演示数据库）中 Categories 表的全部内容以及 Products 表的前 10 项内容。对于数据库操作来说，无论读取的是哪张表，它一般都应该经过如下几步操作：

（1）连接数据库（Connect）；

（2）执行查询命令（Select）；

（3）显示数据（Display）；

（4）断开数据库连接（Disconnect）。

这些步骤是固定的，但是对于每一张具体的数据表所执行的查询却是不一样的。试结合模板方法模式编程实现上述任务。

方案一 不使用设计模式。

```
//用于访问 Categories 表的类
class CategoriesAccessor {

    protected String connectionString;
    protected ResultSet resultSet;
    //连接数据库
    public void connect() {
         connectionString = " jdbc: Server = YourServerName; User Id = sa; Password = sa;
Database = Northwind";
         Console.WriteLine("Connecting to YourServerName: Northwind.");
    }

    //执行查询命令
    public void select() {
    String sql = "select CategoryName from Categories";
    /* 实际访问数据库时使用的代码,因为这里仅做演示,故刻意忽略这部分代码. 下同 */
    //加载 MySQL 驱动
    Class forName("com.mysql.jdbc.Driver");
    //创建连接会话
       Connection myConnection = DriverManger. getConnection ( connectionString, user,
password);
    //创建语句块对象
    Statement Myoperation = myConnection.createStatement();
    //获取结果集对象
    resultSet = Myoperation.executeQuery(sql);
       Console.WriteLine("Select CategoryName From Table [Categories].");
    }

    //显示查询结果
    public void display() {
    //遍历结果集,显示结果
    while(resultSet.next()){
    Console.WriteLine(resultSet.getString(1) + " \t"); //显示 Table 的第一列
    Console.WriteLine(resultSet.getString(2) + " \t"); //显示 Table 第二列

    }

       Console.WriteLine("Display Categories' Records.");
       Console.WriteLine(" ---- Categories Records ---- ");
    }

    //断开连接
    public void disconnect() {
        connectionString = "";
        Console.WriteLine("Disconnecting with YourServerName: Northwind.");
    }
}
```

```
//用于访问 Products 表的类
class ProductsAccessor {

    protected String connectionString;
    protected ResultSet resultSet;

    //连接数据库
    public void connect() {
    //String user = "root";
    //String password = "root";
        connectionString  =  " jdbc: Server = YourServerName; User  Id = sa; Password = sa;
Database = Northwind";
        Console.WriteLine("Connecting to YourServerName: Northwind.");
    }

    //执行查询命令
    public void select() {
    String sql = "select top 10 ProductName from Products";
    /* 实际访问数据库时使用的代码,因为这里仅做演示,故刻意忽略这部分代码.下同 */
    //加载 MySQL 驱动
    Class forName("com.mysql.jdbc.Driver");
    //创建连接会话
        Connection  myConnection  =  DriverManger. getConnection ( connectionString,  user,
password);
    //创建语句块对象
    Statement Myoperation = myConnection.createStatement();
    //获取结果集对象
    resultSet = Myoperation.executeQuery(sql);
        Console.WriteLine("Select Top10 Products From Table [Products].");
    }

    //显示查询结果
    public void display() {
    //遍历结果集,显示结果
    while(resultSet.next()){
    Console.WriteLine(resultSet.getString(1) + " \t"); //显示 Table 的第一列
    Console.WriteLine(resultSet.getString(2) + " \t"); //显示 Table 第二列
        …
    }

      Console.WriteLine("Display Products' Records.");
      Console.WriteLine(" ---- Top10 Products Records ---- ");
    }

    //断开连接
    public void disconnect() {
    connectionString = "";
        Console.WriteLine("Disconnecting with YourServerName: Northwind.");
```

实用软件设计模式教程(第 2 版)

```
        }

    }

    //客户端
    public class Client {

        public static void Main(String[] args) {
            CategoriesAccessor dao1 = new CategoriesAccessor();
            dao1.connect();
            dao1.select();
            dao1.display();
            dao1.disconnect();

            Console.WriteLine();

            ProductsAccessor dao2 = new ProductsAccessor();
            dao2.connect();
            dao2.select();
            dao2.display();
            dao2.disconnect();
        }
    }
```

程序运行结果:

```
Connecting to YourServerName: Northwind.
Select CategoryName From Table [Categories].
Display Categories' Records.
 ---- Categories Records ----
Disconnecting with YourServerName: Northwind.

Connecting to YourServerName: Northwind.
Select Top10 Products From Table [Products].
Display Products' Records.
 ---- Top10 Products Records ----
Disconnecting with YourServerName: Northwind.
```

可以看出 CategoriesAccessor 和 ProductsAccessor 类分别定义了查询并显示数据表的几个操作。即使某些步骤是完全相同的,也必须重复定义一遍。

方案二 使用模板方法模式。

显然这需要一个抽象角色,给出顶级行为的实现,如图 3.20 中的 DataAccessObject 抽象类。在这个顶级的框架中给出了固定的轮廓,其中 Run()方法便是模板方法。而对于 Select()和 Display()这两个抽象方法则留给具体的子类去实现。

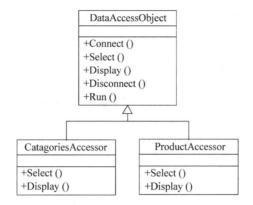

图 3.20 使用模板方法模式的数据表查询结构图

```
//学生类
//对应模板方法模式中的抽象类角色
abstract class DataAccessObject {

    protected String connectionString;
    protected ResultSet resultSet;

    public void connect() {
        connectionString = "Server = YourServerName;UserId = sa;Password = sa;Database =
Northwind";
        Console.WriteLine("Connecting to YourServerName: Northwind.");
    }

    public abstract void select();
    public abstract void display();
    public void disconnect() {
        connectionString = "";
        Console.WriteLine("Disconnecting with YourServerName: Northwind.");
    }

    //模板方法
    public void run() {
        connect();
        select();
        display();
        disconnect();
    }

}

//用于查询 Categories 数据表的子类,对应模板方法模式中的具体类角色
class CategoriesAccessor : DataAccessObject {

    public void select() {
```

```
        String sql = "select CategoryName from Categories";
    /* 实际访问数据库时使用的代码,因为这里仅做演示,故刻意忽略这部分代码. 下同 */
    //加载 MySQL 驱动
    Class forName("com.mysql.jdbc.Driver");
    //创建连接会话
      Connection myConnection = //DriverManger. getConnection ( connectionString,  user,
password);
    //创建语句块对象
    Statement Myoperation = myConnection.createStatement();
    //获取结果集对象
    resultSet = Myoperation.executeQuery(sql);
        Console.WriteLine ("Select CategoryName From Table [Categories].");
    }


    public void display() {
    //遍历结果集,显示结果
    while(resultSet.next()){
        Console.WriteLine(resultSet.getString(1) + " \t");
        //显示 Table 的第一列
        Console.WriteLine(resultSet.getString(2) + " \t");
        //显示 Table 第二列
    …
    }

    Console.WriteLine ("Display Categories' Records.");
    Console.WriteLine (" ---- Categories Records ---- ");
    }

}

//用于查询 Products 表的子类,对应模板方法模式中的具体类角色
class ProductsAccessor : DataAccessObject {

    public void select() {
        String sql = "select top 10 ProductName from Products";
        /* 实际访问数据库时使用的代码,因为这里仅做演示,故刻意忽略这部分代码. 下同 */
    //加载 MySQL 驱动
    Class forName("com.mysql.jdbc.Driver");
    //创建连接会话
      Connection myConnection =  DriverManger. getConnection ( connectionString,  user,
password);
    //创建语句块对象
    Statement Myoperation = myConnection.createStatement();
    //获取结果集对象
    resultSet = Myoperation.executeQuery(sql);
        Console.WriteLine ("Select Top10 Products From Table [Products].");
    }
```

```
        public void display() {
            //遍历结果集,显示结果
            while(resultSet.next()){
            Console.WriteLine(resultSet.getString(1) + " \t");
            //显示 Table 的第一列
            Console.WriteLine(resultSet.getString(2) + " \t");
            //显示 Table 第二列
            …
            }
            Console.WriteLine ("Display Products' Records.");
            Console.WriteLine (" ---- Top10 Products Records ---- ");
        }

    }

    //客户端
    public class Client {

        public static void Main(String[] args) {
            DataAccessObject dao;
            dao = new CategoriesAccessor();
            dao.run();
            Console.WriteLine();
            dao = new ProductsAccessor();
            dao.run();
        }

    }
```

在上面的例子中:

(1) connect()和 disconnect()方法直接实现,而 select()和 display()方法则为 abstract,这是因为前两个方法有默认的实现,后两个则没有;

(2) run()方法作为一个模板方法,它的一个重要特征是,在基类里定义,而且不能够被派生类更改。有时候它是私有方法(private method),但实际上它经常被声明为 protected。

在一开始提到了不管读的是哪张数据表,它们都有共同的操作步骤,即共同点。因此可以说 Template Method 模式的一个特征就是剥离共同点。

3. 效果分析

可以看出,CategoriesAccessor 类和 ProductsAccessor 类比以前简洁多了,公共的部分被提升到抽象的 DataAccessObject 类中了。每当有一个新的数据表需要访问的时候,只需要增加相应的 DataAccessObject 子类即可。

1) 特点

模板方法模式的特点如表 3.16 所示。

表 3.16　模板方法模式的特点

优　　点	缺　　点
它用最简洁的机制(继承、多态)为应用程序框架提供了灵活的扩展点,是代码复用方面的基本实现结构,可以灵活应对子步骤的变化	每个不同的实现都需要实现一个子类,这会导致类的个数的增加,系统更加庞大,设计也更加抽象

2) 适用性

模板方法模式适用于以下情形:

(1) 一次性实现一个算法的不变的部分,并将可变的行为留给子类去实现;

(2) 希望将各子类中公共的行为提取出来,并集中到一个公共父类中以避免代码重复;

(3) 控制子类扩展。如示例中 run()方法约定了可以调用的操作,子类只在扩展这些操作时才有效。

3.4.2　观察者模式

某公司领导在例会那天临时有事,他让秘书给职工们群发了一封邮件,通知大家会议取消。职工们收到邮件之后,得知取消会议并且继续自己的工作。该例子看似简单,但是暗含了一种设计模式,即观察者模式。

1. 结构说明

在软件构建过程中,需要为某些对象建立一种一对多的"通知依赖关系",当一个对象的状态发生改变时,所有依赖于它的对象都需要得到通知并被自动更新。

观察者(Observer)模式的结构如图 3.21 所示。

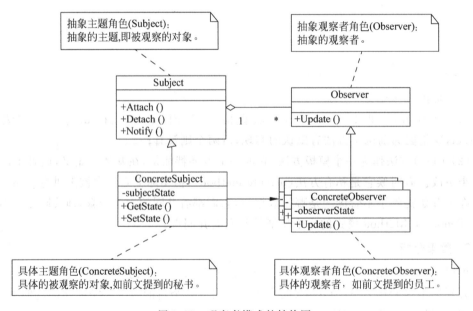

图 3.21　观察者模式的结构图

在观察者模式中,Subject 通过 Attach 和 Detach 方法添加或删除与其所关联的观察者,并通过 Notify 进行更新,让每个观察者观察到最新的状态。

类图代码示例：

```
//抽象主题类
abstract class Subject
{
    private List<Observer> observers = new ArrayList<Observer>();
    //增加观察者
    public void attach(Observer observer)
    {
        observers.add(observer);
    }
    //移除观察者
    public void detach(Observer observer)
    {
        observers.remove(observer);
    }
    //通知
    public void notify()
    {
        for (Observer o :observers) {
            o.update();
        }
    }
}
```

```
//抽象观察者类
abstract class Observer
    {
    public abstract void update();
}
```

```
//具体主题类
classConcreteSubject extends Subject
{
    private String subjectState;
    //具体被观察者状态
    public String getSubjectState ()
    {
        returnsubjectState;
    }
    public void setSubjectState(String value)
    {
        subjectState = value;
    }
}
```

```
    //具体观察者类
classConcreteObserver extends Observer
{
    private String name;
    private String observerState;
    private ConcreteSubject subject;
    public ConcreteObserver(ConcreteSubject subject, String name)
    {
        this.subject = subject;
        this.name = name;
    }
    public void update()
    {
        observerState = subject.getSubjectState();
        System.out.println("观察者" + name + "的新状态是" + observerState);
    }
    public ConcreteSubject getSubject()
    {
        return subject;
    }
}
```

```
    //客户端代码
public class Client
{
    public static void main (String[] args)
    {
        ConcreteSubject s = new ConcreteSubject();
        s.attach(new ConcreteObserver(s,"X"));
        s.attach(new ConcreteObserver(s,"Y"));
        s.attach(new ConcreteObserver(s,"Z"));
        s.setSubjectState("ABC");
        s.notify();
    }
}
```

2. 应用示例

在互联网中,用户通过 RSS(Really Simple Syndication)阅读器进行浏览网页成为一种获取信息的重要途径,因为不用再分别浏览各个网站而是通过 RSS 阅读器订阅感兴趣的内容并且等待所关注的内容更新而带来的通知即可。

要求抛开 RSS 实现细节,简单模拟通过 RSS 订阅和获取新闻的整个过程,并把 RSS 阅读所经历的主要步骤定义为:首先用户使用 RSS 阅读器订阅有价值的 RSS 信息源,其次接受和获取定制的 RSS 信息。

方案一　不使用设计模式。

该方案中订阅者 ReaderOne 和 ReaderTwo 类,分别表示新闻订阅者;RssDataOne 类负责 RSS 新闻数据类,负责通知新闻订阅者;Client 类负责调用上述几个类以完成 RSS 订阅新闻过程的模拟。代码如下:

```
    //新闻订阅者一
public class ReaderOne
    {
public void update(string news)
        {
Console.WriteLine("用户一收到: " + news);
        }
    }

    //新闻订阅者二
public class ReaderTwo
    {
public void update(string news)
        {
Console.WriteLine("用户二收到: " + news);
        }
    }

    //RSS 新闻数据类,负责通知新闻订阅者
public class RssDataOne
    {
ReaderOne readerOne = new ReaderOne();
ReaderTwo readerTwo = new ReaderTwo();
public RssDataOne(string getNews)
        {
informCustomer(getNews);
        }
        //当有新闻发布时通知各订阅者
        < param name = "news">表示新闻内容</param>
public void informCustomer(string news)
        {
readerOne.update(news);
readerTwo.update(news);
        }
    }
```

客户端程序:

```
//程序入口类
  class Client
    {
        static void Main(string[] args)
        {
            RssDataOne rss = new RssDataOne("关注的新闻有所更新!");
```

```
        Console.ReadLine();          //等待用户输入,起控制台停留的作用
    }
}
```

运行结果为:

用户一收到:关注的新闻有所更新!
用户二收到:关注的新闻有所更新!

方案二 使用观察者模式。

为了解决针对具体实现编程的弊端,在模拟 RSS 订阅过程时采用设计模式中的观察者模式。代码如下:

```
    //RSS 新闻数据的接口
public interface RSS
    {
        void subscribeRSS(Reader reader);          //订阅 RSS 新闻
        void cancelRSS(Reader reader);             //取消 RSS 新闻
    }

    //新闻订阅者接口
public interface Reader
    {
        void update(string news);
    }

    //新闻订阅者一
public class ReaderOne : Reader
    {
        public void update(string news)
        {
            Console.WriteLine("用户一收到: " + news);
        }
    }
    //新闻订阅者二
public class ReaderTwo : Reader
    {
        public void update(string news)
        {
            Console.WriteLine("用户二收到: " + news);
        }
    }

    //RSS 新闻数据类,负责通知新闻订阅者
public class RssDataTwo : RSS
    {
        private List < Reader > readers;
        private string news;                       //表示新闻内容
```

```
public void subscribeRSS(Reader reader)
    {
        readers.Add(reader);
    }

public void cancelRSS(Reader reader)
    {
        readers.Remove(reader);
    }
public RssDataTwo(string getNews)
    {
        news = getNews;
        readers = new List<Reader>();
    }
//更改新闻内容
    <param name = "updateNews">要更改的值</param>
        public void setNews(string updateNews)
    {
        this.news = updateNews;
    }
    //当有新闻发布时通知各订阅者
    //<param name = "news">表示新闻内容</param>
    public void informCustomer()
    {
        stringnewsToNotify = this.news;
        foreach (Reader reader in readers)
        {
            reader.update(newsToNotify);
        }
    }
}
```

客户端程序：

```
//程序入口类
class Client
    {
static void Main(string[] args)
        {
            RssDataTwo rss = new RssDataTwo("第一次更新关注的新闻!");
            ReaderOne readerOne = new ReaderOne();
            ReaderTwo readerTwo = new ReaderTwo();
            rss.subscribeRSS(readerOne);
            rss.subscribeRSS(readerTwo);
            rss.informCustomer();
            Console.WriteLine("……订阅者二将取消 RSS 订阅……");
```

实用软件设计模式教程(第 2 版)

```
            rss.cancelRSS(readerTwo);                    //订阅者二取消订阅
            rss.setNews("第二次更新关注的新闻!");         //第二次更改新闻内容
            rss.informCustomer();
            Console.ReadLine();                           //等待用户输入,起控制台停留的作用
        }
    }
```

运行结果:

```
用户一收到:第一次更新关注的新闻!
用户二收到:第一次更新关注的新闻!
……订阅者二将取消 RSS 订阅……
用户一收到:第二次更新关注的新闻!
```

3. 效果分析

通过比较解决方案一和二之间的差异可以感受观察者模式在程序设计中的作用,方案一中 RSS 新闻数据类(RssDataOne 类)和订阅者 ReaderOne 和 ReaderTwo 类在代码实现中耦合度比较大,当订阅者数量增加或减少时都必须对 RSS 新闻数据类(RssDataOne 类)做相应的修改,这就是面向对象编程中忌讳的实现方式——针对具体实现的编程,会导致今后维护等工作量的加大。方案二中增加了 RSS 和 Reader 接口分别表示新闻数据和新闻订阅者的抽象,RssDataTwo 实现了接口 RSS 表示具体的新闻数据类,即主题类(被观察者),ReaderOne 和 ReaderTwo 实现了接口 Reader 表示具体的新闻订阅者一和二,即观察者类。在 RssDataTwo 类中维护了 List<Reader>类型的 readers 表示订阅者的集合,当新闻有更新时通过遍历 readers 并且给订阅该新闻的订阅者进行通知。使用解决方案二时,当有新的订阅者订阅新闻或取消订阅时,只对 readers 订阅者对象进行增加或删除操作即可,而不用与 RssDataTwo 发生联系。

1) 特点

观察者模式的特点如表 3.17 所示。

表 3.17 观察者模式的特点

优　　点	缺　　点
使用面向对象的抽象,Observer 模式使得我们可以独立地改变目标与观察者,从而使二者之间的依赖关系达到松耦合	松偶合导致代码关系不明显,有时可能难以理解
当目标发送通知时,无须指定观察者,通知(可以携带通知信息作为参数)会自动传播。观察者自己决定是否要订阅通知,目标对象对此一无所知	如果一个 Subject 被大量 Observer 订阅的话,在广播通知的时候可能会有效率问题

2) 适用性

观察者模式可以适用于以下情形:

(1) 当一个抽象模型有两个方面,其中一个方面依赖于另一方面时,将这二者封装在独立的对象中以使它们可以各自独立地改变和复用;

（2）当对一个对象的改变需要同时改变其他对象，而不需要知道具体有多少对象有待改变时；

（3）当一个对象必须通知其他对象，而且在不知道具体的对象的情况下可以发送消息时。

3.4.3　迭代器模式

集合是用来管理和组织数据对象的数据结构的。集合有两项基本职能：一是批量存储数据对象（其内部数据组织形式是在需求分析阶段确定下来的，属于相对稳定的部分）；二是在不暴露集合内部结构的条件下向外界提供访问其内部元素的接口（针对不同的用户需求，这个接口可能需要包含多组方法以提供不同的集合遍历方式，如顺序遍历、逆序遍历，或是二叉树结构的前序、中序、后序遍历以及广度优先遍历等）。在应用程序中要求以某种方式来保持集合的整洁和优雅，而不是令它充溢着各式各样的遍历方法。因此，考虑将遍历行为从集合的职责中分离出来，按照不同的遍历需求分别封装成一个个专门提供遍历集合内部数据的迭代器类。这种分离对象职责的思想可以最大限度地减少彼此之间的耦合程度，从而建立一个松散耦合的对象网络。职责分离的要点是对被分离的职责进行封装，并以抽象的方式建立起彼此之间的关系。例如，将能变化的对象抽象为接口或抽象类，从而将原来的具体依赖改变为抽象依赖，使对象不再受制于具体的实现细节。

1. 结构说明

迭代器（Iterator）模式的意图是提供一种一致的方式访问集合对象中的元素，而又不暴露该集合的内部表示。

迭代器模式包含的角色和结构如图 3.22 所示。

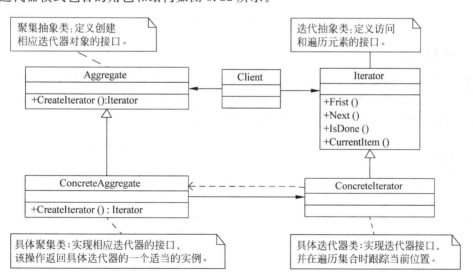

图 3.22　迭代器模式结构图

在迭代器模式中，可以通过集合类的 CreateIterator（）方法得到迭代器对象 ConcreteIterator，该迭代器对象具体实现了对具体集合 ConcreteAggregate 的遍历方法，通过它可以访问并使用集合中的元素。

实用软件设计模式教程(第 2 版)

在迭代器模式的设计中,有两种具体的实现方法:

- 白箱聚合＋外禀迭代子;
- 黑箱聚合＋内禀迭代子。

白箱聚合向外界提供访问自己内部元素的接口,从而使得外禀迭代子可以通过集合提供的方法实现迭代功能;黑箱聚合不向外界提供遍历自己内部元素的接口,因此集合的成员只能被集合内部的方法访问,由于内禀迭代子恰好是集合的内部成员,因此可以访问集合元素。图 3.23 所示是两种方法的示意图。

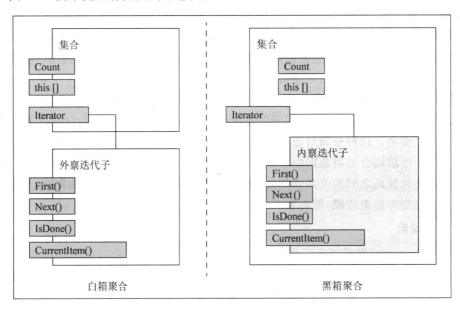

图 3.23　白箱聚合和黑箱聚合的示意图

2. 应用示例

假设在某个信息管理系统中,使用 Student 类来维护学生个体信息,同时使用 StudentCollection 类来维护一个学生对象的集合。其中 Student 类和 StudentCollection 类定义如下,试使用合适的方法遍历该学生对象的集合。

```
//学生类
public class Student
{
    public string ID { get; set; }            //学号
    public string Name { get; set; }          //姓名
    public string Major { get; set; }         //专业

    public Student(string id, string name, string major)
    {
        this.ID = id;
        this.Name = name;
        this.Major = major;
    }
}
```

```
//学生集合类
public partial class StudentCollection
{
    #region 存储内部数据
    private List<Student> items = new List<Student>();

    public void Add(Student student)          //向集合中添加一个元素
    {
        items.Add(student);
    }

    public void Remove(Student student)       //移除集合中指定的元素
    {
        items.Remove(student);
    }
    #endregion
    …
}
```

方案一　不采用设计模式。

```
//学生集合类
public partial class StudentCollection
{
    …

    /* 要使外界能够访问集合内的元素,要么将集合内部结构暴露给外界 */
    public List<Student> Items
    {
    get { return items; }
    }

    /* 要么为集合提供一组遍历方法,使得外界能够通过这些方法访问集合中的元素 */
    private int currentIndex;                 //当前元素在集合中的索引

    public void First()                       //使索引指向集合中第一个元素
    {
        currentIndex = 0;
    }

    public void Next()                        //引动索引位置至下一个元素

    {
        if (currentIndex < items.Count)
        ++currentIndex;
    }

    public bool IsDone()                      //判断当前是否遍历到集合最后一个元素
```

```
    {
        return (currentIndex >= items.Count);
    }

    public Student CurrentItem()          //返回当前元素

    {
        return items[currentIndex];
    }
    #endregion
}
```

```
//客户端代码:
public class Client
{
    static void Main(string[ ] args)
    {
        StudentCollection students = new StudentCollection();

        //初始化学生表
        //通常从数据库中加载,为了演示需要,这里对其直接进行赋值
        students.Add( new Student("0100", "刘备", "军队管理学"));
        students.Add( new Student("0101", "关羽", "作战指挥学"));
        students.Add( new Student("0102", "张飞", "作战指挥学"));
        students.Add( new Student("0103", "诸葛亮", "军事运筹学"));
        students.Add( new Student("0104", "赵云", "作战指挥学"));

        Console.WriteLine("ID\tName\tMajor");
        Console.WriteLine(" ---------------------------- ");

        #region 遍历 Students 集合中的元素
        /* 依次输出各个学生的信息 */
        students.First();
        while (!students.IsDone())
        {
            Student stu = students.CurrentItem();
            Console.WriteLine("{0}\t{1}\t{2}", stu.ID, stu.Name, stu.Major);
            students.Next();
        }
        #endregion
        Console.Read();
    }
}
```

程序运行结果：

```
ID NameMajor
-----------------------------
0100 刘备军队管理学
0101 关羽作战指挥学
0102 张飞作战指挥学
0103 诸葛亮军事运筹学
0104 赵云作战指挥学
```

　　要使客户端能够遍历学生集合中的元素，该学生集合对象要么公开自己的内部数据结构，要么向外界提供一组用于遍历内部数据元素的方法。前者可能会造成数据安全上的隐患，后者每一组方法实际只提供了一种遍历方式（正序、逆序或其他），并且这种遍历方式是硬编码到程序中的，如果客户端需要采用不同的方式遍历该集合，则可能需要修改原有的集合类。此外，在长期的实践中，我们也发现尽管各个集合类在数据类型、内部组织结构存在差异，但是其基本的遍历方法都是非常相似的，因此我们希望最好能将遍历集合的方法从集合类中提取出来，使其不必依赖于具体的数据类型。使用迭代器模式，这些问题都可以迎刃而解，接下来用两种实现方式研究一下如何使用迭代器模式遍历学生集合。

　　方案二　使用白箱聚合＋外禀迭代子。

　　抽象迭代器角色定义了访问和遍历元素的接口，其基本形式如下：

```
public interface Iterator
{
    void First();                  //得到起始对象
    void Next();                   //得到下一个对象
    bool IsDone();                 //判断是否到达结尾
    object CurrentItem();          //得到当前对象
}
```

　　白箱聚合要求集合类向外界提供访问自己内部元素的接口，作为一种基本需求，具体集合类应当提供公开的 Count()方法和 GetAt()方法。其中 Count()用于获取集合内元素的总数，GetAt()用于获取集合中指定位置的元素。此外，抽象集合类还应定义创建迭代器对象的接口。其基本形式如下：

```
public abstract class Aggregate
{
    public virtual int Count() { return 0; }
    public virtual object GetAt(int index) { return null; }
    public virtual Iterator CreateIterator() { return null; }
}
```

　　学生集合类继承自抽象集合类 Aggregate，并实现抽象集合类定义的接口。

```
public partial class StudentCollection : Aggregate
{
    //返回集合内元素的总数
    public override int Count()
    {
        return items.Count;
    }

    //用于访问内部元素的方法
    public override object GetAt(int index)
    {
        if (0 <= index && index < items.Count)
        return items[index];
        else
        return null;
    }

    //实现抽象集合类中的接口
    //创建一个具体迭代器对象,并把该集合对象自身交给该迭代器对象
    public override Iterator CreateIterator()
    {
        /* 此处也可结合简单工厂模式以生成指定类型的具体迭代器类 */
        return new PositiveSequenceIterator(this);
    }
}
```

白箱聚合的 CreateIterator()方法用到的正序迭代器类定义如下,其他形式的具体迭代器类请读者自行实现。

```
//正序迭代器类
public class PositiveSequenceIterator : Iterator
{
    private Aggregate aggregate; //定义了一个具体集合对象
    private int current = 0; //记录当前索引位置

    //初始化时将具体的集合对象传入
    public PositiveSequenceIterator(Aggregate aggregate)
    {
        this.aggregate = aggregate;
    }

    //移动指示器到集合中的第一个对象
    public void First()
    {
        current = 0;
    }

    //移动指示器到集合中的下一个对象
```

```
    public void Next()
    {
        if (current < aggregate.Count())
        current++;
    }

    //返回集合中的当前元素
    public object CurrentItem()
    {
        return aggregate.GetAt(current);
    }

    //判断当前是否遍历到结尾,到结尾返回 true
    public bool IsDone()
    {
        return (current >= aggregate.Count());
    }
}
```

最后,看看客户端如何使用该方案遍历集合中的各个元素。

```
class Client
{
    static void Main(string[] args)
    {
        StudentCollection students = new StudentCollection();

        //初始化学生表,通常从数据库中加载,为了演示,这里对其直接进行赋值
        students.Add( new Student("0100", "刘备", "军队管理学"));
        students.Add( new Student("0101", "关羽", "作战指挥学"));
        students.Add( new Student("0102", "张飞", "作战指挥学"));
        students.Add( new Student("0103", "诸葛亮", "军事运筹学"));
        students.Add( new Student("0104", "赵云", "作战指挥学"));

        Console.WriteLine("ID\tName\tMajor");
        Console.WriteLine(" ----------------------------- ");

        //为学生表声明一个正序迭代器对象
        Iterator it = students.CreateIterator();
        while (!it.IsDone())
        {
            Student stu = (Student)it.CurrentItem();
            Console.WriteLine("{0}\t{1}\t{2}", stu.ID, stu.Name, stu.Major);

            //使迭代器指向下一个元素
            it.Next();
        }
        Console.Read();
    }
}
```

实用软件设计模式教程(第 2 版)

从代码中可以清楚地看到：外禀迭代子是位于集合类外部的迭代器类，集合类通过 CreateIterator()方法创建一个用于访问自身内部元素的迭代器对象。由于集合类向外界公开了访问内部元素的方法，从而使得外部迭代器有机会遍历该集合诸元素。

方案三　使用黑箱聚合＋内禀迭代子。

抽象迭代器角色与方案二相同，从略。

黑箱聚合要求集合类不能向外界提供遍历自己内部元素的接口，因此在该方式中抽象集合类仅提供一个创建迭代器对象的接口。其基本形式如下：

```
public abstract class Aggregate
{
    //只有一个功能：创建迭代器对象
    public virtual Iterator CreateIterator()
    {
        return null;
    }
}
```

学生集合类继承自抽象集合类 Aggregate，并实现抽象集合类定义的接口。

```
public partial class StudentCollection : Aggregate
{
    //返回当前记录总数,
    //私有方法,类外部无法访问
    private int Count() { return items.Count; }

    //用于访问内部元素的方法,返回指定索引位置的元素
    //私有方法,类外部无法访问
    private object GetAt( int index)
    {
        if (0 <= index && index < items.Count)
        return items[index];
        else
        return null;
    }

    //创建该集合类的迭代器
    public override Iterator CreateIterator()
    {
        /* 此处也可结合简单工厂模式以生成指定类型的具体迭代器类 */
        return new PositiveSequenceIterator(this);
    }

    /*由于黑箱聚合不向外部提供访问内部元素的方法,因此只能定义一个嵌套于集合类
内部的迭代器类,即内禀迭代子来获取集合内诸元素. */
    private class PositiveSequenceIterator : Iterator
    {
```

```
    private StudentCollection students; //定义了一个具体集合对象
    private int current = 0;

    //初始化时将具体的集合对象传入
    public PositiveSequenceIterator(StudentCollection students)
    {
        this.students = students;
    }

    //使当前位置指向第一个元素
    public void First()
    {
        current = 0;
    }

    //使当前位置指向下一个元素
    public void Next()
    {
        if (current < students.Count())
        current++;
    }

    //判断是否遍历完毕
    public bool IsDone()
    {
        return (current >= students.Count());
    }

    //获得当前位置所指元素
    public object CurrentItem()
    {
        return students.GetAt(current);
    }
    }
}
```

客户端调用方法与方案二相同,从略。

集合类只定义了私有的访问内部元素的接口,因此外部类没有机会调用这些接口方法。内禀迭代子实现的关键是在集合的内部定义一个私有的具体迭代子类,因为它是集合类内部的类,所以它的对象就可以访问集合内的私有方法,利用这些方法遍历集合的内部元素,实现迭代器定义的所有接口。

此外,外禀迭代子比内禀迭代子更为灵活。

3. 效果分析

迭代器模式分离了集合对象的遍历行为,将该行为交给迭代器类来负责,这样既可以做到不暴露集合的内部结构,又可让外部代码透明地访问集合内部的数据,符合类的单一职责原则。支持对集合对象的多种遍历;将遍历机制与集合对象分离使得可以定义不同的迭代器来实现不同的遍历策略,而无须在集合接口中列举它们。如果有必要,甚至可以为集合类提供具有过滤约束条件的具体迭代器类。迭代器模式简化了集合的接口,有了迭代器的遍历接口,集合本身就不再需要类似的遍历接口。

1) 特点

迭代器模式的特点如表 3.18 所示。

表 3.18　迭代器模式的特点

优　　点	缺　　点
简化了集合的接口 支持以不同的方式遍历一个集合	遍历算法可能需要访问集合的私有变量,因此将遍历算法放入迭代器中会破坏集合的封装性 遍历一个集合的同时更改这个集合可能是危险的。如果在遍历集合的时候增加或删除该集合元素,可能会导致两次访问同一元素或遗漏某个元素

2) 适用性

(1) 当需要访问一个集合对象,而无须暴露它的内部表示的时候。

(2) 当认为某个集合应当提供多种方式遍历的时候。

(3) 为遍历不同的集合机构提供一个统一的接口的时候(用以支持多态迭代)。

3.4.4　责任链模式

一般情况下,一个程序在执行中能产生何种请求以及如何响应这些请求在程序编译期便可确定。然而一些程序(如组态程序等)可能会在运行时动态地装载或卸载某些组件,此时会产生哪些请求以及由谁来处理这些请求便成为不确定性问题。简言之,提交请求的对象并不明确知道谁是最终响应请求的对象。对于这类程序,当产生一个命令对象的时候,应该如何寻找恰当的命令处理对象?是采用广播的方式进行搜索,还是让每个命令对象都指定某个处理对象?前者可能造成处理结果的不确定性,后者则会造成命令对象和处理对象之间的强耦合。那么究竟应该如何解决此类问题?

责任链(Chain of Responsibility)模式使得多个对象都有机会处理请求,从而避免请求的发送者和接受者之间的耦合关系。当客户(发送者)提交一个请求时,为使多个处理对象(接收者)都有机会处理该请求,有意识地将这些处理对象连接成链,请求将沿着这条链依次传递,直到有一个对象处理它为止。

1. 结构说明

责任链模式的结构如图 3.24 所示。

Client 向 Handler 提交请求,请求将在多个 ConcreteHandler 对象形成的对象链中被传递,从链中第一个对象开始,链中收到请求的对象要么亲自处理它,要么转发给链中下一个候选者,直到请求被处理或被抛弃为止。其交互关系如图 3.25 所示。

Handler 类定义一个处理请示的接口。

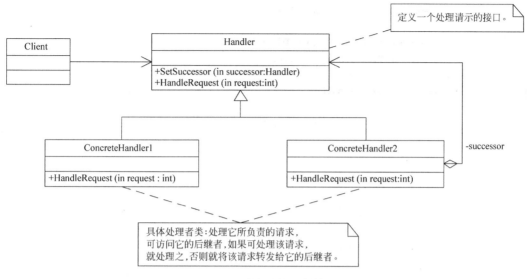

图 3.24　责任链模式结构图

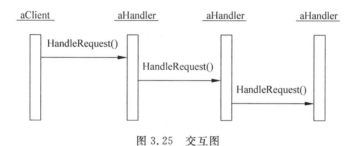

图 3.25　交互图

```
abstract class Handler
{
    protected Handler successor;
    public void SetSuccessor(Handler succesor)
    {
        this.succesor = succesor;
    }
    public abstract void HandleRequest(int request);
}
```

ConcreteHandler 类：具体处理者类，处理它所负责的请求，可访问它的后继者，如果可处理该请求，就处理之，否则就将该请求转发给它的后继者。

ConcreteHandler1：当请求处在 0～10 之间则有权处理，否则转到下一位。

```
class ConcreteHandler1:Handler
{
    public override void HandleRequest(int request)
    {
```

```
        if(request > = 0 && request < 10)
        {
            Console.WriteLine("{0}处理请求{1}",
            this.GetType().Name,request);
        }
        else if(succesor != null)
        {
            succesor.HandleRequest(request);
        }
    }
}
```

ConcreteHandler2：当请求处在 10～20 之间则有权处理,否则转到下一位。

```
class ConcreteHandler2:Handler
{
    public override void HandleRequest(int request)
    {
        if(request > = 10 && request < 20)
        {
            Console.WriteLine("{0}处理请求{1}",
            this.GetType().Name,request);
        }
        else if(succesor != null)
        {
            succesor.HandleRequest(request);
        }
    }
}
```

ConcreteHandler3：当请求处在 20～30 之间则有权处理,否则转到下一位。

```
class ConcreteHandler3:Handler
{
    public override void HandleRequest(int request)
    {
        if(request > = 20 && request < 30)
        {
            Console.WriteLine("{0}处理请求{1}",
            this.GetType().Name,request);
        }
        else if(succesor != null)
        {
            succesor.HandleRequest(request);
        }
    }
}
```

客户端代码：建立责任量并向责任链上的具体处理者对象提交请求。

```
static void Main(string[] args)
{
    Handler h1 = new ConcreteHandler1();
    Handler h2 = new ConcreteHandler2();
    Handler h3 = new ConcreteHandler3();
    h1.SetSuccessor(h2);
    h2.SetSuccessor(h3);

    int[] requests = {2,5,14,22,18,3,27,20};

    foreach(int request in requests)
    {
        h1.HandleRequest(request);
    }

    Console.Read();
}
```

2. 应用示例

Web 上的各种资源（如 html 文档、图像、视频、片段和程序等）均可由一个 URI（Universal Resource Identifier，通用资源标志符）进行定位。URI 一般由三部分组成：

① 访问资源的命名机制			
② 存放资源的主机名	http://	www.somesite.com/	html/index.html
③ 资源自身的名称，由路径表示	①	②	③

常见的命名机制（服务协议）有 http://、https://、ftp://、file://、gopher://和 mailto:等。试使用责任链模式访问以上资源。

方案一　不采用设计模式。

按常规方法，需要定义一个静态方法 HandleRequest()用于集中处理各种网络资源。

```
class Client
{
    static void Main(string[] args)
    {
        //初始化请求
        Uri[] requests = {new Uri("http://www.somesite.com/index.html"),
                          new Uri("ftp://ftp.xjtu.edu.cn/pub/"),
                          new Uri("gopher://gopher.yoyodyne.com/"),
                          new Uri("mailto:webmaster@somesite.com"),
                          new Uri("file://ftp.yoyodyne.com/pub/foobar.txt")};

        #region 处理请求
```

```
        foreach (Uri request in requests)
        {
            UriHandler.HandleRequest(request);
        }
        #endregion

        Console.Read();
    }
}

    public class UriHandler
    {
        //处理传递过来的请求
        public static void HandleRequest(Uri request)
        {
            switch (request.Scheme)
            {
                case "http":
                case "https":
                    Console.WriteLine("[HttpHandler] handled the URI: {0}", request);
                    break;
                case "ftp":
                    Console.WriteLine("[FtpHandler] handled the URI: {0}", request);
                    break;
                case "gopher":
                    Console.WriteLine("[GopherHandler] handled the URI: {0}", request);
                    break;
                case "mailto":
                    Console.WriteLine("[MailtoHandler] handled the URI: {0}", request);
                    break;
                default:
                    Console.WriteLine("Unrecognized URI");
                    break;
            }
        }
    }
```

程序运行结果：

```
[HttpHandler] handled the URI: http://www.somesite.com/index.html
[FtpHandler] handled the URI: ftp://ftp.xjtu.edu.cn/pub/
[GopherHandler] handled the URI: gopher://gopher.yoyodyne.com/
[MailtoHandler] handled the URI: mailto:webmaster@somesite.com
Unrecognized URI
```

从代码中可以看出，处理请求的任务被集中在 HandleRequest()方法中，使得发出命令的对象和处理命令的对象之间存在紧密耦合。

方案二　使用责任链模式。

首先,定义一个抽象处理者类,该类声明一个处理请求的接口,并实现后继链。

```
public abstract class Handler
{
    //获取或设置后继处理对象
    public Handler Successor { get; set; }

    //处理传递过来的请求
    public abstract void HandleRequest(Uri request);

    //向下传递请求,如果有后继者则向下传递,否则抛弃请求.
    protected void PassDownRequest(Uri request)
    {
        if (Successor != null)
            Successor.HandleRequest(request);
        else
            Console.WriteLine("There is no responsible handler for the Uri: {0}."
                              + "The request will be discarded.", request);
    }
}
```

定义处理各类请求的具体处理者类:

```
public class HttpHandler : Handler
{
    //对传递过来的请求进行处理
    public override void HandleRequest(Uri request)
    {
        if (request.Scheme == "http" || request.Scheme == "https")
            Console.WriteLine("[HttpHandler] handled the URI: {0}", request);
        else
            PassDownRequest(request);
    }
}

public class FtpHandler : Handler
{
    //对传递过来的请求进行处理
    public override void HandleRequest(Uri request)
    {
        if (request.Scheme == "ftp")
            Console.WriteLine("[FtpHandler] handled the URI: {0}", request);
        else
            PassDownRequest(request);
    }
}
```

```
public class GopherHandler : Handler
{
    //对传递过来的请求进行处理
    public override void HandleRequest(Uri request)
    {
        if (request.Scheme == "gopher")
            Console.WriteLine("[GopherHandler] handled the URI: {0}", request);
        else
            PassDownRequest(request);
    }
}

public class MailtoHandler : Handler
{
    //对传递过来的请求进行处理
    public override void HandleRequest(Uri request)
    {
        if (request.Scheme == "mailto")
            Console.WriteLine("[MailtoHandler] handled the URI: {0}", request);
        else
            PassDownRequest(request);
    }
}
```

客户端建立责任链,并将请求提交给链首。

```
class Client
{
    static void Main(string[] args)
    {
        //建立责任链
        Handler header = new HttpHandler();
        Handler h2 = new FtpHandler();
        Handler h3 = new GopherHandler();
        Handler h4 = new MailtoHandler();
        header.Successor = h2;
        h2.Successor = h3;
        h3.Successor = h4;

        //初始化请求
        Uri[] requests = {new Uri("http://www.somesite.com/index.html"),
                          new Uri("ftp://ftp.xjtu.edu.cn/pub/"),
                          new Uri("gopher://gopher.yoyodyne.com/"),
                          new Uri("mailto:webmaster@somesite.com"),
                          new Uri("file://ftp.yoyodyne.com/pub/ foobar.txt")};

        //处理请求
        foreach (Uri request in requests)
```

```
        {
            header.HandleRequest(request);
        }

        Console.Read();
    }
}
```

从上面的代码中可以看出,处理请求的各具体处理类对象被链接成责任链。请求在这个链上传递,直到链上的某一个对象决定处理此请求。发出这个请求的客户端并不知道链上的哪一个对象最终处理这个请求,这使系统可以在不影响客户端的情况下动态地重新组织链和分配责任。

3. 效果说明

(1) 责任链模式降低了请求的发出者和处理者之间的耦合。它允许多个处理者根据自己的逻辑来决定哪一个处理者最终处理此请求。换言之,请求的发出者只是把请求传给链首,而不需要知道具体是链上的哪一个节点处理了这个请求。

(2) 责任链模式增强了给对象指派职责的灵活性。我们可以在运行时对该链进行动态地增加或修改来改变处理请求的那些职责。显然,这提高了系统的灵活性和可扩展性。哪一个处理者最终处理请求将因参与责任链的处理者类型及其在责任链上的位置不同而有所不同。

1) 特点

责任链模式的特点如表 3.19 所示。

表 3.19　责任链模式的特点

优　　点	缺　　点
责任链模式降低了发出请求的对象和处理请求的对象之间的耦合 责任链模式增强了给对象指派职责的灵活性	既然一个请求没有明确的接收者,那么就不能保证它一定会被处理。该请求可能一直到链的末端都得不到处理。一个请求也可能因该链没有被正确配置而得不到响应或者因消息传递过程处理不当而反复执行

2) 适用性

(1) 有多个对象可以处理一个请求,哪个对象处理该请求会在运行时刻自动确定。

(2) 需要在不明确指定接收者的情况下,向多个对象中的一个提交请求。可处理一个请求的对象集合应被动态指定或修改。

3.4.5　备忘录模式

一个成熟的软件应当允许用户取消不确定的操作或从错误的状态中恢复过来。为了实现这一目标,程序必须提供必要的检查点和取消机制。在适当的时机程序需要检查对象的状态,如有必要须将状态信息保存在某处,以使对象有机会恢复到它们先前的状态。但是对象通常封装了其全部或部分的状态信息,使得其状态不能被其他对象访问,也就不可能在该对象之外保存其状态。而暴露其内部状态又违反封装的原则,可能有损应用的可靠性和可扩展性。这无疑是矛盾的。

备忘录(Memento)模式可以解决这一问题。一个备忘录就是一个对象,它存储另一个对象在某个瞬间的内部状态,被存储的对象称为原发器。所谓备忘录就是原发器在某个瞬间的快照,同一个原发器可以拥有多个快照。

1. 结构说明

备忘录模式的意图是在不破坏封装性的前提下,捕获一个对象的内部状态,并在该对象之外保存这个状态,这样就可以将该对象恢复到原先保存的状态。

备忘录模式包含的角色和结构如图 3.26 所示。

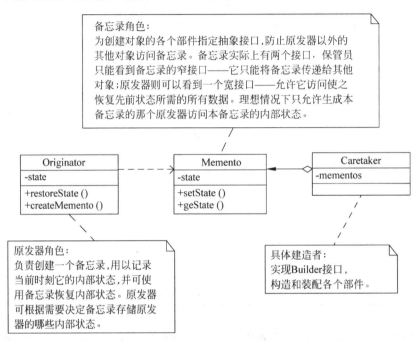

备忘录角色:
为创建对象的各个部件指定抽象接口,防止原发器以外的其他对象访问备忘录。备忘录实际上有两个接口,保管员只能看到备忘录的窄接口——它只能将备忘录传递给其他对象;原发器则可以看到一个宽接口——允许它访问使之恢复先前状态所需的所有数据。理想情况下只允许生成本备忘录的那个原发器访问本备忘录的内部状态。

原发器角色:
负责创建一个备忘录,用以记录当前时刻它的内部状态,并可使用备忘录恢复内部状态。原发器可根据需要决定备忘录存储原发器的哪些内部状态。

具体建造者:
实现Builder接口,构造和装配各个部件。

图 3.26　备忘录模式结构图

当需要设置原发器的检查点时,取消机制会向原发器请求一个备忘录。原发器用描述当前状态的信息初始化该备忘录。正常情况下,只有原发器可以向备忘录中存取信息,其他对象则不然。

备忘录模式的交互关系如图 3.27 所示。

保管员向原发器请求一个备忘录时,原发器创建一个新的备忘录并设置其状态,然后交由保管员保管。当原发器需要恢复到先前状态时,则从保管员那里取回备忘录,并根据备忘录中保存的信息恢复到指定状态。备忘录是被动的,只有创建该备忘录的原发器能对它的状态进行读写。

发起人(Originator)类的实现代码如下:

```
//发起人(Originator)类
public class Originator {
```

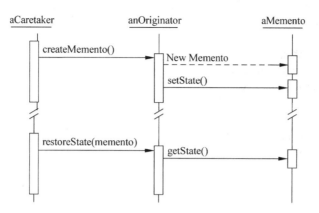

图 3.27　备忘录模式的交互图

```
//需要保存的属性,可能有多个
private String state;

//获取保存的属性
public String getState(){
    return state;
}

//设置保存的属性
public void setState(String value){
    this.state = value;
}

//创建备忘录,将当前需要保存的信息导入并实例化出一个 Memento 对象
public Memento createMemento(){
    return (new Memento(state));
}

//恢复备忘录,将 Memento 导入并将相关数据恢复
public void setMemento(Memento memento){
    state = memento.getState();
}

//显示数据
public void show(){
    Console.WriteLine("state = " + state);
}

}
```

备忘录(Memento)类的实现代码如下:

```
//备忘录(Memento)类
public class Memento {
```

```
        private String state;

        //构造方法,将相关数据导入
        public Memento(String state){
            this.state = state;
        }

        //获取需要保存的数据,可能有多个
        public String getState(){
            return state;
        }

    }
```

管理者(Caretaker)类的实现代码如下:

```
//管理者(Caretaker)类
public class Caretaker {

    private Memento memento;

    //得到备忘录
    public Memento getMemento(){
        return memento;
    }

    //设置备忘录
    public void setMemento(Memento memento){
        this.memento = memento;
    }

}
```

客户端程序实现代码如下:

```
public class Client {
    public static void Main(String[] args){

        //Originator 初始状态,状态属性为"On"
        Originator o = new Originator();
        o.setState("On");
        o.show();

        //保存状态时,由于有了很好的封装,可以隐藏 Originator 的实现细节
        CareTaker c = new Caretaker();
        c.setMemento(o.createMemento());

        //Originator 改变了状态属性为"Off"
```

```
            o.setState("Off");
            o.show();

            //恢复原始状态
            o.setMemento(c.getMemento());
            o.show();
        }

    }
```

2. 应用示例

假定在某一绘图程序中有一矩形类,分别用(x,y)和(width,height)表示该矩形的位置和大小。用户可以移动该矩形,也可以改变矩形尺寸。程序可提供一次撤销功能,使矩形对象恢复到上一次的状态。试使用备忘录模式模拟之。

方案一 不采用设计模式。

```
class Rectangle {

public int X,Y,Width,Height;
private int oldX, oldY;                     //用于保存矩形上次的位置
    private int oldWidth, oldHeight;        //用于保存矩形上次的尺寸

    public Rectangle(int x, int y, int width, int height){

        this.X = this.oldX = x;
        this.Y = this.oldY = y;
        this.Width = this.oldWidth = width;
        this.Height = this.oldHeight = height;
    }

    //获取或设置矩形的 x 坐标
    public int getX (){
        return X ;
    }

    //获取或设置矩形的 y 坐标
    public int getY (){
        return Y;
    }

    //获取或设置矩形的宽度
    public int getWidth() {
        return Width;
    }

    //获取或设置矩形的高度
```

实用软件设计模式教程(第 2 版)

```csharp
    public int getHeight() {
        return Height;
    }

    //移动矩形到指定位置
    public void moveTo(int newX, int newY){

        this.oldX = this.X;
        this.X = newX;
        this.oldY = this.Y;
        this.Y = newY;
    }

    //改变矩形的尺寸
    public void resize(int newWidth, int newHeight){

        this.oldWidth = this.Width;
        this.Width = newWidth;
        this.oldHeight = this.Height;
        this.Height = newHeight;
    }

    //显示该矩形的信息
    public void display() {
        Console.WriteLine("Location: " + X + "," + Y + "\tSize: " + Width + "iÁ" +
Height );
    }

    //恢复到先前状态
    public void restore() {

        this.X = oldX;
        this.Y = oldY;
        this.Width = oldWidth;
        this.Height = oldHeight;
    }

}

public class Client {

    public static void Main(String[] args) {
        Rectangle rect = new Rectangle(0, 0, 100, 200);
        rect.display();

        //移动矩形到新的位置并改变矩形的尺寸
        rect.moveTo(10, 10);
        rect.resize(50, 150);
        rect.display();
```

```
        //恢复矩形到上次保存的状态
        rect.restore();
        rect.display();
    }


}
```

程序运行结果：

```
Location: 0,0     Size: 100×200
Location: 10,10   Size: 50×150
Location: 0,0     Size: 100×200
```

在该方案中，为了使 Rectangle 对象能恢复到先前的状态，Rectangle 对象必须自己负责保存一份旧的内部状态版本，也就是说存储管理的重任是交给了 Rectangle 对象。Rectangle 对象的这一职责违背了类的单一职责原则。

方案二　采用备忘录模式。

代码如下：

```
class Rectangle {

    public int X,Y,Width,Height;

    //获取或设置矩形的 x 坐标
    public int getX (){
        return X ;
    }

    //获取或设置矩形的 y 坐标
    public int getY (){
        return Y;
    }

    //获取或设置矩形的宽度
    public int getWidth() {
        return Width;
    }

    //获取或设置矩形的高度
    public int getHeight() {
        return Height;
    }

    public Rectangle(int x, int y, int width, int height) {
        this.X = x;
```

```
            this.Y = y;
            this.Width = width;
            this.Height = height;
        }

        //移动矩形到指定位置
        public void moveTo( int newX, int newY) {
            this.X = newX;
            this.Y = newY;
        }

        //改变矩形的尺寸
        public void resize( int newWidth, int newHeight) {
            this.Width = newWidth;
            this.Height = newHeight;
        }

        //显示该矩形的信息
        public void display() {
            Console.WriteLine("Location: " + X + "," + Y + "\tSize: " + Width + "?á" +
Height );
        }

        //创建一个备忘录,并用当前状态初始化该备忘录
        public Memento createMemento() {
            return new Memento(X,Y,Width,Height);
        }

        //根据备忘录中保存的信息恢复到先前状态
        public void restore(Memento m) {
            X = m.getX();
            Y = m.getY();
            Width = m.getWidth();
            Height = m.getHeight();
        }
    }

//备忘录类
class Memento {

    private int x,y;
    private int width,height;

    public int getX() {
        return x;
    }

    public int getY() {
        return y;
```

```
        }

        public int getWidth() {
            return width;
        }

        public int getHeight() {
            return height;
        }

        public Memento(int x, int y, int width, int height) {
            this.x = x;
            this.y = y;
            this.width = width;
            this.height = height;
        }

    }

//保管员类
class Caretaker {

    public Memento memento ;

}

public class Client {

    public static void Main(String[] args) {
        Rectangle rect = new Rectangle(0, 0, 100, 200);
        rect.display();

        //创建一个保管员,用以保存备忘录
        Caretaker taker = new Caretaker();
        taker.memento = rect.createMemento();

        rect.moveTo(10, 10);
        rect.resize(50, 150);
        rect.display();

        //从备忘录中恢复先前状态
        rect.restore(taker.memento);
        rect.display();
    }

}
```

在该方案中 Memento 类包含了与 Rectangle 类相似的结构,该结构用以保存 Rectangle 的状态,这样就避免了暴露 Rectangle 不应该暴露的内部信息。Rectangle 对象创建并初始化了 Memento 对象,并将其交于 Caretaker 对象保管。其后,Rectangle 对象利用 Caretaker 保管的 Memento 对象恢复到先前的状态。

3. 效果分析

对比方案一和方案二可以看出,备忘录模式的优点主要有以下两个方面。

(1) 备忘录模式保持了封装边界。使用备忘录可以避免暴露一些只应由原发器管理却又必须存储在原发器之外的信息。该模式把可能很复杂的原发器内部信息对其他对象屏蔽起来,从而保持了封装边界。

(2) 备忘录模式简化了原发器。在其他保持封装性的设计中,如方案一所示,原发器负责保留客户请求过的内部状态版本,这就把所有存储管理的重任交给了原发器。相反,方案二让客户管理它们请求的状态,这大大简化了原发器,并且使得客户工作结束时无须通知原发器。

1) 特点

备忘录模式的特点如表 3.20 所示。

表 3.20 备忘录模式的特点

优 点	缺 点
保持了封装边界。使用备忘录可以避免暴露一些只应由原发器管理却又必须存储在原发器之外的信息 备忘录模式简化了原发器 标准的备忘录模式一般包含宽窄两个接口。原发器看到的是宽接口,其他对象看到的则是窄接口。这限制了只有创建备忘录的原发器有权存取备忘录中的信息,保证了数据的安全。并非所有编程语言都能实现宽窄接口	使用备忘录的代价可能很高。如果原发器在生成备忘录时必须拷贝并存储大量的信息,或者客户非常频繁地创建备忘和恢复原发器状态,可能会导致非常大的开销。如果出现这类情况,应该慎重考虑使用该模式 维护备忘录存在潜在的代价。保管员可能需要保存多个备忘录而占用大量存储空间,同时也会不可避免地带来性能上的损失

2) 适用性

备忘录模式可以适用于以下情形:

(1) 当必须保存一个对象某一时刻的(部分)状态,这样以后需要时它才能恢复到先前的状态;

(2) 如果用一个接口来让其他对象直接得到这些状态,将会暴露对象的实现细节并破坏对象的封装性。

3.4.6 命令模式

命令(Command)在发送方被激活,而在接收方被响应。一个对象既可以作为命令的发送方,也可以作为命令的接收方,或者兼而有之。命令的典型应用是图形用户界面开发。每一个窗体通常都会包含菜单、工具栏、按钮和文本框等控件,其将用户的单击动作(命令)作为外部事件。当这些外部事件发生(命令被激活)时,系统会根据绑定的事件处理程序执行相应的动作(命令获得响应),完成用户发出的请求。

大多数情况下,命令的调用者在编码阶段就已经指定命令的接收者,以及应当调用接收者的哪个方法来处理该命令,即命令的调用者和接收者是早期绑定的。

如果希望在运行时动态地绑定调用者和接收者,或者希望对命令进行排队(因来不及响应暂且将其放入命令队列中),记录日志(在意外发生时可以分析原因并进行灾害恢复),以及需要支持可撤销的操作等时,早期绑定的方式就显得力不从心了。

应当设法解除命令的调用者和接收者之间的紧密耦合关系,使二者相对独立,从而为实现上述任务。

1. 结构说明

命令模式的意图是:将请求封装为一个对象,将其作为命令调用者和接收者的中介,而抽象出来的命令对象又使我们能够对一系列请求进行特殊操作,如对请求进行排队,记录请求日志,以及支持可撤销的操作等。

命令模式的结构如图 3.28 所示。

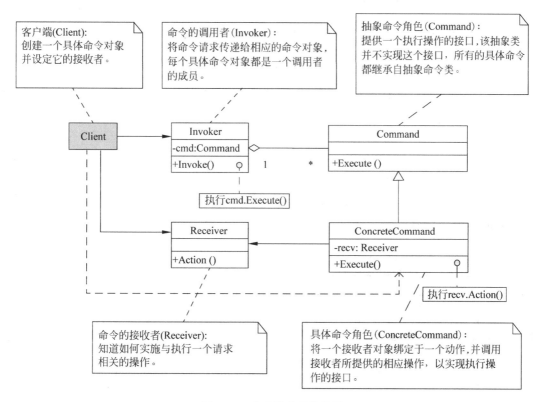

图 3.28 命令模式的结构图

如图 3.28 所示,Command 对象作为 Invoker 对象的一个属性。当命令被激活时,Invoker 调用 Invoke()方法将命令发送给 ConcreteCommand 对象;再由 ConcreteCommand 调用自身的 Execute()方法,在该方法中引用了 Receiver 对象的 Action()命令响应方法,最终 Action()方法完成命令请求。Client 负责创建所有的角色,并设定 Invoker、Command 和 Receiver 三者之间的绑定关系。

类图代码示例:

```
//Command 类,用来声明执行操作的接口
abstract class Command
{
    protected Receiver receiver;
    public Command(Receiver receiver)
    {
        this.receiver = receiver;
    }
    abstract public void execute();
}
```

```
//ConcreteCommand 类,将一个接收者绑定于一个动作,调用接收者相应的操作,以实现 execute
public class ConcreteCommand extends Command
{
    publicConcreteCommand(Receiver receiver)
    {
        super(receiver);
    }
    public void execute()
    {
        receiver.action();
    }
}
```

```
//Invoker 类,要求该命令执行这个请求
public class Invoker
{
    private Command command;
    public void setCommand(Command command)
    {
        this.command = command;
    }
    public void executeCommand()
    {
        command.execute();
    }
}
```

```
//Receiver 类,知道如何实施与执行一个与请求相关的操作,任何类都可能作为一个接收者
public class Receiver
{
    public void action()
    {
```

```
                System.out.println("执行请求!");
        }
}
```

```
//客户端代码,创建一个具体命令对象并设定它的接收者
public class Client
{
    public static void main(String args[])
    {
        Receiver r = new Receiver();
        Command c = new ConcreteCommand(r);
        Invoker i = new Invoker();
        i.setCommand(c);
        i.executeCommand();
    }
}
```

命令模式的交互图如图 3.29 所示。

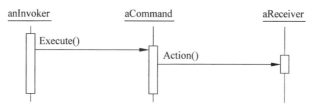

图 3.29　命令模式的交互图

2. 应用示例

使用 WebBrowser 控件制作一个网页浏览器。首先创建一个 Windows 窗体应用程序,命名为 MiniBrowser,按图 3.30 所示安排好界面布局。其中包括以下几个方面。

- 4 个 Button 控件:btnBackward(后退)、btnForward(前进)、btnRefresh(刷新)、btnGo(访问)。
- 一个 TextBox 控件:txtAddr(地址栏)。

图 3.30　网页浏览器示意图

实用软件设计模式教程(第 2 版)

- 一个 Panel 控件：作为上述 5 个控件的容器，置于窗口顶端。
- 一个 WebBrowser 控件：browser(浏览器)，占据窗口的其余空间，作为命令的接收者。

方案一 不使用设计模式。

首先使用视图设计器完成界面布局工作，然后为各个控件添加事件处理程序。

```csharp
//主框架类
public partial class Form1 : Form
    {
public Form1()
        {
InitializeComponent();
            #region 手动为各个控件添加事件处理程序
            //也可以在[视图设计器|属性面板]中为各个控件自动添加事件处理程序
btnBackward.Click += new EventHandler(btnBackward_Click);
btnForward.Click += new EventHandler(btnForward_Click);
btnRefresh.Click += new EventHandler(btnRefresh_Click);
btnGo.Click += new EventHandler(btnGo_Click);
txtAddr.KeyDown += new KeyEventHandler(txtAddr_KeyDown);
            #endregion
        }
        //后退
private void btnBackward_Click(object sender, EventArgs e)
        {
            browser.GoBack();
        }
        //前进
private void btnForward_Click(object sender, EventArgs e)
        {
            browser.GoForward();
        }
        //刷新
private void btnRefresh_Click(object sender, EventArgs e)
        {
            if (!browser.Url.Equals("about:blank"))
            {
                browser.Refresh();
            }
        }
        //如果在地址栏中按回车键,则打开指定网址
private void txtAddr_KeyDown(object sender, KeyEventArgs e)
        {
            if (e.KeyCode == Keys.Enter)
            {
                Navigate(txtAddr.Text);
            }
        }
```

```csharp
        //跳转至
private void btnGo_Click(object sender, EventArgs e)
        {
            Navigate(txtAddr.Text);
        }
        //如果 URL 合法就打开该网址
private void Navigate(String address)
        {
            if (String.IsNullOrEmpty(address)) return;
            if (address.Equals("about:blank")) return;
            if (!address.StartsWith("http://") &&
                !address.StartsWith("https://"))
            {
                address = "http://" + address;
            }
            try
            {
                browser.Navigate(new Uri(address));
            }
            catch (System.UriFormatException)
            {
                return;
            }
        }
        #region Windows 窗体设计器自动生成的代码,省略部分无关内容
        ///< summary>
        ///设计器支持所需的方法 － 不要
        ///使用代码编辑器修改此方法的内容.
        ///</ summary>
private void InitializeComponent()
        {
            this.splitContainer1 = new System.Windows.Forms.SplitContainer();
            this.btnBackward = new System.Windows.Forms.Button();
            this.btnForeward = new System.Windows.Forms.Button();
            this.btnRefresh = new System.Windows.Forms.Button();
            this.txtAddr = new System.Windows.Forms.TextBox();
            this.btnGo = new System.Windows.Forms.Button();
            this.browser = new System.Windows.Forms.WebBrowser();
            this.splitContainer1.Panel1.SuspendLayout();
            this.splitContainer1.Panel2.SuspendLayout();
            this.splitContainer1.SuspendLayout();
            this.SuspendLayout();
        }
private System.Windows.Forms.SplitContainer splitContainer1;
private System.Windows.Forms.ButtonbtnGo;
private System.Windows.Forms.TextBoxtxtAddr;
private System.Windows.Forms.ButtonbtnRefresh;
private System.Windows.Forms.ButtonbtnForeward;
private System.Windows.Forms.ButtonbtnBackward;
private System.Windows.Forms.WebBrowser browser;
        #endregion
    }
```

程序运行结果如图 3.31 所示。

图 3.31　网页浏览器执行结果

分析以上代码不难看出,命令的调用者必须了解命令的接收者及其所能提供的具体接口。尽管看起来直截了当,但却使命令的调用者和命令的接收者紧密耦合。

方案二　使用命令模式。

首先,需要把可能涉及的命令从行为中抽取出来,将它们提升到类的层次,同时抽象出这些命令的公共特征。这里命令类的公共特征仅包含一个 Execute()方法。

抽象命令类及具体命令类如下:

```
//抽象命令类,对应抽象命令角色
public abstract class Command
    {
        //定义一个 Execute()接口
public abstract void Execute();
    }
    //具体命令类("后退"),对应具体命令角色
using System.Windows.Forms;
class BackwardCommand : Command
    {
        private WebBrowser browser;              //保存对命令接收者的引用

        //绑定命令的接收对象
public BackwardCommand(WebBrowser browser)
        {
this.browser = browser;
        }

        //将请求发送给命令的接收者
public override void Execute()
        {
browser.GoBack();
        }
    }
```

```
    //具体命令类("前进"),对应具体命令角色
using System.Windows.Forms;
class ForwardCommand : Command
    {
        private WebBrowser browser;              //保存对命令接收者的引用

        //绑定命令的接收对象
public ForwardCommand(WebBrowser browser)
        {
this.browser = browser;
        }
        //将请求发送给命令的接收者
public override void Execute()
        {
browser.GoForward();
        }
    }
    //具体命令类("刷新"),对应具体命令角色
using System.Windows.Forms;
class RefreshCommand : Command
    {
        private WebBrowser browser;              //保存对命令接收者的引用
        //绑定命令的接收对象
public RefreshCommand(WebBrowser browser)
        {
this.browser = browser;
        }
        //将请求发送给命令的接收者
public override void Execute()
        {
browser.Refresh();
        }
    }
    //具体命令类("浏览"),对应具体命令角色
using System.Windows.Forms;
class NavigateCommand : Command
    {
        private QWebBrowser browser;             //保存对命令接收者的引用

        //绑定命令的接收对象
public NavigateCommand(QWebBrowser browser)
        {
this.browser = browser;
        }

        //将请求发送给命令的接收者
public override void Execute()
        {
browser.Navigate(null);
        }
    }
```

　　按照标准命令模式的要求,每一个调用者都包含一个命令对象的引用,为此需要改造原有的命令调用者(即 4 个按钮以及一个文本框),使它们适应这一要求。接下来对 Button 和 TextBox 控件进行改造,生成含有 Command 属性的自定义 Button 和自定义 TextBox,暂且将其命名为 QButton、QTextBox。

```
using System.Windows.Forms;          //需在文件开始处引用该命名空间
class QButton : Button
    {
        //包含一个对命令对象的引用
private Command command;
        //为该控件绑定命令对象
public void SetCommand(Command cmd)
        {
            command = cmd;
        }
protected override void OnClick(EventArgs e)
        {
            //将请求转化为执行命令对象的接口
            if (command != null)
            command.Execute();
            base.OnClick(e);
        }
    }
using System.Windows.Forms;          //需在文件开始处引用该命名空间
class QTextBox : TextBox
{
//包含一个对命令对象的引用
private Command command;
//为该控件绑定命令对象
public void SetCommand(Command cmd)
        {
            command = cmd;
        }
protected override void OnKeyDown(KeyEventArgs e)
        {
            if (e.KeyCode == Keys.Enter&& command!= null)
            {
                command.Execute();
            }
            base.OnKeyDown(e);
        }
    }
using System.Windows.Forms;          //需在文件开始处引用该命名空间
class QWebBrowser : WebBrowser
{
//浏览器需要与一个包含网址内容的控件配合使用
```

```
public Control UrlSourceControl { get; set; }
public void Navigate(string url)
        {
                if (string.IsNullOrEmpty(url))
                url = UrlSourceControl.Text;
if (string.IsNullOrEmpty(url) || url.Equals("about:blank"))
                return;
if (!url.StartsWith("http://") && !url.StartsWith("https://"))
                url = "http://" + url;
                try
                {
                        base.Navigate(url);
                }
                catch (System.UriFormatException)
                {
                        return;
                }
        }
    }
```

修改 MiniBrowser 项目 Form1 窗体中控件的类型，将它们置为新的 QButton、QTextBox 以及 QWebBrowser 类型。同时为各控件绑定相应的命令，修改后的 Form1 如下：

```
public partial class Form1 : Form
    {
public Form1()
        {
InitializeComponent();
                //为浏览器对象设置关联的地址栏控件
browser.UrlSourceControl = txtAddr;
                //绑定命令与接收者
                Command cmdBackward = new BackwardCommand(browser);
                Command cmdForward = new ForwardCommand(browser);
                Command cmdRefresh = new RefreshCommand(browser);
                Command cmdNavigate = new NavigateCommand(browser);
                //绑定调用者与命令
                btnBackward.SetCommand(cmdBackward);
                btnForward.SetCommand(cmdForward);
                btnRefresh.SetCommand(cmdRefresh);
                txtAddr.SetCommand(cmdNavigate);
                #region Windows //窗体设计器自动生成的代码,省略部分无关内容
//…
                ///<summary>
                ///设计器支持所需的方法
                ///不要使用代码编辑器修改此方法的内容
                ///</summary>
private void InitializeComponent()
```

```
        {
            this.splitContainer1 = new System.Windows.Forms.SplitContainer();
            this.btnBackward = new QButton();
            this.btnForeward = new QButton();
            this.btnRefresh = new QButton();
            this.txtAddr = new QTextBox();
            this.btnGo = new QButton();
            this.browser = new QWebBrowser();
            this.splitContainer1.Panel1.SuspendLayout();
            this.splitContainer1.Panel2.SuspendLayout();
            this.splitContainer1.SuspendLayout();
            this.SuspendLayout();

        }
        private System.Windows.Forms.SplitContainer splitContainer1;
        private QButtonbtnGo;
        private QTextBoxtxtAddr;
        private QButtonbtnRefresh;
        private QButtonbtnForeward;
        private QButtonbtnBackward;
        private QWebBrowser browser;
    #endregion
    }
}
```

从代码中可以看出,命令被发送者激活后传给具体命令对象,再由具体命令对象调用接收者的相关方法,发送者和接收者之间通过命令对象间接地实现了动态绑定。

3. 效果分析

命令模式将调用操作的对象(发送者)与知道如何实现该操作的对象(接收者)解耦,调用者不需要知道具体是哪个对象在处理 Execute()操作。同时,如果需要增加新的命令也很容易,通过创建新的继承自 Command 的子类即可。

1) 特点

命令模式的特点如表 3.21 所示。

表 3.21　命令模式的特点

优　　点	缺　　点
命令模式将调用操作的对象与知道如何实现该操作的对象解耦 支持日志、请求排队 支持将多个命令装配成一个复合命令。像批处理一样一次完成多个操作 增加新的命令很容易,且无须改变已有的类	为保证对命令对象的引用而不得不从已有类派生出各个子类(如自定义控件),这可能是人们不情愿接受的 有些命令不仅要维护它们的接收者,而且还携带参数,这种情况下需要增加许多额外的工作

2) 适用性

当有如下需求时,可以使用命令模式。

（1）在不同的时刻指定、排列和执行请求。例如,有用过魔术分区大师这个软件的读者可能会有所体会,对磁盘进行分区格式化等操作的时候,每发出一个命令,并没有被立即执行,而是先被挂起,并把操作后达成的效果展示给我们,如果与用户的预期不一致,可以撤销前面的操作,防止因为不当操作引发严重后果。一旦确定了操作序列,就可以按顺序执行这些命令,这也是命令模式的一个典型应用。

（2）支持修改日志,这样当系统崩溃时,这些修改可以被重做一遍。学习过数据库原理的读者都知道日志是保证数据库一致性的重要机制,为了在意外发生后能将数据库尽可能恢复到最近的一致性状态,有必要对上一次备份后进行的每一次数据库操作进行记录,将这些操作记录保存成一个唯一的日志。这样在系统崩溃后,首先将数据库恢复到上一次备份后的状态,然后从日志中读出上次备份后已完成的事务操作,按时间顺序依次把它们执行一遍,如此就把数据库恢复到了最近的一致性状态。

（3）支持复合命令。宏命令 MacroCommand 可以将一组不可分割的原子操作封装在一起,完成一个复杂的高层操作。所谓不可分割,是指这一组子操作要么不做,要么全做。例如要交换 a 和 b 两个变量里的数值,要依次进行 c＝a,a＝b,b＝c 这三个操作,只有这三个子操作全部按顺序完成时,才是一次正确的交换;如果这组子操作是分散的,就很容易破坏不可分割的原则。这时可以把交换看作一个 MacroCommand,而将 c＝a,a＝b,b＝c 这三个不可分割的原子操作封装进交换命令,就很好地解决了这个问题。

3.4.7　状态模式

在软件开发过程中,应用程序可能会根据不同的情况做出不同的处理。最直接的解决方案是将这些所有可能发生的情况全都考虑到。然后使用 if…else 语句作为状态判断来进行不同情况的处理。但是对复杂状态的判断就显得力不从心了。若使用一个或多个枚举常量来表示不同状态,并使用多分支的条件语句处理不同状态下的操作,当众多的条件语句交织在一起的时候,它们往往会形成一个复杂的、难于理解的"逻辑沼泽",这样的结构显然是不受欢迎的。状态(State)模式将每一个状态转换和动作封装到一个类中,把着眼点从执行状态提高到整个对象的状态,决定状态转移的逻辑不再处于单块的 if 或 switch 语句中,而是分布在各个状态子类之间。

1. 结构说明

状态模式的意图是允许一个对象在其内部状态改变时改变它的行为,即不同的状态对应不同的行为。

在很多情况下,一个对象的行为取决于一个或多个动态变化的属性,这样的属性叫做状态,这样的对象叫做有状态的对象,其状态是从事先定义好的一系列值中取出的。当一个这样的对象与外部事件产生互动时,其内部状态就会改变,从而使得系统的行为也随之发生变化。状态模式的结构如图 3.32 所示。

类图代码示例:

```
//State 类,抽象状态类
abstract class State
{
```

```
public abstract void Handle(Context context);
}
```

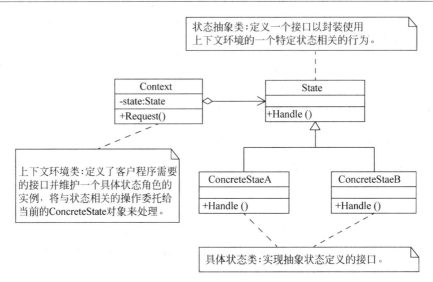

状态抽象类:定义一个接口以封装使用
上下文环境的一个特定状态相关的行为。

上下文环境类:定义了客户程序需要
的接口并维护一个具体状态角色的
实例,将与状态相关的操作委托给
当前的ConcreteState对象来处理。

具体状态类:实现抽象状态定义的接口。

图 3.32　状态模式结构图

```
//ConcreteState 类
class ConcreteStateA : State
{
    public override void Handle(Context context)
    {
        context.State = new ConcreteStateB();
    }
}

class ConcreteStateB : State
{
public override void Handle(Context context)
{
context.State = new ConcreteStateA();
}
}
```

```
//Contex 类
class Context
{
    private State state;
    public Context(State state)
    {
        this.state = state;
```

```
        }

        public State State
        {
            get {return state;}
            set
            {
                state = value;
                console.WriteLine("当前状态: " + state.GetType().name);
            }
        }

        public void Request()
        {
            state.Handle(this);
        }
    }
```

```
//客户端代码
static void Main(string[] args)
{
    Context c = new Context(new ConcreteStateA());

    c.Request();
    c.Request();
    c.Request();
    c.Request();

    Console.Read();
}
```

2. 应用示例

进程是操作系统结构的基础,进程在运行中不断地改变其运行状态。通常,一个运行进程必须具有以下三种基本状态。

- 就绪状态(Ready):当进程已分配到除 CPU 以外的所有必要的资源时,只要获得处理机便可立即运行,这时的进程状态称为就绪状态。
- 运行状态(Running):当进程已获得处理机,其程序正在处理机上运行,此时的进程状态称为运行状态。
- 阻塞状态(Blocked):正在运行的进程,由于等待某个事件发生而无法运行时,便放弃处理机而处于阻塞状态。引起进程阻塞的事件可有多种,例如,等待 I/O 完成、申请缓冲区不能满足等。

一个进程在运行期间,不断地从一种状态转换到另一种状态,它可以多次处于就绪状态和运行状态,也可以多次处于阻塞状态。图 3.33 描述了进程的三种基本状态及其转换。

试使用状态模式模拟以上行为。

实用软件设计模式教程(第 2 版)

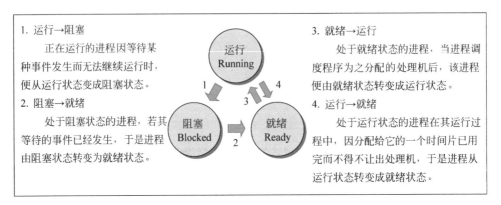

图 3.33　进程的三种基本状态及其转换

方案一　不使用设计模式。

```
//状态的枚举类,用以表示进程的三个基本状态.
public enum ProcessStates
{
    Ready,                     //就绪状态
    Running,                   //运行状态
    Blocked                    //阻塞状态
}
```

```
//进程类(Process)
public class Process
{
    private ProcessStates currentState; //用于保存进程的当前状态

    //构造器：用指定状态实例化进程类
    public Process(ProcessStates state)
    {
        this.currentState = state;
    }

    //进程获得处理器资源
    public void AcquiredProcessor()
    {
        Console.WriteLine("\n进程当前状态:{0}", currentState.ToString());
        Console.Write("操作: AcquiredProcessor\n结果: ");
        switch (currentState)
        {
            case ProcessStates.Ready:
            currentState = ProcessStates.Running;
            Console.WriteLine("进程正处于[Ready]状态,即将转入[Running]状态");
            break;
            case ProcessStates.Blocked:
```

```
            Console.WriteLine("无效操作!进程正处于[Blocked]状态,在外部事件未完成之前
将无法进入[Running]状态");
                break;
            case ProcessStates.Running:
            Console.WriteLine("无效操作!进程已经处于[Running]状态");
                break;
            default:
                break;
        }
    }

    //进程时间片用完,放弃处理器资源
    public void AbandonProcessor()
    {
        Console.WriteLine("\n进程当前状态: {0}", currentState.ToString());
        Console.Write("操作: AbandonProcessor\n结果: ");
        switch (currentState)
        {
            case ProcessStates.Ready:
            Console.WriteLine("无效操作!进程已经处于[Ready]状态");
                break;
            case ProcessStates.Blocked:
            Console.WriteLine("无效操作!进程正处于[Blocked]状态");
                break;
            case ProcessStates.Running:
            currentState = ProcessStates.Ready;
            Console.WriteLine("进程正处于[Running]状态,即将转入[Ready]状态");
                break;
            default:
                break;
        }
    }

    //进程需要等待某个外部事件发生(如I/O操作完成)才能继续工作
    public void WaitingAEvent()
    {
        Console.WriteLine("\n进程当前状态: {0}", currentState.ToString());
        Console.Write("操作: WaitForAEvent\n结果: ");
        switch (currentState)
        {
            case ProcessStates.Ready:
            Console.WriteLine("无效操作!进程正处于[Ready]状态");
                break;
            case ProcessStates.Blocked:
            Console.WriteLine("无效操作!进程已经处于[Blocked]状态");
                break;
            case ProcessStates.Running:
            currentState = ProcessStates.Blocked;
```

```
                Console.WriteLine("进程正处于[Running]状态,即将转入[Blocked]状态");
                break;
                default:
                break;
            }
        }

        //外部事件完成,唤醒被阻塞的进程
        public void Wakeup()
        {
            Console.WriteLine("\n进程当前状态: {0}", currentState.ToString());
            Console.Write("操作: Wakeup\n结果: ");
            switch (currentState)
            {
                case ProcessStates.Ready:
                Console.WriteLine("无效操作!进程已经处于[Ready]状态");
                break;
                case ProcessStates.Blocked:
                currentState = ProcessStates.Ready;
                Console.WriteLine("进程正处于[Blocked]状态,即将转入[Ready]状态");
                break;
                case ProcessStates.Running:
                Console.WriteLine("无效操作!进程正处于[Running]状态");
                break;
                default:
                break;
            }
        }
    }
```

```
    //客户端
    class Client
    {
        static void Main(string[] args)
        {
            Process process = new Process(ProcessStates.Running);

            process.WaitingAEvent();
            process.Wakeup();
            process.AcquiredProcessor();
            process.AbandonProcessor();
            process.WaitingAEvent();

            Console.Read();
        }
    }
```

程序运行结果：

```
进程当前状态：Running
操作：WaitForAEvent
结果：进程正处于[Running]状态,即将转入[Blocked]状态

进程当前状态：Blocked
操作：Wakeup
结果：进程正处于[Blocked]状态,即将转入[Ready]状态

进程当前状态：Ready
操作：AcquiredProcessor
结果：进程正处于[Ready]状态,即将转入[Running]状态

进程当前状态：Running
操作：AbandonProcessor
结果：进程正处于[Running]状态,即将转入[Ready]状态

进程当前状态：Ready
操作：WaitForAEvent
结果：无效!进程正处于[Ready]状态
```

在代码中引发进程状态切换的每一个事件响应中都包含了大量的逻辑,这些逻辑交织在一起使得代码难于维护。

方案二　使用状态模式。

将进程所有可能的状态抽象出来作为彼此独立的类(RunningState 类、BlockedState 类和 ReadyState 类),这些状态类拥有共同的抽象父类(ProcessState 类)。ProcessState 抽象类定义了状态间演化的接口,各具体状态类在实现这些接口时将根据客观实际做出不同的决断、响应或拒绝。

```
//抽象状态类,对应 State 角色
public abstract class ProcessState
{
    //ProcessState 为所有委托给它的请求实现缺省的行为
    //通常定义为虚函数,此处不做具体实现,下同
    public virtual void AcquiredProcessor(Process process)
    {
        Console.WriteLine("无效操作!");
    }

    public virtual void AbandonProcessor(Process process)
    {
        Console.WriteLine("无效操作!");
    }

    public virtual void WaitingAEvent(Process process)
    {
```

```
            Console.WriteLine("无效操作!");
        }

    public virtual void Wakeup(Process process)
    {
            Console.WriteLine("无效操作!");
    }

    //提供一个方法用于改变 Process 的状态
    public virtual void TransitState(Process process, ProcessState newState)
    {
            process.State = newState;
    }
}
```

```
//运行状态类,对应 ConcreteState 角色,只对 AbandonProcessor、WaitingAEvent 做出响应
public sealed class RunningState : ProcessState
{
    public override void AbandonProcessor(Process process)
    {
        //在完成相关的操作后,调用 TransitState()方法来改变 Process 的状态,下同
        TransitState(process,new ReadyState());
        Console.WriteLine("结果:进程正处于[Running]状态,即将转入[Ready]状态");
    }

    public override void WaitingAEvent(Process process)
    {
        TransitState(process,new BlockedState());
        Console.WriteLine("结果:进程正处于[Running]状态,即将转入[Blocked]状态");
    }

    public override string ToString()
    {
        return "Running";
    }
}
```

```
//就绪状态类,对应 ConcreteState 角色,只对 AcquiredProcessor 做出响应
public sealed class ReadyState : ProcessState
{
    public override void AcquiredProcessor(Process process)
    {
        TransitState(process,new RunningState());
        Console.WriteLine("结果:进程正处于[Ready]状态,即将转入[Running]状态");
    }

    public override string ToString()
```

```
    {
        return "Ready";
    }
}
```

```
//阻塞状态类,对应 ConcreteState 角色,只对 Wakeup 做出响应
public sealed class BlockedState : ProcessState
{
    public override void Wakeup(Process process)
    {
        TransitState(process,new ReadyState());
        Console.WriteLine("结果:进程正处于[Blocked]状态,即将转入[Ready]状态");
    }

    public override string ToString()
    {
        return "Blocked";
    }
}
```

任意时刻,进程总是会处于这个状态集合中的某一个中,因此,进程应当包含一个对当前状态的引用以及一个改变当前状态的方法。

```
//进程类,对应 Context 角色
public class Process
{
    //获取或设置进程的当前状态
    public ProcessState State { get; set; }

    //构造函数,初始化进程的初始状态
    public Process(ProcessState state)
    {
        this.State = state;
    }

    //进程获得处理器资源
    public void AcquiredProcessor()
    {
        Console.WriteLine("\n当前状态:{0}",State.ToString());
        Console.WriteLine("操作:AcquiredProcessor");
        //调用状态实例的相应方法,下同
        State.AcquiredProcessor(this);
    }

    //进程时间片用完,放弃处理器资源
    public void AbandonProcessor()
```

```
        {
            Console.WriteLine("\n 当前状态: {0}", State.ToString());
            Console.WriteLine("操作: AbandonProcessor");
            State.AbandonProcessor(this);
        }

        //进程需要等待某个外部事件发生(如 I/O 操作完成)才能继续工作
        public void WaitingAEvent()
        {
            Console.WriteLine("\n 当前状态: {0}", State.ToString());
            Console.WriteLine("操作: WaitingAEvent");
            State.WaitingAEvent(this);
        }

        //外部事件完成,唤醒被阻塞的进程
        public void Wakeup()
        {
            Console.WriteLine("\n 当前状态: {0}", State.ToString());
            Console.WriteLine("操作: Wakeup");
            State.Wakeup(this);
        }
    }
```

客户端使用状态模式。

```
    class Client
    {
        static void Main(string[] args)
        {
            //创建一个进程对象,初始状态为 Running 状态
            Process process = new Process(new RunningState());

            process.WaitingAEvent();
            process.Wakeup();
            process.AcquiredProcessor();
            process.AbandonProcessor();
            process.WaitingAEvent();

            Console.Read();
        }
    }
```

ProcessState 抽象类定义了 Process 状态改变的接口,并且 ProcessState 的每一个操作都以一个 Process 实例作为一个参数,从而让 ProcessState 有机会访问 Process 中的数据和改变进程状态。ProcessState 子类实现与状态有关的行为。每个状态对应一个子类,Process 本身对如何进行状态转换一无所知,是由 ProcessState 子类来定义进程中的每一个状态转换和动作的。

3. 效果分析

对比以上两种方案，可以看出状态模式具有两个主要的优点。

（1）状态模式将条件语句的各个分支封装起来，实现了状态逻辑与动作的分离。决定状态转移的逻辑不在单块的 if 或 switch 语句中，而是分布在 State 子类之间。它将每一个状态转换和动作封装到一个类中，把着眼点从执行状态提高到了整个对象的状态，使代码结构化并使其意图更加明显。采用分支结构时，Process 对象需要关心所有状态的切换逻辑，当分支越来越多时，复杂度也会越来越大；而状态模式中 Process 无须关心状态的切换逻辑，每个状态对象也只需关心本状态的下一个可能状态的切换逻辑。当分支很多时，这种模式会给代码的维护带来很大的便利。例如我们可以很容易地增加一个状态，而采用分支语句的做法可能会涉及多个分支的修改，复杂性不言而喻。

（2）它使得状态转换显式化。当一个对象仅以内部数据值来定义当前状态时，其表征意义是不够明确的，状态间的转换也是不明确的，因为这时 Process 中的各状态逻辑是混杂在一起的；而采用状态模式后，为不同的状态引入独立的对象，使得状态的表征和转换非常明确，而且 State 对象可保证 Process 不会发生内部状态不一致的情况。

1）特点

状态模式的特点如表 3.22 所示。

表 3.22　状态模式的特点

优　　点	缺　　点
它将与特定状态相关的行为局部化，并且将不同状态的行为分割开来 它使得状态转换显式化 通过定义新的 State 子类可以很容易修改和扩展、转换逻辑	由于一个 State 子类至少拥有一个其他子类的信息，因此各子类间存在依赖关系

2）适用性

（1）当一个对象的行为取决于它的状态，并且它必须在运行时刻根据状态改变它的行为时；

（2）当一个操作中含有庞大的多分支条件语句，并且这些分支依赖于该对象的状态时。

3.4.8　访问者模式

对于系统中一个已经完成的类层次结构，它提供了满足当前需求的各种接口，当需要增加新的需求时，如何扩展一个现有的类层次结构来实现新行为呢？一般是给类添加新的方法。但如果新行为和现有对象模型不兼容怎么办？同时已有的类层次结构不允许修改代码，又怎么能扩展行为呢？并且，类层次结构设计人员可能无法预知以后开发过程中将会需要哪些功能。如果这是为数不多的几次变动，而且不用为了一个需求的调整而将整个类层次结构统统地修改一遍，那么直接在原有类层次结构上修改也许是个不错的主意。

然而往往人们遇到的却是：这样的需求变动也许会不停地发生，更重要的是需求的任何变动都可能导致整个类层次结构全部进行修改。在这种情况下，在类层次结构设计中使用访问者(Visitor)模式是个不错的选择。

　　访问者模式的意图是表示一个作用于某对象结构中的各元素的操作,它使设计者可以在不改变各元素的类的前提下定义作用于这些元素的新操作。它把数据结构和作用于结构上的操作分离开来,使得操作集合可以相对自由地演化。

1. 结构说明

　　访问者模式的结构图如图 3.34 所示。

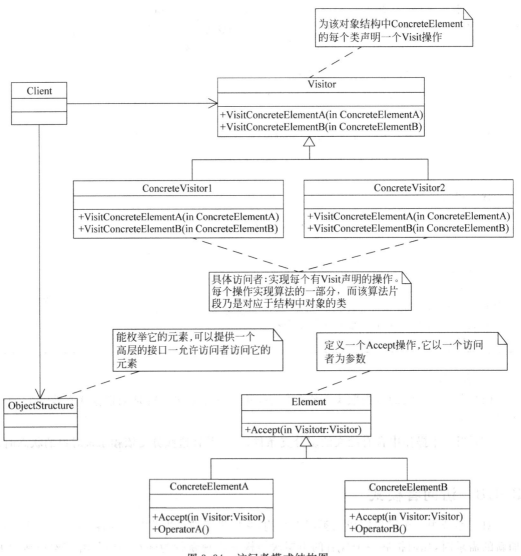

图 3.34　访问者模式结构图

代码如下所示。

Visitor 类:为该对象结构中 ConcreteElement 的每个类声明一个 Visit 操作。

```
class ConcreteElementA : Element
{
```

```
        public override void Accept(Visitor visitor)
        {
            visitor.VisitConcreteElementA(this);
        }
        public void OperationA()
        {
            //其他相关方法
        }
    }
```

ConcreteVisitor1 和 ConcreteVisitor2 类：具体访问者，实现每个有 Visitor 声明的操作。每个操作实现算法的一部分，而该算法片段乃是对应于结构中对象的类。

```
class ConcreteVisitor1 : Visitor
{
    public override void VisitConcreteElementA(ConcreteElementA concreteElementA)
    {
        Console.WriteLine("{0}被{1}访问",
                              concreteElementA.GetType().Name,this.GetType().Name);
    }
    public override void VisitConcreteElementB(ConcreteElementB concreteElementB)
    {
        Console.WriteLine("{0}被{1}访问",
                              concreteElementA.GetType().Name,this.GetType().Name);
    }
}

class ConcreteVisitor2 : Visitor
{
    //代码与上类类似,省略
}
```

Element 类：定义一个 Accept 操作，它以一个访问者为参数。

```
abstract class Element
{
    public abstract void Accept(Visitor visitor);
}
```

ConcreteElementA 和 ConcreteElementB 类：具体元素，实现 Accept 操作。

```
class ConcreteElementA : Element
{
    public override void Accept(Visitor visitor)
    {
        visitor.VisitConcreteElementA(this);
    }
```

```
        public void OperationA()
        {
            //其他相关方法
        }
}
class ConcreteElementB : Element
{
    public override void Accept(Visitor visitor)
    {
        visitor.VisitConcreteElementB(this);
    }
    public void OperationB()
    {
        //其他相关方法
    }
}
```

ObjectStructure 类：能枚举它的元素，可提供一个高层的接口以允许访问者访问它的元素。

```
class ObjectStructure
{
    private IList < Element > elements = new List < Element >();
    public void Attach(Element element)
    {
        elements.Remove(element);
    }
    public void Accept(Visitor visitor)
    {
        foreach(Element e in elements)
        {
            e.Accept(visitor);
        }
    }
}
```

客户端代码：

```
static void Main(string[ ] args)
{
    ObjectStructure o = new ObjectStructure();
    o.Accept(new ConcreteElementA());
    o.Accept(new ConcreteElementB());

    ConcreteVisitor1 v1 = new ConcreteVisitor1();
    ConcreteVisitor2 V2 = new ConcreteVisitor2();
```

```
        o.Accept(v1);
        o.Accept(v2);

        Console.Read();
    }
```

2．应用示例

这是一个小挂件销售的例子。每个小挂件都有自己的名称和价钱，多个小挂件可以组成一个套装，套装和单独的挂件一样也有价格。假定有两种客户：一种只看不买，一种待价而沽，即如果挂件或套装超过心理预期则不会购买。挂件和套装可视为两种结构不同的商品。买与不买，以什么价位买则是对商品的不同访问方法。试编程模拟以上行为。

方案一　不使用设计模式。

```csharp
//抽象商品类,对应 Element 角色
    public abstract class Component
    {
        public string Name { get; set; }

        public Component(string name)
        {
            this.Name = name;
        }

        public abstract double GetPrice();
    }

    //挂件类,对应 ConcreteElement 角色
    public class Widget : Component
    {
        private double price;

        public Widget(string name, double price)
            : base(name)
        {
            this.price = price;
        }

        public override double GetPrice()
        {
            return price;
        }

        //针对该数据结构的一种操作
        public void AnOperation()
        {
```

```
                Console.WriteLine("Just visiting a [Widget:{0}]", Name);
        }

        //针对该数据结构的另一种操作
        public void AnotherOperation(double maxPrice)
        {
            if (price > maxPrice)
            {
                Console.WriteLine("Don't Buy! [Widget:{0}] price of {1} exceeds maximum
price {2}", Name, price, maxPrice);
            }
            else
            {
                Console.WriteLine("Buy! [Widget:{0}] price of {1} is less than maximum
price {2}", Name, price, maxPrice);
            }
        }

        /*或许还有其他访问操作...*/
}

//套装类,对应 ConcreteElement 角色
    public class WidgetAssembly : Component
    {
        private List<Component> components;

        public WidgetAssembly(string name)
            : base(name)
        {
            components = new List<Component>();
        }

        public void AddComponent(Component c)
        {
            components.Add(c);
        }

        public void RemoveComponent(Component c)
        {
            components.Remove(c);
        }

        public override double GetPrice()
        {
            double total = 0.0;

            foreach (Component c in components)
            {
```

```
                    total += c.GetPrice();
                }

                return total;
        }

        //针对该数据结构的一种操作
        public void AnOperation()
        {
                Console.WriteLine("Just visiting a [WidgetAssembly:{0}]", Name);
        }

        //针对该数据结构的另一种操作
        public void AnotherOperation(double maxPrice)
        {
                double price = GetPrice();

                if (GetPrice() > maxPrice)
                {
                        Console.WriteLine("Don't Buy! [WidgetAssembly:{0}] price of {1} exceeds
maximum price {2}", Name, price, maxPrice);
                }
                else
                {
                        Console.WriteLine("Don't Buy! [WidgetAssembly:{0}] price of {1} exceeds
maximum price {2}", Name, price, maxPrice);
                }
        }

        /*或许还有其他访问操作...*/
}

    class Client
    {
        static void Main(string[] args)
        {
            //创建一些小"挂件"
            Widget w1 = new Widget("w1", 10.00);
            Widget w2 = new Widget("w2", 20.00);
            Widget w3 = new Widget("w3", 30.00);

            //创建一个挂件集
            WidgetAssembly wa = new WidgetAssembly("Chassis");
            wa.AddComponent(w1);
            wa.AddComponent(w2);
            wa.AddComponent(w3);

            Console.WriteLine("\n访问具体元素对象结构的一种操作方法: AnOperation()");
```

实用软件设计模式教程(第 2 版)

```
            w1.AnOperation();
            w2.AnOperation();
            w3.AnOperation();
            wa.AnOperation();

                Console.WriteLine("\n访问具体元素对象结构的另一种操作方法:
AnotherOperation()");
            w1.AnotherOperation(25.00);
            w2.AnotherOperation(25.00);
            w3.AnotherOperation(25.00);
            wa.AnotherOperation(25.00);

            /*调用具体元素对象的更多操作方法*/

            Console.Read();
        }
    }
```

程序运行结果:

```
访问具体元素对象结构的一种操作方法: AnOperation()
Just visiting a [Widget:w1]
Just visiting a [Widget:w2]
Just visiting a [Widget:w3]
Just visiting a [WidgetAssembly:Chassis]

访问具体元素对象结构的另一种操作方法: AnotherOperation()
Buy! [Widget:w1] price of 10 is less than maximum price 25
Buy! [Widget:w2] price of 20 is less than maximum price 25
Don't Buy! [Widget:w3] price of 30 exceeds maximum price 25
Don't Buy! [WidgetAssembly:Chassis] price of 60 exceeds maximum price 25
```

可以看出,数据结构及其操作方法被封装在同一类中,相互之间不能独立变化。当需要对商品增加某种特殊操作的时候,就不得不更改类的结构,为其增加新的行为。

方案二 使用访问者模式。

访问者模式将相对稳定的数据结构保留在类中,而将易于变化的数据访问行为从类中分离出来。

```
//抽象商品类,对应 Element 角色
    public abstract class Component
    {
        public string Name { get; set; }

        public Component(string name)
        {
```

```
        this.Name = name;
    }

    public abstract double GetPrice();

    //声明接受访问的接口,它接受一个访问者作为参数
    public abstract void Accept(Visitor v);
}

//挂件类,对应 ConcreteElement 角色
public class Widget : Component
{
    private double price;

    public Widget(string name, double price)
        : base(name)
    {
        this.price = price;
    }

    public override double GetPrice()
    {
        return price;
    }

    //实现抽象元素类声明的接口
    public override void Accept(Visitor v)
    {
        v.Visit(this);
    }
}

//套装类,对应 ConcreteElement 角色
public class WidgetAssembly : Component
{
    private List<Component> components;

    public WidgetAssembly(string name)
        : base(name)
    {
        components = new List<Component>();
    }

    public void AddComponent(Component c)
    {
        components.Add(c);
    }

    public void RemoveComponent(Component c)
```

实用软件设计模式教程(第 2 版)

```
    {
        components.Remove(c);
    }

    public override double GetPrice()
    {
        double total = 0.0;

        foreach (Component c in components)
        {
            total += c.GetPrice();
        }

        return total;
    }

    //实现抽象元素类声明的接口
    public override void Accept(Visitor v)
    {
        v.Visit(this);

        /* 如果想遍历集合中的各个元素,而不是以整体的形式访问,
         * 可以使用一下方法:
         * foreach (Component c in components)
         * {
         * c.Accept(v);
         * }
         */
    }
}

//抽象访问者类
public abstract class Visitor
{
    /* 为具体元素角色声明一个访问操作接口
     * 这里采用静态分派的方式(重载),有几个具体元素类就有几个重载的版本
     * 当然,如果想明确地区分访问接口针对的具体元素
     * 也可以为它们分别定义两个截然不同的名字
     * 如 VisitWidget(Widget w)、VisitWidgetAssembly(WidgetAssembly wa)
     */

    //如果传入的参数是 Widget 类型的,就使用这个版本的 Visit()
    public abstract void Visit(Widget w);

    //如果传入的参数是 WidgetAssembly 类型的,就使用这个版本的 Visit()
    public abstract void Visit(WidgetAssembly wa);
}

//访问者类型 1: 只看不买
```

```csharp
public class SimpleVisitor : Visitor
{
    public override void Visit(Widget w)
    {
        Console.WriteLine("Just visiting a [Widget:{0}]",w.Name);
    }

    public override void Visit(WidgetAssembly wa)
    {
        Console.WriteLine("Just visiting a [WidgetAssembly:{0}]",wa.Name);
    }
}

//访问者类型 2：待价而沽
public class PriceVisitor : Visitor
{
    private double maxPrice;

    public PriceVisitor(double maxPrice)
    {
        this.maxPrice = maxPrice;
    }

    public override void Visit(Widget w)
    {
        double price = w.GetPrice();

        if (price > maxPrice)
        {
            Console.WriteLine("Don't Buy! [Widget:{0}] price of {1} exceeds maximum
price {2}",w.Name,price,maxPrice);
        }
        else
        {
            Console.WriteLine("Buy! [Widget:{0}] price of {1} is less than maximum
price {2}",w.Name,price,maxPrice);
        }
    }

    public override void Visit(WidgetAssembly wa)
    {
        double price = wa.GetPrice();

        if (price > maxPrice)
        {
            Console.WriteLine("Don't Buy! [WidgetAssembly:{0}] price of {1} exceeds
maximum price {2}",wa.Name,price,maxPrice);
        }
        else
```

```
                {
                        Console.WriteLine("Don't Buy! [WidgetAssembly:{0}] price of {1} exceeds
maximum price {2}",wa.Name,price,maxPrice);
                }
        }
    }

    class Client
    {
        static void Main(string[] args)
        {
            //创建一些小"挂件"
            Widget w1 = new Widget("w1", 10.00);
            Widget w2 = new Widget("w2", 20.00);
            Widget w3 = new Widget("w3", 30.00);

            //创建一个挂件集
            WidgetAssembly wa = new WidgetAssembly("Chassis");
            wa.AddComponent(w1);
            wa.AddComponent(w2);
            wa.AddComponent(w3);

            //创建 SimpleVisitor 访问者——只看不买
            SimpleVisitor sv = new SimpleVisitor();
            Console.WriteLine("\nVisitor: {0}",sv.GetType().Name);
            w1.Accept(sv);
            w2.Accept(sv);
            w3.Accept(sv);
            wa.Accept(sv);

            //创建 PriceVisitor 访问者——只买对的不买贵的
            PriceVisitor pv = new PriceVisitor(25.00);
            Console.WriteLine("\nVisitor: {0}", pv.GetType().Name);
            w1.Accept(pv);
            w2.Accept(pv);
            w3.Accept(pv);
            wa.Accept(pv);

            Console.Read();
        }
    }
```

从上面的实例中可以看到容器和对象操作方法已经解耦,可以互相独立变化了。整个访问者模式的关键,就在于那个"双重委派"的概念,下面再来仔细分析这个方法:

```
public void accept(Visitor visitor)
{
    visitor.visit(this);
}
```

可以看出,实际上是将被访问的对象本身交给了访问者去处理,被访问的对象本身并不知道访问者会对其做什么动作,这样一来可以通过扩展访问者接口,来获取被访问的对象新的操作,而这并不需要改变被访问的对象,即实现了解耦,它使设计者在不改变这些对象本身的情况下,定义作用于这些对象的新操作。不同的访问者执行不同的行为,行为与数据本身完全分开。当需要新增加一个访问者时,只需要创建一个实现访问者接口的新类就可以实现。

这个模式的基本用法如下:首先我们拥有一个由许多对象构成的对象结构,这些对象的类都拥有一个 accept 方法用来接受访问者对象;visitor 是一个接口,它拥有一个 visit 方法,这个方法对访问到的对象结构中不同类型的元素做出不同的反应;在对象结构的一次访问过程中,遍历整个对象结构,对每一个元素都实施 accept 方法,在每一个元素的 accept 方法中回调访问者的 visit 方法,从而使访问者得以处理对象结构的每一个元素。设计者可以针对对象结构设计不同的访问者类来完成不同的操作。

3. 效果说明

(1) 访问者模式使得增加新的操作变得很容易。如果一些操作依赖于一个复杂的结构对象,那么增加新的操作会很复杂。而使用访问者模式,增加新的操作就意味着增加一个新的访问者类,因此,需求扩展变得很容易。

(2) 访问者模式将有关的行为集中到一个访问者对象中,而不是分散到一个个的元素类中。

(3) 破坏封装。访问者模式要求访问者对象访问并调用每一个元素对象的操作,这隐含了一个对所有元素对象的要求:它们必须暴露一些自己的操作和内部状态。不然,访问者的访问就变得没有意义。

1) 特点

访问者模式的特点如表 3.23 所示。

表 3.23 访问者模式的特点

优　点	缺　点
访问者模式使得增加新的操作变得很容易 访问者模式将有关的行为集中到一个访问者对象中,而不是分散到一个个的元素类中 访问者模式可以跨过几个类的等级结构访问属于不同的等级结构的成员类。迭代子只能访问属于同一个类型等级结构的成员对象,而不能访问属于不同等级结构的对象。访问者模式可以做到这一点 积累状态。每一个单独的访问者对象都集中了相关的行为,从而也就可以在访问的过程中将执行操作的状态积累在自己内部,而不是分散到很多的元素对象中。这是有益于系统维护的优点	增加新的元素类变得很困难。每增加一个新的元素都意味着要在抽象访问者角色中增加一个新的抽象操作,并在每一个具体访问者类中增加相应的具体操作 破坏封装

2) 适用性

如果一个系统有比较稳定的数据结构,又有易于变化的算法,那么可以考虑使用访问者模式,因为访问者模式在增加算法操作方面比较方便。

反之,如果系统的数据结构易于变化,经常要有新的数据对象增加进来,则不适宜使用该模式。

3.4.9　中介者模式

面向对象设计鼓励将行为分布到各个对象中,这种分布可能会导致对象间有许多连接。在最坏的情况下,每一个对象都知道其他所有的对象。系统就是构建在这些对象及对象间的相互连接的基础上的。当大量的对象相互连接交织在一起的时候,对系统的行为的改动将变得十分困难。并且当连接关系过于复杂时,可能会面临失控的危险。

打个比方,同一个城市买房的人和卖房的人形成一个大群体,买房的人想找到合适的房源,卖房人想找到合适的买家。如果买卖双方直接沟通,则买家需要自己去打听众多卖家手中的房屋信息,反之亦然。当房源信息发生变化时(如已出售、已购买、放弃出售等等),如何将此信息通知到各方将是一件非常困难的事情,同时这种方式也不利于管理者(政府)对房产交易情况进行监管。由此就产生了房产中介公司,由中介公司来撮合买房人和卖房人,当房源信息更新时,买方(卖方)将由中介公司代为通知,买卖双方都从杂乱如麻的联系中解脱出来,达到了公平和高效的目的,同时,也更有利于管理者(政府)及时掌握房产交易情况。

这里的买卖双方就好比对象,管理者则相当于应用程序,通过在软件结构中引入中介者(Mediator)这个角色,可以避免相互交互的对象间的紧耦合引用关系,解决系统交互过程中存在的复杂和低效等问题。

1. 结构说明

如图 3.35 所示,中介者模式的意图是用一个中介对象来封装一系列对象的交互。中介者使各对象不需要显式地相互引用,从而使对象间松散耦合,而且可以独立地改变它们之间的交互。

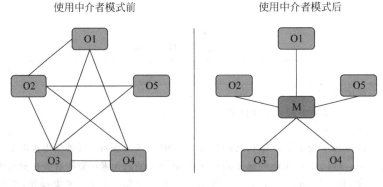

图 3.35　对象间的联系

中介者模式包含的角色和结构如图 3.36 所示。

类图代码示例如下。

Mediator 类的实现代码如下:

```java
public abstract class Mediator {
    //定义一个抽象的发送消息方法,得到同事对象和发送消息
    public abstract void send(String message, Colleague colleague);

}
```

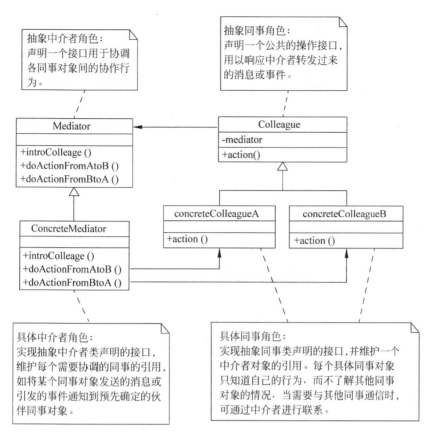

图 3.36　中介者模式结构图

Colleague 类的实现代码如下。

```
public class Colleague {
    protected Mediator mediator;

    //构造方法,得到中介者对象
    public Colleague(Mediator mediator){
        this.mediator = mediator;
    }

}
```

ConcreteMediator 类的实现代码如下:

```
public class ConcreteMediator : Mediator{

    private ConcreteColleague1 colleague1;
    private ConcreteColleague2 colleague2;

    public ConcreteColleague1 getColleague1(){
```

```
            return colleague1;
        }

        public void setColleague1(ConcreteColleague1 value){
            colleague1 = value;
        }

        public ConcreteColleague2 getColleague2(){
            return colleague2;
        }

        public void setColleague2(ConcreteColleague2 value){
            colleague2 = value;
        }

        //重写发送消息的方法,根据对象做出选择判断,通知对象
        public void send(String message, Colleague colleague){
            if (colleague.equals(colleague1)){
                colleague2.notify(message);
            }
            else{
                colleague1.notify(message);
            }
        }

    }
```

ConcreteColleague 类的实现代码如下:

```
public class ConcreteColleague1 : Colleague{
    public ConcreteColleague1(Mediator mediator){
        super(mediator);
    }

    public void send(String message){
        //发送消息时通常是中介者发送出去的
        mediator.send(message, this);
    }

    public void notify(String message){
        Console.WriteLine("同事 1 得到消息:" + message);
    }

}

public class ConcreteColleague2 : Colleague{
    public ConcreteColleague2(Mediator mediator){
```

```
        super(mediator);
    }

    public void send(String message){
        mediator.send(message, this);
    }

    public void notify(String message){
        Console.WriteLine("同事 2 得到消息:" + message);
    }

}
```

客户端实现代码如下:

```
public class Client {
    public static void Main(String[ ] args){
        ConcreteMediator m = new ConcreteMediator();

        //让两个具体同事类认识中介者对象
        ConcreteColleague1 c1 = new ConcreteColleague1(m);
        ConcreteColleague2 c2 = new ConcreteColleague2(m);

        //让中介者认识各个具体同事类对象
        m.setColleague1(c1);
        m.setColleague2(c2);

        c1.send("吃过饭了吗?");
        c2.send("没有呢,你打算请客?");
    }

}
```

2. 应用示例

对话框是图形用户界面经常要用到的窗口组件,一个对话框通常包括多个类型不同的用户交互控件,这些控件相互交互完成一个特定的系统功能。图 3.37 所示的是一个 User Select 对话框,其中包含两个按钮控件、两个列表框控件和一个文本输入框控件。

图 3.37 对话框中各控件的交互过程如下:对话框初次显示时两个按钮均处于失效状态,当操作者在左侧"源用户列表框"中选中一个用户名时,选中的用户名填入列表框上面的文本输入框中,同时 Add 按钮变为有效状态,单击 Add 按钮后,文本框中的用户名添加到右侧的列表框中;当操作者选中右侧"目标列表框"的一个用户名时,Delete 按钮变成有效状态,单击 Delete 按钮后,"目标列表框"中选中的用户名被删除。

方案一　不采用设计模式。

这个对话框实现的代码并不复杂,基本实现代码如下:

实用软件设计模式教程(第 2 版)

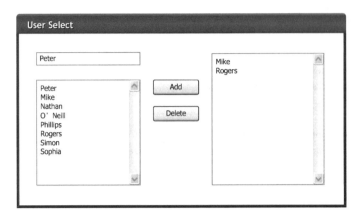

图 3.37　Contacts 程序中各对象间的关系

```
public class NoMediator {

    public static void Main(String[ ] args){
        TextArea text = new TextArea();

        ListBoxDes list_des = new ListBoxDes();
        ListBoxSou list_sou = new ListBoxSou();

        ButtonAdd but_add = new ButtonAdd(list_des, text);
        ButtonDelete but_del = new ButtonDelete(list_des);

        but_add.clicked();
        but_del.clicked();

    }

}

//控件抽象基类
abstract class Widget{

    public Widget(){

    }

}

//列表框控件类
abstract class ListBox : Widget{

    public ListBox(){

    }
```

```
    //列表框方法
    public String getSelection(){
        String strrtn = "Current Selection";
        return strrtn;
    }

    public void addListItem(String strItem){
        //...
    }

    public void deleteListItem(int index){

    }

    public int getCurrentListItem(){
        int currindex = 0;
        return currindex;
    }

    //列表框类的主要方法,用户选择处理,包括了主要的交互处理
    public abstract void selectionChanged();

    //其他方法略去

}

//源列表框类
class ListBoxSou : ListBox{

    public ListBoxSou(){

    }

    //列表框类的主要方法,用户选择处理,包括了主要的交互处理
    public void selectionChanged(){
        currenttext.setText(getSelection());
        butadd.enableButton(true);
    }

    private TextArea currenttext;
    private Button butadd;

}

//目标列表框类
class ListBoxDes : ListBox{
```

```
        public ListBoxDes(){

        }

        //列表框类的主要方法,用户选择处理,包括了主要的交互处理
        public void selectionChanged(){
            butdelete.enableButton(true);
        }

        private Button butdelete;

    }

    //文本编辑框类
    class TextArea : Widget{

        public TextArea(){
            currtext = "";
        }

        public void setText(String text){
            currtext = text;
        }

        public String getText(){
            return currtext;
        }

        private String currtext;

        //...

    }

    //按钮类
    abstract class Button : Widget{

        public Button(){

        }

        public void enableButton(boolean state){
            buttonstate = state;
        }

        //按钮类方法实现
        public abstract void clicked();

        private boolean buttonstate;
```

```
    }

    //添加按钮类
    class ButtonAdd : Button{

        public ButtonAdd(ListBox deslistbox, TextArea tarea){
            destinationlistbox = deslistbox;
            currenttext = tarea;
        }

        //"添加"按钮类方法实现,包括了按钮类和其他按钮类的交互处理
        public void clicked(){
            destinationlistbox.addListItem(currenttext.getText());
            Console.WriteLine("ButtonAdd Clicked!");
        }

        private ListBox destinationlistbox;
        private TextArea currenttext;

    }

    //删除按钮类
    class ButtonDelete : Button{

        public ButtonDelete(ListBox deslistbox){
            destinationlistbox = deslistbox;
        }

        //"删除"按钮类方法实现,包括了按钮类和其他按钮类的交互处理
        public void clicked(){

        destinationlistbox.deleteListItem(destinationlistbox.getCurrentListItem());
            Console.WriteLine("ButtonDelete Clicked!");
        }

        private ListBox destinationlistbox;

    }
```

程序运行结果：

```
ButtonAdd Clicked!
ButtonDelete Clicked!
```

上述代码的 UML 图如图 3.38 所示。

从上面的代码可以看出,对话框各个对象间存在着复杂的交互关系。上述的实现方式
要求相互交互的对象间要保存相关对象的引用,在自己的代码中要调用相关对象的方法。

实用软件设计模式教程(第 2 版)

这种实现方法存在以下几个缺点:一是对象间紧密耦合,每个控件(对象)的修改必然导致相关对象也要修改;二是子类太多,例如每个不同的按钮都要生成不同的子类,代码的复用性很差;三是交互关系分散在各个子类中,代码维护困难;四是应对需求变化的能力差。设想一下,如果新增一个清空"目标列表框"的 Clear 按钮,需要添加和修改的代码将涉及系统的多个类。

仔细分析就不难发现,导致上述问题的主要原因是各对象间存在着多对多的复杂交互关系。如果将这些多对多的交互关系抽象出来集中到一个对象中来处理,所有的复杂性也就被集中到单一的对象中了。

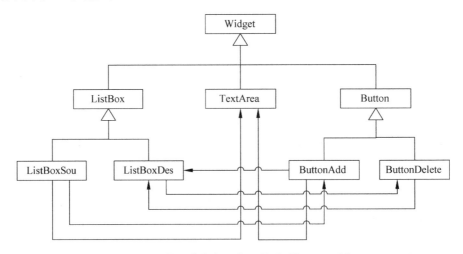

图 3.38 使用传统方法实现的对话框 UML 图

方案二 采用中介者模式。

采用中介者模式就可以对前面问题的实现方法进行修改,其具体的 UML 图如图 3.39 所示。

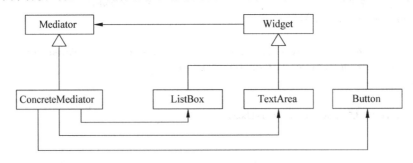

图 3.39 使用中介者模式的对话框界面实现的 UML 图

在新的实现方法中引入了抽象中介者类和具体中介者类。所有的控件(对象)都只和中介者类交互,并由中介者类集中处理各控件(对象)间的交互。具体代码如下:

```
public class MediatorPattern{

    public static void Main(String[ ] args){
        ConcreteMediator mediator = new ConcreteMediator();
```

```
        ListBox sourcelist = new ListBox(mediator);
        ListBox destinationlist = new ListBox(mediator);
        TextArea text = new TextArea(mediator);
        Button but_add = new Button(mediator);
        Button but_del = new Button(mediator);

        mediator.setSourceList(sourcelist);
        mediator.setDestinationList(destinationlist);
        mediator.setTextArea(text);
        mediator.setAddButton(but_add);
        mediator.setDelButton(but_del);

        //激活按钮,然后单击"添加"按钮
        but_add.enableButton(true);
        but_add.clicked();

        //激活按钮,然后单击"删除"按钮
        but_del.enableButton(true);
        but_del.clicked();

    }
}

//中介者基类
abstract class Mediator{

    abstract void changed(Widget widget);

}

//具体中介者类,继承自中介者基类,实现中介者接口
class ConcreteMediator : Mediator{

    //具体中介者类重要函数,集中处理控件交互
    public void changed(Widget widget){
        if (widget == _sourcelist){
            _currenttext.setText(_sourcelist.getSelection());
            _addbutton.enableButton(true);
        }
        if (widget == _destinationlist){
            _delbutton.enableButton(true);
        }
        if (widget == _addbutton){
            _destinationlist.addListItem(_currenttext.getText());
            Console.WriteLine("ButtonAdd clicked!");
        }
        if (widget == _delbutton){
            _destinationlist.deleteListItem(
                    _destinationlist.getCurrentListItem());
```

```
                    Console.WriteLine("ButtonDelete clicked!");
                }
            }

            //将控件注册到中介
            public void setSourceList(ListBox sourcelist){
                this._sourcelist = sourcelist;
            }

            public void setDestinationList(ListBox destinationlist){
                this._destinationlist = destinationlist;
            }

            public void setTextArea(TextArea text){
                this._currenttext = text;
            }

            public void setAddButton(Button add_button){
                this._addbutton = add_button;
            }

            public void setDelButton(Button del_button){
                this._delbutton = del_button;
            }

            //中介者保存所有控件实例
            private ListBox _sourcelist;
            private ListBox _destinationlist;
            private TextArea _currenttext;
            private Button _addbutton;
            private Button _delbutton;

    }

    //控件基类
    abstract class Widget{

            //控件类构造函数,传入中介者实例
            public Widget(Mediator mediator){
                this.mediator = mediator;
            }

            //获取中介者
            public Mediator getMediator(){
                return mediator;
            }

            private final Mediator mediator;
```

```
    }

//列表框类
class ListBox : Widget{
    public ListBox(Mediator mediator){
        super(mediator);
    }

    public String getSelection(){
        String strrtn = "Current Selection";
        return strrtn;
    }

    public void addListItem(String strItem){
        //...
    }

    public void deleteListItem(int index){
        //...
    }

    public int getCurrentListItem(){
        int currindex = 0;
        return currindex;
    }

    public void selectionChanged(){
        //通知 ConcreMediator,自己的状态发生了变化
        this.getMediator().changed(this);
    }

}

//文本编辑框类
class TextArea : Widget{

    public TextArea(Mediator mediator){
        super(mediator);
    }

    public void setText(String text){
        currtext = text;
    }

    public String getText(){
        return currtext;
    }

    public void textChanged(){
```

```
                //通知 ConcreMediator,文本状态发生了变化
                this.getMediator().changed(this);
        }

        private String currtext;

    }

    //按钮类
    class Button : Widget{

        public Button(Mediator mediator){
            super(mediator);
        }

        //按钮示例方法,改变按钮状态
        public void enableButton(boolean state){
            buttonstate = state;
        }

        //按钮单击方法实现,直接调用基类 Widget 的 changed()函数,转交处理责任
        public void clicked(){
            if(buttonstate){
                this.getMediator().changed(this);
            }
        }

        private boolean buttonstate;

    }
```

很明显,使用中介者模式后对象间的耦合度降低了,子类减少了,代码复用性增强了,且系统维护难度降低了。

3. 效果分析

对比以上两种方案可以看出中介者模式的优点主要有以下几个方面。

(1) 中介者模式实现了松耦合。中介者模式将各对象解耦,各对象之间是松耦合的,可以独立改变和复用各控件类(ConcreteColleague 角色)。

(2) 中介者模式简化了对象间的关联。用 Mediator 和各控件间的一对多的交互来代替各控件间多对多的交互。一对多的关系更易于理解、维护和扩展。

(3) 中介者模式封装了变化。中介者在封装交互的同时也将变化封装起来,交互关系的变化将只影响 Mediator 类的代码,各控件类的代码无须修改,增加或删除控件也只需要修改 Mediator 类的代码。封装变化简化了系统的维护工作。

(4) 中介者模式将控制集中化。中介者模式将交互的复杂性变为中介者的复杂性。

(5) 中介者模式减少了子类生成。中介者将原本分布于多个对象间的行为集中到了一起,因此有可能使同一基类的不同子类相异之处被剥离出来,也就无须派生不同的子类。例

如：两个 Button 控件不需要分别定义一个按钮子类，因为它们具有相同的事件，因此完全可以使用相同的类型，无须派生多余子类了。减少了子类的派生也就增加了系统的可复用性。

1）特点

中介者模式的特点如表 3.24 所示。

表 3.24　中介者模式的特点

优　　点	缺　　点
减少了子类生成 实现了松耦合 简化了对象间关联 封装变化 控制集中化	中介者难复用。中介者需要和每个 Colleague 对象交互，要处理系统中所有的交互，因此和系统的耦合度较大，难以在系统间复用

2）适用性

中介者模式可以适用于以下情形：

（1）一组对象以定义良好但复杂的方式进行通信，产生的相互依赖关系结构混乱且难以理解；

（2）一个对象引用其他很多对象且直接与这些对象通信，导致难以复用该对象；

（3）想定制一个分布在多个类中的行为，而又不想生成太多子类。

3.4.10　策略模式

策略（Strategy）就是为达到某一目的而采取的手段或方法。人们常说"条条大路通罗马"，这里的"罗马"代表了所要达成的目的，"条条大路"则可视为为了达到目的而采取的不同策略。站在软件开发的角度，目的是固定的，策略却是易变的。为了实现软件设计目标，某些对象可能会用到多种多样的算法，这些算法甚至会经常改变（如商场在不同时节采取的不同促销手段）。如果将这些算法都硬编码到对象中，将会使得对象变得臃肿不堪，而且有时候支持不同的算法也是一个性能负担。策略模式很好地实现了在运行时根据需要透明地更改对象的算法和将算法与对象本身解耦，从而避免上述出现的两个问题。

1. 结构说明

如图 3.40 所示，策略模式的意图是：定义一系列的算法，把它们一个个封装起来，并且使它们可以相互替代。

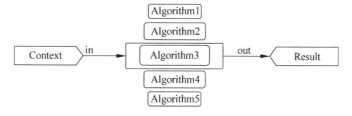

图 3.40　使用策略模式的示意图

　　从概念上看,所有这些算法完成的都是相同的工作,只是实现细节不同。客户可以以相同的方式调用任何一个算法,降低了各种算法类与使用者之间的耦合,使得算法可以独立于使用它的客户而变化。策略模式的本质是目标与手段的分离。客户只关心目标而不在意具体的实现方法,实现方法则需要因地制宜。

　　策略模式的角色和结构如图 3.41 所示。

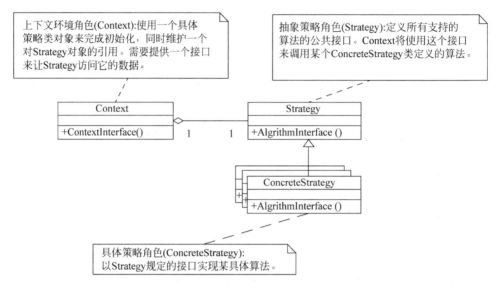

图 3.41　策略模式的结构图

类图代码示例:

```
public abstract class Strategy
{
    //算法方法
    public abstract void algorithmInterface();
}

public class ConcreteStrategyA extends Strategy
{
    //算法 A 实现方法
    public void algorithmInterface()
    {
        System.out.println("算法 A 实现");
    }
}

public class ConcreteStrategyB extends Strategy
{
    //算法 B 实现方法
    public void algorithmInterface()
    {
        System.out.println("算法 B 实现");
```

```
        }
    }

    public class ConcreteStrategyC extends Strategy
    {
        //算法 C 实现方法
        public void algorithmInterface()
        {
            System.out.println("算法 C 实现");
        }
    }
```

```
    //上下文,用一个 ConcreteStrategy 类配置,维护一个对 Strategy 对象的引用
    public class Context
    {
        Strategy strategy;
        //初始化时,传入具体的策略对象
        public Context(Strategy strategy)
        {
            this.strategy = strategy;
        }

        //上下文接口,根据具体的策略对象,调用其算法的方法
        public void contextInterface()
        {
            strategy.algorithmInterface();
        }
    }
```

2. 应用示例

假定有一图书管理系统,可向用户提供当前馆藏的图书编目信息,并可根据用户需求按指定关键字进行排序(如按 ISBN 号排序和按出版年份排序等)。图书编目信息如表 3.25 所示。

表 3.25 图书编目信息

出版年份	ISBN	作 者	书 名
2010	9787115224637	John Vlissides	设计模式沉思录
2007	9787508353937	Eric Freeman	Head First 设计模式
1995	9787111075757	GoF	设计模式——可复用面向对象软件的基础
2007	9787302162063	程杰	大话设计模式
2009	9787302199458	徐宏喆	实用软件设计模式教程

试编程实现该任务。

方案一 不使用设计模式。

首先,定义书籍类的基本结构:

```
//书籍类
public class Book
    {
        public string Title { get; set; }          //书名
        public string Author { get; set; }          //作者
        public string PubYear { get; set; }         //出版年份
        public string ISBN{ get; set; }             //国际标准书号
                                                    //构造函数
public Book(string title, string author, string pubYear, string isbn)
        {
            this.Title = title;
            this.Author = author;
            this.PubYear = pubYear;
            this.ISBN = isbn;
        }
    }
```

然后,添加一个管理图书信息的书籍编目类:

```
public class BookCatalog
    {
        private List < Book > books; //书籍编目
publicBookCatalog()
        {
            books = new List < Book >();
        }
        //向编目中添加图书信息
public void Add(Book book)
        {
            books.Add(book);
        }
        //按指定排序方式排序
        //这里的排序方式在编码时已经就确定下来了
        //添加或修改任何一个算法都将违背[开放 - 封闭]原则
public void Sort(SortedBy order)
        {
switch (order)
            {
case SortedBy.Title:
SortByTitle();
break;
case SortedBy.Author:
SortByAuthor();
break;
case SortedBy.PubYear:
SortByPubYear();
break;
```

```csharp
case SortedBy.ISBN:
SortByISBN();
break;
default:
break;
            }
        }
        //按"国际标准书号"排序
public void SortByISBN()
        {
            //注意: 下面的实现纯粹是为了演示的需要!
            //读者应根据情况将其更换成自己的实现代码
            #regionJUST FOR DEMONSTRATION
AComparer<Book> comparer = new AComparer<Book>(typeof(Book), "Title");
books.Sort(comparer);
            #endregion
        }
        //按"书名"排序
public void SortByTitle()
        {
        //TODO:在此添加自己的实现方法
        Console.WriteLine("按书名排序");
        }
        //按"作者"排序
public void SortByAuthor()
        {
            //TODO:在此添加自己的实现方法
            Console.WriteLine("按作者排序");
        }
        //按"出版年份"排序
public void SortByPubYear()
        {
            //TODO:在此添加自己的实现方法
            Console.WriteLine("按出版年份排序");
        }
        //显示编目信息
public void Show()
        {
Console.WriteLine( "\n{0, -7}{1, -15}{2, -18}{3}",
            "Year","ISBN","AUTHOR","TITLE");
Console.WriteLine(" ----------------------------------------------------
-");
foreach (Book buk in books)
        {
Console.WriteLine("{0, -7}{1, -15}{2, -14}\t{3}",
                buk.PubYear, buk.ISBN, buk.Author, buk.Title);
        }
        }
    }
```

实用软件设计模式教程(第 2 版)

其中,SortedBy 枚举指定排序采取的方式。

```
publicenumSortedBy
    {
        Title,              //按书名排序
        Author,             //按作者排序
        PubYear,            //按出版日期排序
        ISBN                //按国际标准书号排序
    }
```

AComparer<Book>泛型类实现了同类对象之间的比较,具体细节不在本章讨论范围之内。为了演示的需要,只将其列写于此。读者如果认为理解起来有难度,可以跳过这部分内容。

```
//功能:实现同一自定义类型对象之间的比较.这部分内容不属于模式的一部分,
usingSystem.Collections;
usingSystem.Reflection;
public class AComparer<T> : IComparer<T>
    {
        private Type type;              //进行比较的类类型
        private string name;            //参与比较的属性的名称
        //构造函数
public AComparer(T t, string name)
        {
            this.type = t.GetType();
            this.name = name;
        }
        //构造函数
public AComparer(Type type, string name)
        {
            this.type = type;
            this.name = name;
        }
        //必须实现 IComparer<T>的比较方法
intIComparer<T>.Compare(T t1, T t2)
        {
object x = this.type.InvokeMember(this.name, BindingFlags.Public | BindingFlags.Instance |
BindingFlags.GetProperty, null, t1, null);
        object y = this.type.InvokeMember(this.name, BindingFlags.Public | BindingFlags.Instance |
BindingFlags.GetProperty, null, t2, null);
        return (new CaseInsensitiveComparer()).Compare(x, y);
        }
    }
```

客户端程序：

```
class Client
    {
static void Main(string[] args)
        {
                //创建一个书籍编目对象
                BookCatalogbookCatalog = new BookCatalog();
                //向该编目对象中添加书籍信息
                bookCatalog.Add(new Book("设计模式沉思录", "John Vlissides",
                                "2010", "9787115224637"));
                bookCatalog.Add(new Book("Head First 设计模式", "Eric Freeman",
                                "2007", "9787508353937"));
                bookCatalog.Add(new Book("设计模式——可复用面向对象软件的基础",
"GoF", "1995", "9787111075757"));
                                bookCatalog.Add(new Book("大话设计模式", "程杰",
"2007", "9787302162063"));
                                bookCatalog.Add(new Book("实用软件设计模式教程",
"徐宏喆",
"2009", "9787302199458"));
                //调用编目对象中的 SortByISBN()方法进行排序,并显示排序结果
                bookCatalog.SortByISBN();
                bookCatalog.Show();
                Console.Read();
        }
    }
```

程序运行结果：

```
Year  ISBN        AUTHOR          TITLE
-----------------------------------------------------------------
1995  9787111075757   GoF 设计模式——可复用面向对象软件的基础
2010  9787115224637   John Vlissides 设计模式沉思录
2007  9787302162063   程杰大话设计模式
2009  9787302199458   徐宏喆实用软件设计模式教程
2007  9787508353937   Eric Freeman    Head First 设计模式
```

　　上述实现方法将算法硬编码进使用它们的类中,这种方式存在许多缺点：一是使使用算法的类变得复杂而难于维护,尤其当需要支持多种算法且每种算法都很复杂时,问题会更加严重；二是不同的时候需要不同的算法,支持并不使用的算法可能带来性能上的负担；三是算法的实现和使用的对象紧紧耦合在一起,使增加或修改算法变得不易,系统应对需求变化的能力很差。

　　上述 BookCatalog 的结构示意图如图 3.42(a)图所示。

　　方案二　使用策略模式。

　　既然算法是可变的,可以考虑将可变的部分从类中抽取出来。依据策略模式的基本思想,将每种算法的实现都剥离出来构成平行且独立的算法对象,再从这些对象中抽象出公共的算法接口,最后将算法接口组合到使用算法的类中。改造后的 BookCatalog 结构如

实用软件设计模式教程（第 2 版）

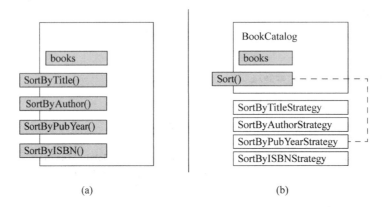

图 3.42　BookCatalog 使用策略模式前后结构上的变化

图 3.42(b) 图所示。实现代码如下。

　　Book 类与上文同，从略。

```
//书籍编目类,Context角色
public class BookCatalog
    {
        private List<Book> books; //书籍编目列表
        public SortStrategy SortStrategy { get; set; } //获取或设置排序策略
publicBookCatalog(SortStrategysortStrategy)
        {
            books = new List<Book>();
            this.SortStrategy = sortStrategy;
        }
        //向编目中添加一本书
public void Add(Book book)
        {
            books.Add(book);
        }
        //执行排序
public void Sort()
        {
            this.SortStrategy.Sort(books);
        }
        //显示图书编目信息
public void Show()
        {
            Console.WriteLine("\n{0, -7}{1, -15}{2, -18}{3}",
                    "Year","ISBN","AUTHOR","TITLE");
            Console.WriteLine(" -------------------------------------
---------- ");
foreach (Book buk in books)
        {
            Console.WriteLine("{0, -7}{1, -15}{2, -14}\t{3}",
```

```
                            buk.PubYear,buk.ISBN,buk.Author,buk.Title);
                }
            }
        }
    //抽象排序策略类,对应抽象策略角色
public abstract class SortStrategy
        {
public abstract void Sort(List<Book> books);
        }

    //按 ISBN 号排序策略类,对应具体策略角色
public class SortByISBNStrategy : SortStrategy
        {
        public override void Sort(List<Book> books)
            {
                //注意: 下面的实现纯粹是为了演示的需要!
                //读者应根据情况将其更换成自己的实现代码
                #region JUST FOR DEMONSTRATION
                AComparer<Book> comparer = new AComparer<Book>(typeof(Book), "Title");
                books.Sort(comparer);
                #endregion
            }
}
    //按书名排序策略类,对应具体策略角色
public class SortByTitleStrategy : SortStrategy
        {
public override void Sort(List<Book> books)
            {
                //TODO:在此添加自己的实现方法
                Console.WriteLine("按书名排序");
            }
}

    //按作者排序策略类,对应具体策略角色
public class SortByAuthorStrategy : SortStrategy
        {
public override void Sort(List<Book> books)
            {
                //TODO:在此添加自己的实现方法
                Console.WriteLine("按作者排序");
            }
}
    //按发行年份排序策略类,对应具体策略角色
public class SortByPubYearStrategy : SortStrategy
        {
public override void Sort(List<Book> books)
            {
                //TODO:在此添加自己的实现方法
                Console.WriteLine("按出版年份排序");
```

```
            }
        }
class Client
    {
static void Main(string[ ] args)
        {
                //创建一个书籍编目对象,初始化时绑定按 ISBN 排序策略
                BookCatalog bookCatalog = new BookCatalog(new SortByISBNStrategy());
                //向该编目对象中添加书籍信息
                bookCatalog.Add(new Book("设计模式沉思录", "John Vlissides",
                        "2010", "9787115224637"));
                bookCatalog.Add(new Book("Head First 设计模式", "Eric Freeman",
                        "2007", "9787508353937"));
                bookCatalog.Add(new Book("设计模式 - 可复用面向对象软件的基础", "GoF",
                        "1995", "9787111075757"));
                bookCatalog.Add(new Book("大话设计模式", "程杰",
                        "2007", "9787302162063"));
                bookCatalog.Add(new Book("实用软件设计模式教程", "徐宏喆",
                        "2009", "9787302199458"));
                //调用排序算法
                bookCatalog.Sort();
                bookCatalog.Show();
                Console.Read();
        }
    }
```

3. 效果分析

对比前后两种实现方法可以明显看到策略模式有以下优点。

(1) 算法和使用算法的对象相互分离。客户程序可以在运行时动态选择具体算法,代码复用性好,便于修改和维护。

(2) 消除了冗长的条件分支语句。当不同的行为堆砌在一个类中时,就很难避免使用条件语句来选择合适的行为。而策略模式巧妙地将行为进行了封装,可以在使用这些行为的类中消除条件语句。

(3) 用组合替代了继承,效果更好。如果从 Context 直接生成各个子类,每个子类的区别是方法的算法不同,这样也可以实现对象方法的多种算法,但继承使子类和父类紧密耦合,使 Context 类难以理解、维护和扩展。而策略模式采用组合的方式,组合使 Context 和 Strategy 之间的依赖很小,更利于代码复用。

1) 特点

策略模式的特点如表 3.26 所示。

表 3.26 策略模式的特点

优　　点	缺　　点
算法和使用算法的对象相互分离 消除了冗长的条件分支语句 简化了单元测试,因为每个算法都有自己的类,可以通过自己的接口单独进行测试 用组合替代了继承,效果更好。采用组合的方式,组合使 Context 和 Strategy 之间的依赖很小,更利于代码复用	策略模式并没有解除客户端需要选择判断的压力,选择具体实现的职责依然由客户端承担 额外增加了 Strategy 和 Context 之间的通信开销。根据算法的需要,Context 必须向每个不同的具体 Strategy 类实例传递不同的参数,因此 Strategy 接口就要传递所有这些不同参数的集合,导致 Context 会创建和传递一些永远用不到的参数 同大多数模式一样,策略模式增加了对象的数目

2）适用性

（1）当一个类中定义了多种行为,并且这些行为在这个类的操作中以多个条件语句的形式出现时,将相关的条件分支移入它们各自的 Strategy 类中以替代这些条件语句。

（2）当需要使用一个算法的不同变体时。

（3）当算法用到了客户不应该知道的数据时,使用策略模式可以避免暴露复杂的、与算法相关的数据结构。

（4）策略模式并非局限于算法。在实践中,可以用它来封装几乎任何类型的规则,只要在分析过程中发现需要在不同时间应用不同的业务规则,就可以考虑使用策略模式处理这种变化的可能性。

3.4.11　解释器模式

解释器（Interpreter）模式在使用面向对象语言实现的编译器中得到了广泛的应用。但是,因为该模式只适用于简单文法的解释,弊端又多,所以其他方面很少会用到它。

图 3.43 所示是关于解释器的一个简单示例。当给定一个日期时,根据不同的文法它将被解释成不同的表现形式。

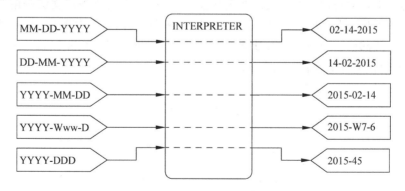

图 3.43　按不同的语法格式解释日期

1. 结构说明

解释器模式的意图是：给定一种语言,定义它的文法的一种表示,并定义一个解释器,这个解释器使用该表示来解释语言中的句子。

简单地说就是定义语言的文法,并且建立一个解释器来解释该语言中的句子。这里的语言指的是使用规定格式和语法的代码。解释器模式为如何在代码中读取和执行一个语法提供了一个解决方案。在解释器模式中,语法被映射为不同的类,通过这些类获取期望的输出。

解释器模式的结构如图 3.44 所示。

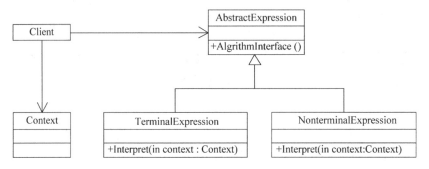

图 3.44　解释器模式的结构图

类图代码示例:

```
abstract class Subject
//定义 RealSubject 和 Proxy 的共用接口
{
    public abstract void Request();
}
```

2. 应用示例

实现本节开头提到的日期格式解释器。

[解决方案]

先了解一下日期格式中的文法。在定义任何文法时,应当首先将文法分解为小的逻辑组件。图 3.45(语法被映射成类)显示了如何区分不同组件,并将其映射为类,这些类包含了用于实现文法部分的逻辑。将日期格式分解为 4 个组件:月、日、年以及分隔符。与之对应的,是 4 个包含了特定逻辑的表达式类。

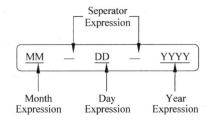

图 3.45　日期格式中的文法及对应的表达式类

在解释器模式中,表达式类包含的是逻辑,而上下文类则包含的是数据,这些逻辑将会把数据解释成易读的形式。这里,YearExpression 类将 YYYY 解释成年份值(如 2010),而 MonthExpression 则把 MM 解释成月份值(如 05),以此类推。可以为这些表达式类抽象出公共的接口,如图 3.46 所示。

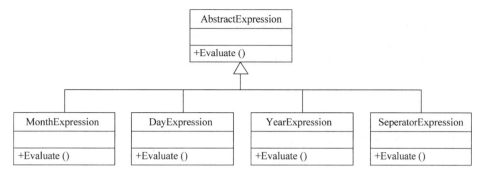

图 3.46　日期解释器中的表达式类结构图

最终代码如下所示:

```
//上下文对象
public class Context
{
//获取或设置日期格式
    public string StrExpression { get; set; }

    public Context(string expression)
{
    this.StrExpression = expression;
}
}
```

```
//抽象表达式类
public abstract class AbstractExpression
{
    public abstract void Evaluate(Context context);
}
```

```
//用于解析年的具体表达式类
public class YearExpression : AbstractExpression
{
    public override void Evaluate(Context context)
    {
    string strTemp = context.StrExpression;
    context.StrExpression = strTemp.Replace("YYYY",DateTime.Now.Year.ToString());
    }
}
```

```
//用于解析月的具体表达式类
public class MonthExpression : AbstractExpression
{
```

```
        public override void Evaluate(Context context)
    {
        string strTemp = context.StrExpression;
        context.StrExpression =
        strTemp.Replace("MM",DateTime.Now.Month.ToString());
    }
    }
```

```
    //用于解析日的具体表达式类
    public class DayExpression : AbstractExpression
    {
        public override void Evaluate(Context context)
        {
            string strTemp = context.StrExpression;
            context.StrExpression =
            strTemp.Replace("DD", DateTime.Now.Day.ToString());
        }
    }
```

```
    //用于解析分隔符的具体表达式类
    public class SeparatorExpression : AbstractExpression
    {
        public override void Evaluate(Context context)
        {
            string strTemp = context.StrExpression;
            context.StrExpression = strTemp.Replace(" ", "-");
        }
    }
```

```
    //客户端
    class Client
    {
    static void Main(string[] args)
    {
    //创建上下文对象,该对象包含了待解析的文法数据
        Context context = new Context("MM DD YYYY");
    //定义一个表达式列表
        List < AbstractExpression > exps = new List < AbstractExpression >();
    //分割上下文字符串,并将指定组件翻译成对应的类
        string[] strArray = context.StrExpression.Split(' ');
        foreach (string str in strArray)
        {
            if (str.ToUpper() == "MM")
                exps.Add(new MonthExpression());
            else if (str.ToUpper() == "DD")
```

```
                 exps.Add(new DayExpression());
          else if (str.ToUpper() == "YYYY")
                 exps.Add(new YearExpression());
     }

          exps.Add(new SeparatorExpression());

  //开始翻译
     foreach(AbstractExpression ae in exps)
     {
          ae.Evaluate(context);
     }

  //显示翻译后的结果
          Console.WriteLine(context.StrExpression);
          Console.Read();
     }
  }
```

程序运行结果：

5-7-2010

3. 效果分析

解释器模式提供了一个简单的方式来执行语法，而且容易修改和扩展语法。一般系统中很多类使用相似的语法，可以使用一个解释器来代替为每一个规则实现一个解释器。而且在解释器中的不同规则是由不同的类来实现的，这样使得添加一个新的语法规则变得简单。

但是解释器模式对于复杂文法难以维护。可以想象一下，每一个规则要对应一个处理类，而且这些类还要递归调用抽象表达式角色，大量的类交织在一起将是一件非常痛苦的事。

1) 特点

解释器模式的特点如表 3.27 所示。

表 3.27 解释器模式的特点

优　　点	缺　　点
比较容易实现文法，因为定义抽象语法树中各个节点的类的实现大体相似，这些类都易于直接编写 也容易改变和扩展文法，因为该模式使用类来表示文法规则，可以使用继承来改变或扩展该文法	解释器模式为文法中的每一条规则至少定义了一个类，因此包含许多规则的文法可能难以管理和维护。当文法非常复杂时，建议使用其他的技术如语法分析程序或编译器生成器来处理

2) 适用性

(1) 当有一个语言需要解释执行，并且该语言中的句子可表示为一个抽象语法树时。

(2) 如果一种特定类型的问题出现的频率足够高，那么可能就值得将该问题的各个实例表述为一个简单语言的中的句子。这样就可以构建一个解释器,该解释器通过解释这些句子来解决该问题。

本章小结

本章集中讨论了面向对象编程中的设计模式,其按应用目的被分为三个大的类型:创建型设计模式、结构型设计模式和行为型设计模式。创建型模式与对象的创建有关,结构型模式处理类和对象的组合,行为型模式对类或对象怎样交互和怎样分配职责进行描述。

创建型设计模式是对象创建相关的设计模式。这些模式都有两个共同的特征:第一,它们都将关于该系统使用哪些具体的类的信息封装起来;第二,它们隐藏了这些类的实例是如何被创建和放置在一起的。在这些模式中工厂模式主要用于创建独立的、相互无关联的大量对象;抽象工厂模式用于成套对象的创建;建造者模式用于创建步骤稳定,但创建步骤中的元素易变的对象;单件模式用于创建必须具有唯一性的实例;原型模式用于创建大量相同或相似的对象。这些模式有着显著的优点,但同时也有一定的适用范围和限制。学习这些模式必须掌握它们最核心的思想,而不是死记硬背,只有在理解、掌握并通过大量实践后,才有可能真正地用好它们。

结构型模式描述如何将类对象结合在一起,形成一个更大的结构。其中适配器模式通过类的继承或者对象的组合侧重于转换已有的接口;装饰模式采用对象组合而非继承的手法,实现了在运行时动态地扩展对象功能的能力,它强调的是扩展接口;桥接模式通过将抽象和实现相分离,让它们可以分别独立地变化,它强调的是系统沿着多个方向的变化;外观模式将复杂系统的内部子系统与客户程序之间的依赖解耦,它侧重于简化接口,更多的是一种架构模式;享元模式解决由于存在大量的细粒度对象造成的不必要内存开销的问题,它与外观模式恰好相反,关注的重点是细小的对象;代理模式为其他对象提供一种代理以控制对这个对象的访问,它注重于增加间接层来简化复杂的问题;组合模式模糊了简单元素和复杂元素的概念,它强调的是一种类层次式的结构。

行为型模式关心的是算法以及对象之间的职责分配,它所描述的不仅仅是对象或类的设计模式,还有它们之间的通信模式。除了少数例外情况,各个行为设计模式之间都是相互补充,相互加强的关系。例如责任链中的类可以使用模板方法提供的原语操作来确定对象是否应对处理了请求或选择相应的责任对象进行转发。责任链还可以使用命令模式将请求表示为对象来进行处理。迭代子模式可以遍历一个聚合,而访问者模式可以对聚合的每一个元素进行一个操作。

同样,三个类型的模式相互间可以很好地协同工作。例如,一个使用组合模式的系统可以使用访问者对该复合的各成分进行某些操作;还可以使用责任链使得各成分可以通过它们的父类访问某些全局属性;也可以使用装饰者模式对这些属性进行改写。

由此可见,一个实际系统往往需要多种模式的综合运用,才能达到一种设计上的弹性,从而灵活地应对系统的变化。

习题

1. 简单工厂模式、工厂模式和抽象工厂模式最大的区别是什么？它们分别适用于解决什么样的问题？试举例说明。

2. 你知道生活中哪些"建造者模式"应用的例子？请结合本章内容阐述之。

3. 单件模式是如何控制实例创建的？又是通过什么方式提供"全局访问点"的？

4. 假设现在让你设计一款游戏"极品飞车"，每个游戏者都需要一部车辆来参加比赛，车辆是由车轮、车体、车窗、引擎、车灯和座椅等零件按一定方式组成的，玩家可自由选择零件厂家、型号来装配出自己喜爱的车辆。

（1）根据本章所学习到的知识，你认为设计这款游戏宜采用哪种模式？

（2）假设现在很多玩家都不喜欢通过组装零件来建造一部车，而是在看到别人使用性能好的车子之后自己也想要一辆，那么又该采用何种模式？为什么？

5. 生活中装饰者的例子比比皆是，试举出几个例子加以分析，并用代码实现。

6. 试分析一下桥接模式与适配器模式的异同点。

7. 享元模式的结构图与桥接模式的结构图很像，试从结构图中分析两者在应用时存在的差异，从而更深入地了解这两个设计模式。

8. 现实中，用遥控器控制一个家庭影院，我们需要控制电视机、CD 机、灯光、投影机和音响等设备，如何用遥控器的一个按钮就实现所有设备的协同工作（如点播放按钮时先调暗灯光，再打开投影机，打开电视机，打开 CD 机，最后打开音响）是个难题，考虑下如何应用外观模式实现家庭影院的开关播放等功能。

9. 试分析一下代理模式中的代理与生活中的代理有什么异同。

10. 结合组合模式的特点，说说组合模式在现实生活中的应用。

11. 中介者模式和观察者模式有什么区别？

12. Strategy 模式和 State 模式有什么区别？

13. 某小区物业管理员在小区宣传栏上写了一则通知：

"请本小区所有住户来小区物业管理处提交一张登记表，内容如下：

姓名：xxx；性别：xx；年龄：xx；籍贯：xxx"

第二天，该小区的住户甲提交了一份登记表：

"甲；男；25；陕西"

住户乙也提交了一份登记表：

"乙；女；22；河北"

这件事让你联想到了什么模式？试结合本章内容分析之。

14. 一般的企业采购审批都是分级的，采购量不同就需要由不同级别的主管人员来审批，如主任可以审批 1 万元以下的采购单；副董事长可以审批 10 万元以下的采购单；董事长可以审批 100 万元以下的采购单；100 万元以上的采购单需要董事会研究决定。请根据以上描述，选择适当的设计模式并给出其类图。

15. 在一个电子表格程序中，一个表格对象和一个柱状图对象以及一个趋势图对象可使用不同的表示形式描述同一应用数据对象的信息。表格对象和柱状图对象相互之间不知道对方的存在,这样便于单独复用该表格、柱状图或趋势图。但是它们之间似乎又存在一定的关联性,当用户改变表格中的信息时,柱状图及趋势图能立即反映这一变化。请根据上面的叙述选择适当的设计模式,并给出类图。

参考文献

[1] Erich Gamm,Richard Helm,Ralph Johnson,John Vlissides. 设计模式:可复用面向对象软件基础[M].李英军,马晓星,蔡敏,刘建中译. 北京:机械工业出版社,2008.

[2] 程杰.大话设计模式[M].北京:清华大学出版社,2008.

[3] 金旭亮.编程的奥秘——.NET 软件技术学习与实践[M].北京:电子工业出版社,2006.

[4] Karli Watson,Christian Nagel. C♯入门经典[M].齐立波译.北京:清华大学出版社,2008.

[5] Eric Freeman,Elisabeth Freeman with Kathy Sierra,Bert Bates. Head First 设计模式(影印版)[M].南京:东南大学出版社,2007.

[6] Ian Salloway,James Trott. Addison-Wesley Professional. Design Patterns Explained[M]. Indiana:Addison-Welsley Professional,2004.

[7] 甄雷.Net 设计模式[M].北京:电子工业出版社,2005.

[8] Robert C Martin. 敏捷软件开发[M].邓辉,孟岩,等译.北京:清华大学出版社,2003.

[9] 颜炯.C♯设计模式[M].北京:中国电力出版社,2013.

[10] Joshua Kerievsky.重构与模式[M].杨光,刘基诚译.北京:人民邮电出版社,2005.

[11] 莫永腾.深入浅出设计模式 C♯/Java 版[M].北京:清华大学出版社,2005.

[12] [美]Alan Shalloway[M].设计模式精解[M].北京:清华大学出版社,2006.

[13] [美]Eric Freeman,Elisabeth Freeman,Kathy Sierra,Bert Bates. Head First 设计模式(中文版)[M].O'Reilly Taiwan 公司译.北京:中国电力出版社,2007.

[14] [美]Erich Gamma,Richard Helm,Ralph Johnson,John Vlissides.设计模式:可复用面向对象软件的基础[M].李英军,等译.北京:机械工业出版社,2000.

综合实例——武侯预伏锦囊计 第4章

4.1 问题描述

模拟案例背景根据《三国演义》第105回《武侯预伏锦囊计》改编。案例中的人物都是三国时期的英雄：魏延、马岱和杨仪。诸葛亮预料到自己死后魏延会谋反，故遗留锦囊妙计两个。一条计策叫做诱敌之计(Cheat)，由杨仪执行，杨仪在两军阵前问魏延："你敢不敢大叫'谁敢杀我'？"魏延中计后，每叫一次"谁敢杀我"，就会导致心境受到迷惑的程度增加，当到了一定程度后，马岱就可以使用计策了。诸葛亮的第二个锦囊妙计叫做杀敌之计(Kill)，由马岱执行，当魏延中了诱敌之计后，马岱乘其不备，一刀斩杀魏延于马下。模拟实例就是基于这个故事背景改编的。

问题的抽象化：假设魏延的清醒程度由一个整数表示，叫做迷惑值，其初始状态为0。每次中计后，都会导致迷惑值增加1～10之间的一个随机数。当迷惑值超过15后(不包括15)，将进入迷惑状态。进入迷惑状态之前，杀敌之计没有效果。进入迷惑状态之后，杀敌之计将导致魏延进入死亡状态。如果已经进入了迷惑状态，则不会被继续迷惑，即迷惑值不会继续增加。

关于Undo：游戏允许Undo诱敌之计，不允许Undo杀敌之计。Undo诱敌之计的效果是：迷惑状态恢复到上一次被迷惑之前。如果已经执行过了杀敌之计，则不可以再Undo了。

关于Redo：游戏允许Redo诱敌之计。Redo的前提是经过了Undo操作，Redo的结果是迷惑状态恢复到上一次被Undo之前。

因此，可能的一个结果如表4.1所示。

表 4.1 游戏功能示意

初始	Cheat	Cheat	Cheat	Cheat	Cheat	Cheat	Undo	Undo	Redo	Redo	Kill
0	5	9	14	17	无效	无效	14	9	14	17	17
清醒	清醒	清醒	清醒	迷惑	迷惑	迷惑	清醒	清醒	清醒	迷惑	死亡

4.2 需求分析

用例分析:根据问题的描述,可以确定系统的参与者(Actor)为游戏者(Player),同时确定如下 4 个用例。

- U1:欺骗,对游戏者显示操作后结果(根据魏延状态不同,结果也不相同),其活动图如图 4.1 所示。

- U2:杀敌,对游戏者显示杀敌操作后的结果(根据魏延状态不同,结果也不相同),其活动图如图 4.2 所示。

- U3:Undo,如果不是死亡状态,恢复到上一次迷惑状态的数值并显示,否则提示已经死亡,无法 Undo,其活动图如图 4.3 所示。

- U4:Redo,如果不是死亡状态,在 Undo 发生过的情况下,对游戏者显示上一次 Undo 之前的状态,否则提示已经死亡,无法 Redo,其活动图如图 4.4 所示。

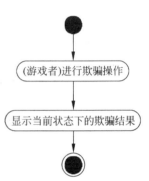

图 4.1 欺骗操作的用例图

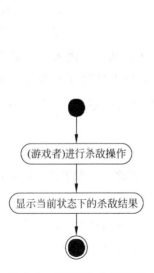

图 4.2 杀敌操作的用例图

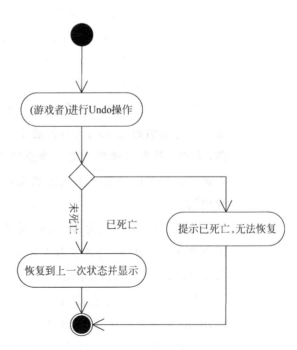

图 4.3 Undo 操作的用例图

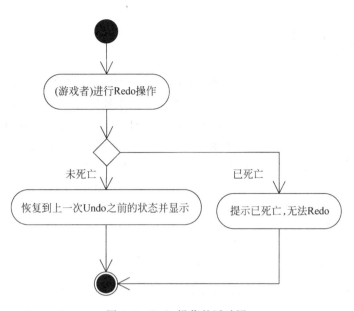

图 4.4 Redo 操作的活动图

整个系统的用例图如图 4.5 所示。

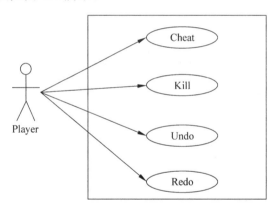

图 4.5 系统用例图

用户界面：用户界面包括操作和显示两个部分，操作部分包括 4 个按钮（Cheat、Kill、Undo 和 Redo）；显示部分为一个文本框，显示操作的结果，界面外观如图 4.6 所示。

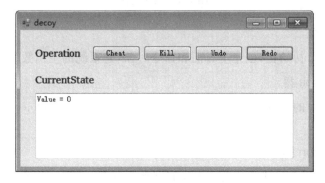

图 4.6 用户界面

4.3 系统类结构

从如图 4.7 所示的类图中可以看到,系统的主界面由 4 个按钮(InvokerButton)和一个文本框(HeroTextArea)组成,其中 4 个按钮分别对应 4 个命令(CommandCheat、CommandKill、CommandUndo 和 CommandRedo),而 4 个命令的接收者(Receiver)都是魏延,文本框用来显示魏延(Receiver)当前被迷惑的程度以及各种操作带来的结果。Receiver 本身可以处于三种状态,分别是活着(StateLive)、混乱(StateConfuse)和死亡(StateDie)。为了实现 Redo 和 Undo 操作,CommandRedo 和 CommanUndo 还必须使用栈结构(Caretaker 和 RedoStack)对状态(封装在 Memento 中)进行保存。

下面分别对各类进行具体说明。

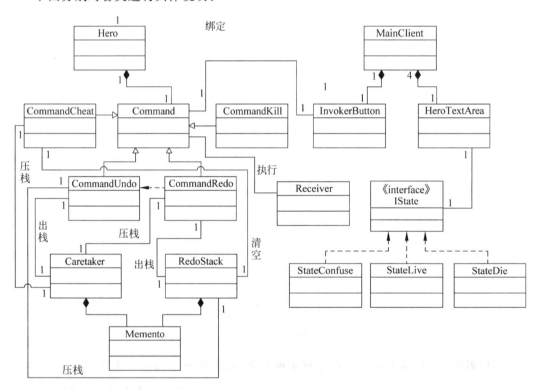

图 4.7 系统类图

1. MainClient 类

该类对系统进行初始化,创建主界面和命令对象,是系统的主函数。

2. HeroTextArea 类

该类表示主界面的文本部分,包括一个方法 Notify(object anObject),调用该方法会更新文本中的内容。

3. InvokerButton 类

该类代表主界面上的 4 个命令按钮,拥有两个属性:invoker 表示发出命令的英雄;

cmd 表示英雄发出的命令，在命令模式中是抽象命令。其主要方法有两个构造函数 InvokerButton（Hero invoker，String name）和 InvokerButton（Command cmd，String name），InvokerButton_Click（Object sender，EventArgs e）方法响应按钮单击事件，将请求发送给按钮绑定的具体命令。

4．Hero 类

该类表示可以发出命令的英雄（杨仪和马岱）。属性 name 表示英雄的名字，属性 scheme 表示英雄可以执行的命令；方法 Hero createHero（Hero prototype，String name）可以根据原型 prototype 创建名为 name 的英雄，方法 setName（String n）用来设置英雄的姓名，方法 getName（）用来获得英雄的姓名，方法 setScheme（Command scheme）用来设置英雄可以执行的命令，方法 getScheme（）用来获得英雄可以执行的命令，方法 execute（）向具体命令发出请求，方法 Object Clone（）在原型模式中用于复制一个英雄。

5．Command 抽象类

该类为命令模式中的抽象命令类。属性 receiver 表示该命令绑定的接收者对象；方法 Command（Receiver receiver）为构造函数，根据参数绑定命令的接收者；方法 execute（）只提供一个接口，具体内容由派生类实现。

6．CommandCheat 类

该类继承了 Command 抽象类，其方法 execute（）实现了 Cheat 操作。

7．CommandKill 类

该类继承了 Command 抽象类，其方法 execute（）实现了 Kill 操作。

8．CommandUndo 类

该类继承了 Command 抽象类，其方法 execute（）实现了 Undo 操作。

9．CommandRedo 类

该类继承了 Command 抽象类，其方法 execute（）实现了 Redo 操作。

10．IObserver 接口

该类为观察者接口，其方法 Notify（object anObject）实现了将事件通知给观察者的操作。

11．IObservable

该类为被观察者接口，其方法 Register（IObserver anObserver）和 UnRegister（IObserver anObserver）分别实现了观察者在被观察者处的注册与注销操作。

12．ObservableImp

该类是被观察者接口的实现，也是所有被观察对象的基类，其中具体实现了方法 Register（IObserver anObserver）和 UnRegister（IObserver anObserver）。该类中还增加了 NotifyObservers（object anObject）方法用以实现将事件通知给观察者的操作，该方法调用了观察对象的方法 Notify（object anObject）。

13．IState 接口

该类为抽象状态类，表示命令接收者魏延的状态，对于同一个命令（Cheat 或 Kill），如

果魏延所处的状态不同,则其行为也不尽相同。方法 doCheated(Receiver receiver),调用接收者对象执行 Cheat 命令;方法 doKilled(Receiver receiver),调用接收者对象执行 Kill 命令。

14. StateLive 类

该类实现了 live 状态下的 IState 接口。属性 value 记录 live 状态下的迷惑值;属性 ran 是一个静态变量,产生随机迷惑值。方法 String toString()格式化字符串的内容以便显示在文本框中;方法 doCheated(Receiver receiver)实现 live 状态下的 Cheat 操作;方法 doKilled(Receiver receiver)实现 live 状态下的 Kill 操作。

15. StateConfuse 类

该类实现了 confuse 状态下的 IState 接口。方法 String toString()格式化字符串的内容以便显示在文本框中;方法 doCheated(Receiver receiver)实现 confuse 状态下的 Cheat 操作;方法 doKilled(Receiver receiver)实现 confuse 状态下的 Kill 操作。

16. StateDie 类

该类实现了 die 状态下的 IState 接口。方法 String toString()格式化字符串的内容以便显示在文本框中;方法 doCheated(Receiver receiver)实现 die 状态下的 Cheat 操作;方法 doKilled(Receiver receiver)实现 die 状态下的 Kill 操作。

17. Memento 类

该类在备忘录模式中用于存放魏延的状态。属性 theState 用于记录魏延在某一时刻的具体状态;方法 Memento(Receiver rec)为构造函数,记录参数的状态;方法 getState()可以获取该记录中的保存的状态信息。

18. Caretaker 类

该类为 Undo 操作提供一个栈结构,存放当前状态之前的各次操作的状态。属性 undomementos 是一个栈,存放 Undo 序列 Memento 对象;属性 instance 是一个静态变量,在单件模式中用于保证 Caretaker 实例的唯一性;方法 Caretaker()是该类的构造函数;方法 Caretaker getInstance()用于获取唯一的栈实例;方法 saveUndoMemento(Memento memento) 将状态记录 memento 压入 undomementos 栈;方法 Memento retrieveUndoMemento()取下栈顶的 Memento 类元素并返回给调用者。

19. RedoStack 类

该类为 Redo 操作提供一个栈,存放每一次 Undo 操作之前的状态序列。属性 redomementos 是一个栈,存放 Undo 序列 Memento 对象;属性 instance 是一个静态变量,在单件模式中用于保证 Caretaker 实例的唯一性;方法 RedoStack ()为该类的构造函数;方法 RedoStack getInstance()用于获取唯一的栈实例;方法 saveRedoMemento (Memento memento)状态记录 memento 压入 redomementos 栈;方法 Memento retrieveRedoMemento ()取下栈顶的 Memento 类元素并返回给调用者;方法 clearRedoStack ()用于清空 redomementos 栈;方法 getSize()用于获取 redomementos 栈的大小。

20. Receiver 类

该类为命令模式中的接收者角色,它接收所有的命令,并执行这些命令。属性 myState

表示接收者当前所处的状态,有 StateLive、StateConfuse 和 StateDie 三种可能;方法 Receiver()为该类的构造函数,初始状态为 live,迷惑值为 0;方法 setState(IState state)可以根据参数设置接收者的状态;方法 IState getState()用于获得接收者的当前状态;方法 doCheated()实现具体的 Cheat 操作;方法 doKilled()实现具体的 Kill 操作;方法 undo()和 undoCheated()实现具体的 Undo 操作;方法 redo()和 redoCheated()实现具体的 Redo 操作;方法 Memento createMemento()可以创建一个 Memento 对象,用来保存接收者当前的状态;方法 restoreMemento(Memento memento)可以将接收者当前的状态设置成参数中保存的状态值;方法 alert(Object s)和 showState()用于将接收者的当前状态显示在文本框中。

4.4　各主要操作的活动图

在本节中,将对本实例中各主要操作的活动图进行分析。具体分析如下。

1. Cheat 操作

Cheat 操作活动图如图 4.8 所示,CommandCheat 操作根据魏延的三种不同状态(混乱、死亡和清醒)有不同的行为,当魏延处于“混乱”状态时,无须再进行欺骗操作,只需提示用户“已处于混乱状态”即可;如果魏延已经处于“死亡”状态,那么也没有必要再进行欺骗操作,只需提示“已死亡”;只有当魏延处于清醒状态时,才需要修改当前状态值,继续进行欺骗,在此之前还要将当前状态压入 Caretaker 栈,以备 Undo 操作使用。将新生成的状态值加入迷惑值之后,要对新的迷惑值进行判断,如果新值仍然小于 15,那么修改并显示新的迷惑值,否则将当前状态更改为“混乱”并显示在文本框中。

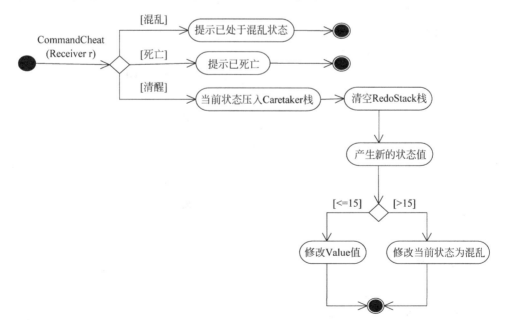

图 4.8　Cheat 操作活动图

2. Kill 操作

Kill 操作活动图如图 4.9 所示,Kill 操作在魏延的三种状态下具有不同的行为:在"清醒"状态下,由于魏延不会被杀掉,因此在文本框中显示"laugh";在死亡状态下,魏延也不可能再被杀一次,因此提示用户"已死亡"即可;在混乱状态下,执行 Kill 操作将会顺利地杀死魏延,这时需将状态修改为"死亡",并在文本框中显示。

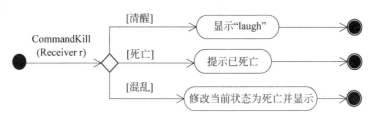

图 4.9　Kill 操作活动图

3. Undo 操作

Undo 操作活动图如图 4.10 所示,在已死亡状态下,无论怎样恢复,魏延也不会起死回生,这时的 Undo 操作应该无效,提示用户魏延"已死亡";在未死亡(清醒或混乱)状态下,可以执行 Undo 操作,但之前应该将当前状态信息存入 RedoStack 栈,以备 Redo 操作使用,然后从 CareStack 栈中取下栈顶状态信息将魏延的状态恢复到上一次操作之前。

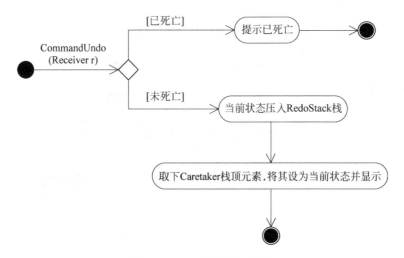

图 4.10　Undo 操作活动图

4. Redo 操作

Redo 操作活动图如图 4.11 所示,同 Undo 操作相同,如果魏延已死亡,就没有必要进行 Redo 操作了,直接提示"已死亡";在"未死亡"状态下,首先将当前状态信息压入 CareStack 栈,然后取下 RedoStack 栈顶的状态信息进行恢复。

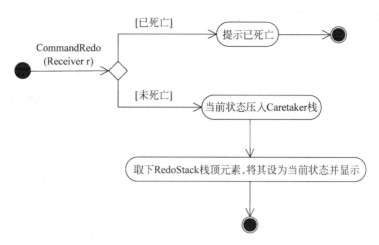

图 4.11 Redo 操作活动图

4.5 设计中采用的主要设计模式

在本节中,将对本实例中采用的设计模式进行分析,主要包含命令模式、状态模式、备忘录模式、单例模式、原型模式、简单工厂模式、适配器模式和观察者模式。具体分析如下。

(1) 命令系统采用 Command Pattern:

Invoker	InvokerButton
Abstract Command	Command
Concrete Command	CommandCheat、CommandKill、CommandUndo、CommandRedo
Receiver	Receiver

游戏界面中有 4 个按钮,游戏者就是通过这 4 个按钮和程序进行交互的,即游戏者通过按钮发出命令,由接收者执行命令,由于用到了 Redo 和 Undo 操作,因此要使用命令模式。其中命令的激活者(Invoker)为 InvokerButton 类,抽象命令(Abstract Command)角色为 Command 类,具体命令角色(Concrete Command)为 CommandCheat、CommandKill、CommandUndo 和 CommandRedo 这 4 个类,命令的接收者(Receiver)为 Receiver 类。

(2) 魏延的状态管理采用 State Pattern:

Interface(父类)	IState
Implement Class	StateLive、StateConfuse、StateDie
state manager	Receiver

因为魏延在三种不同状态下应该产生不同的行为,所以这里用到了状态模式。其中 IState 为抽象状态类,StateLive、StateConfuse 和 StateDie 为三个具体状态类,分别封装了三种状态下的不同行为,状态管理器为 Receiver 类。

（3）实现 Undo 和 Redo 采用 Memento Pattern：

Originator	Receiver
Memento	Memento
Caretaker	Caretaker、RedoStack

Redo 和 Undo 操作都需要对各个命令执行后的状态进行保存，因此要使用备忘录模式。其中原发器角色为 Receiver 类，备忘录角色为 Memento 类，保存了 Receiver 的状态信息，负责人角色为 Caretaker 和 RedoStack，它们是两个栈结构，用于保存备忘录。

（4）保证 memento 中的 Caretaker 唯一性采用 Singleton Pattern：

Singleton	Caretaker、RedoStack
Invoker	StateLive、Receiver

在整个系统中 Undo 和 Redo 操作需要用到的备忘录只能存放在一个地方，因此要使用单件模式。其中被调用的单件对象是 Caretaker 和 RedoStack，它们在整个系统中应该是唯一的，而单件对象的调用者在这里是 StateLive 类和 Receiver 类。

（5）英雄的创建采用 Prototype Pattern：

Prototype	Hero
ConcretePrototype	Yangyi、Madai
Client	MainClient

本例中的两个英雄具有相似的特征，因此采用原型模式进行创建。其中原型为 Hero 类，MainClient 通过调用其 clone 方法来创建具体原型 Yangyi 和 Madai。

（6）简化英雄的创建过程采用 Simple Factory Pattern：

Factory	Hero
Product	Yangyi、Madai
Client	MainClient

Yangyi 和 Madai 的创建既是原型模式又是简单工厂模式，其中 Hero 类是工厂，Yangyi 和 Madai 都是产品。

（7）实现按钮与锦囊妙计的执行者的"显示与逻辑分离"采用 Adapter Pattern：

Adapter	InvokerButton
Adaptee	Hero、Command
Target	Button

标准控件 Button 并不提供具体命令的接口，在这里我们使用了适配器模式。适配器

InvokerButton 通过将适配对象 Hero 和 Command 绑定在 Button 来实现功能的扩充。

（8）实现魏延的状态显示采用 Observer Pattern：

Subject	IObservable
ConcreteSubject	Receiver
Observer	IObserver
ConcreteObserver	HeroTextArea

每当魏延的状态发生变化或迷惑值改变时，就必须及时地在文本框中显示出来，显然要用到观察者模式。其中被观察对象是 Receiver，即魏延的状态和迷惑值，观察者是 HeroTextArea。

4.6　程序代码

该程序采用 C # 语言实现，可以在 Visual Studio 2010 环境中运行通过，各类的具体实现如下。

MainClient 类的代码如下：

```csharp
namespace Example_Decoy
{
    class MainClient
    {
        #region Windows 窗体设计器生成的代码
        private void InitializeComponent()
        {
            //创建英雄
            Hero dumy = new Hero();
            //创建英雄杨义
            Hero Yangyi = Hero.createHero(dumy, "Yang Yi");
            //创建英雄马岱
            Hero Madai = Hero.createHero(dumy, "Ma Dai");

            //创建游戏中所有命令的接收者(魏延)
            Receiver rec = new Receiver();

            //创建具体命令并与接收者 rec 绑定
            Command cmdCheat = new CommandCheat(rec);
            Command cmdKill = new CommandKill(rec);
            Command cmdUndo = new CommandUndo(rec);
            Command cmdRedo = new CommandRedo(rec);

            //将具体命令与其 Invoker 绑定
            Yangyi.setScheme(cmdCheat);
```

```
            Madai.setScheme(cmdKill);

            //创建面板上按钮与文本框
            this.Cheat = new InvokerButton(Yangyi,"Cheat");
            this.Kill = new InvokerButton(Madai, "Kill");
            this.Undo = new InvokerButton(cmdUndo, "Undo");
            this.Redo = new InvokerButton(cmdRedo, "Redo");
            this.Operation = new System.Windows.Forms.Label();
            this.HeroTextArea = new Example_Decoy.HeroTextArea();
            this.CurrentState = new System.Windows.Forms.Label();
            this.SuspendLayout();

            //为 rec 添加观察者,以便及时显示 rec 的状态改变
            rec.Register(HeroTextArea);
            //显示 rec 的当前状态
            rec.showState();
        }
        #endregion

        private InvokerButton Cheat;
        private InvokerButton Kill;
        private InvokerButton Undo;
        private InvokerButton Redo;
        private System.Windows.Forms.Label Operation;
        private System.Windows.Forms.Label CurrentState;
        private HeroTextArea HeroTextArea;
    }
}
```

HeroTextArea 类的代码如下:

```
//采用观察者模式
namespace Example_Decoy
{
    public class HeroTextArea : System.Windows.Forms.TextBox, IObserver
    {
        public void Notify(object anObject)
        {
            if (anObject is StateLive)
                Text = ((StateLive)anObject).toString();
            else Text = anObject.ToString();
        }
    }
}
```

InvokerButton 类的代码如下：

```
//采用适配器模式
namespace Example_Decoy
{
    public class InvokerButton : System.Windows.Forms.Button
    {
        private Hero invoker;
        private Command cmd;

        //将英雄与按钮适配,采用这种方式,将由英雄发出命令
        public InvokerButton(Hero invoker, String name)
        {
            base.Name = name;
            this.invoker = invoker;
            this.cmd = null;
            this.Click += new EventHandler(InvokerButton_Click);
        }

        //将命令与按钮适配,采用这种方式,将由游戏者发出命令
        public InvokerButton(Command cmd, String name)
        {
            base.Name = name;
            this.invoker = null;
            this.cmd = cmd;
            this.Click += new EventHandler(InvokerButton_Click);
        }

        //单击按钮后的动作,如果按钮绑定了英雄,就由英雄发出命令,否则直接调用命令
        //执行
        private void InvokerButton_Click(Object sender, EventArgs e)
        {
            if (invoker == null)
                cmd.execute();
            else
                invoker.execute();
        }
    }
}
```

Hero 类的代码如下：

```
//英雄的创建采用原型模式和简单工厂模式
namespace Example_Decoy
{
    public class Hero : ICloneable
    {
        private String name = null;
```

```
private Command scheme;

//工厂类 createHero
public static Hero createHero(Hero prototype, String name)
{
    //根据原型克隆一个 Hero 对象
    Hero newHero = (Hero)prototype.Clone();
    newHero.setName(name);
    return newHero;
}

//设置英雄姓名
public void setName(String n)
{
    name = n;
}

//获取英雄姓名
public String getName()
{
    return name;
}

//设置英雄可以执行的命令
public void setScheme(Command scheme)
{
    this.scheme = scheme;
}

//获取英雄的命令
public Command getScheme()
{
    return scheme;
}

//执行命令
public void execute()
{
    scheme.execute();
}

//使用原型模式,返回一个 Hero
public Object Clone()
{
    try
    {
        Hero newObj = (Hero)this.MemberwiseClone();
        newObj.scheme = null;
        return newObj;
```

```
                    }
                    catch (Exception e)
                    {
                        Console.WriteLine(e.Message);
                        return null;
                    }

                }

            }
        }
```

Command 类的代码如下：

```
//采用命令模式
namespace Example_Decoy
{
    public abstract class Command
    {
        //每个命令必须有接收者
        protected Receiver receiver;

        //构造函数绑定命令的接收者
        public Command(Receiver receiver){
            this.receiver = receiver;
        }

        //定义一个接口,由具体命令实现
        abstract public void execute();
    }
}
```

CommandCheat 类的代码如下：

```
namespace Example_Decoy
{
    //具体命令 CommandCheat,继承自 Command
    public class CommandCheat : Command{
        public CommandCheat(Receiver r) : base(r)
        {

        }

        //向 receiver 发消息,实现 Cheat 操作
        public override void execute(){
            receiver.doCheated();
        }
    }
}
```

CommandKill 类的代码如下：

```
namespace Example_Decoy
{
    //具体命令 CommandKill,继承自 Command
    public class CommandKill : Command{
        public CommandKill(Receiver r) : base(r)
        {

        }

        //向 receiver 发消息,实现 Cheat 操作
        public override void execute(){
            receiver.doKilled();
        }
    }
}
```

CommandUndo 类的代码如下：

```
namespace Example_Decoy
{
    //具体命令 CommandUndo,继承自 Command
    public class CommandUndo : Command{
        //构造函数
        public CommandUndo(Receiver r) : base(r){

        }

        //实现 Undo 操作,根据接收者的两种不同状态选择合适的操作
        public override void execute(){
            if(!(receiver.getState().toString().Equals("Died!")))
                receiver.undo();
            else
                receiver.alert("Already died. Can't be undone!");
        }
    }
}
```

CommandRedo 类的代码如下：

```
namespace Example_Decoy
{
    //具体命令 CommandRedo,继承自 Command
    public class CommandRedo : Command{
        //构造函数
        public CommandRedo(Receiver r) : base(r){
```

```
        }

        //实现 Redo 操作,根据接收者的两种不同状态选择合适的操作
        public override void execute(){
            if (!(receiver.getState().toString().Equals("Died!")))
            {
                if (!(receiver.getState().toString().Equals("Confused!")))
                    receiver.redo();
            }
            else
                receiver.alert("Already died. Can't be redone!");
        }
    }
}
```

IObserver 接口的代码如下:

```
namespace Example_Decoy
{
    //"观察者"接口
    public interface IObserver
    {
        //将事件通知观察者
        void Notify(object anObject);
    }
}
```

IObservable 接口的代码如下:

```
namespace Example_Decoy
{
    //"观察对象"接口
    public interface IObservable
    {
        //观察者注册操作
        void Register(IObserver anObserver);
        //观察者注销操作
        void UnRegister(IObserver anObserver);
    }
}
```

ObservableImp 类的代码如下:

```
namespace Example_Decoy
{
    public class ObservableImp : IObservable
    {
```

实用软件设计模式教程(第 2 版)

```
            //保存观察对象的容器
            protected Hashtable _observerContainer = new Hashtable();

            //注册观察者
            public void Register(IObserver anObserver)
            {
                _observerContainer.Add(anObserver, anObserver);
            }

            //撤销注册
            public void UnRegister(IObserver anObserver)
            {
                _observerContainer.Remove(anObserver);
            }

            //将事件通知观察者
            public void NotifyObservers(object anObject)
            {
                //枚举容器中的观察者,将事件一一通知给它们
                foreach (IObserver anObserver in _observerContainer.Keys)
                {
                    anObserver.Notify(anObject);
                }
            }
        }
    }
```

IState 接口的代码如下:

```
    namespace Example_Decoy
    {
        //采用状态模式,抽象状态
        public interface IState
        {
            //声明 doCheated()方法,由具体状态类实现
            void doCheated(Receiver receiver);

            //声明 doKilled()方法,由具体状态类实现
            void doKilled(Receiver receiver);
            String toString();
        }
    }
```

StateLive 类的代码如下:

```
    namespace Example_Decoy
    {
        //采用状态模式
```

```
public sealed class StateLive : IState
{
    //属性迷惑值 value
    private int value;
    //随机产生迷惑值
    private static Random ran = new Random();

    //根据传入参数构造状态
    public StateLive(int v)
    {
        value = v;
    }

    //以字符串形式返回迷惑值
    public String toString()
    {
        return "Value = " + value;
    }

    //doCheated 方法
    public void doCheated(Receiver receiver)
    {
        //创建一个备忘录用于保存当前状态信息
        Caretaker.getInstance().saveUndoMemento(receiver.createMemento());

        //清空 RedoStack 栈
        if (RedoStack.getInstance().GetSize() != 0)
            RedoStack.getInstance().ClearRedoStack();

        //随机产生一个值累加入迷惑值
        int newvalue = value + ran.Next(10) + 1;

        //当新迷惑值大于 15 时,改变状态为 StateConfuse
        if (newvalue > 15)
        {
            receiver.setState(new StateConfuse());
        }
        else
        {
            StateLive newState = new StateLive(newvalue);
            receiver.setState(newState);
        }

        //显示新的状态信息
        receiver.alert("Value = " + value);
    }

    //实现 doKilled 函数
```

```
            public void doKilled(Receiver receiver)
            {
                receiver.alert("LAUGH.");
            }
        }
    }
```

StateConfuse 类的代码如下：

```
namespace Example_Decoy
{
    //采用状态模式
    public sealed class StateConfuse : IState{

    //在 Confuse 状态下提示没必要再进行 Cheat 操作
        public void doCheated(Receiver receiver){
            receiver.alert("Already confused.");
        }

        //实现了杀敌操作 doKilled
        public void doKilled(Receiver receiver){
            receiver.setState(new StateDie());
            receiver.showState();
        }

        //返回 Confused
        public String toString(){
            return "Confused!";
        }
    }
}
```

StateDie 类的代码如下：

```
namespace Example_Decoy
{
    //采用状态模式
    public sealed class StateDie : IState{

    //Die 状态下没有必要再进行 Cheat 操作
        public void doCheated(Receiver receiver){
            receiver.alert("Already died. Can't be cheated");
        }

        //实现 doKilled 函数,返回已死亡的信息
        public void doKilled(Receiver receiver){
```

```
                receiver.alert("Already died. Can't be killed");
        }

        public String toString(){
            return "Died!";
        }
      }
    }
```

Memento 类的代码如下：

```
namespace Example_Decoy
{
    //Memento 类用于保存魏延的状态
    public class Memento
    {
        private IState theState;

        //创建一个备忘录,保存 rec 的状态
        public Memento(Receiver rec)
        {

            theState = rec.getState();
        }

        //获取备忘录中的状态
        public IState getState()
        {
            return theState;
        }
    }
}
```

Caretaker 类的代码：

```
namespace Example_Decoy
{
    public class Caretaker
    {
        //栈结构,保存 memento 对象
        private Stack undomementos = new Stack();

        //系统必须采用唯一的 Caretaker,采用单件模式
        private static Caretaker instance = new Caretaker();

        //构造函数设置为私有,不能由客户进行创建
```

实用软件设计模式教程(第 2 版)

```
                private Caretaker()
                {

                }

                //采用单件模式,获取唯一的 Caretaker 实例
                public static Caretaker getInstance()
                {
                    return instance;
                }

                //将备忘录压入 Caretaker 栈中
                public void saveUndoMemento(Memento memento)
                {
                    undomementos.Push(memento);
                }

                //取下 Caretaker 栈顶元素
                public Memento retrieveUndoMemento()
                {
                    if (undomementos.Count == 0)
                    {
                        return null;
                    }
                    return (Memento)undomementos.Pop();
                }
            }
        }
```

RedoStack 类的代码如下:

```
    namespace Example_Decoy
    {
        //采用备忘录模式
        public class RedoStack
        {
            //用栈结构保存备忘
            private Stack redomementos = new Stack();

            //栈的创建采用单件模式,保证栈的唯一性
            private static RedoStack instance = new RedoStack();

            //不允许客户创建 RedoStack
            private RedoStack()
            {

            }
```

```
            //获取唯一的 RedoStack 实例
            public static RedoStack getInstance()
            {
                return instance;
            }

            //将备忘录压入 RedoStack 栈
            public void saveRedoMemento(Memento memento)
            {
                redomementos.Push(memento);
            }

            //取出 RedoStack 栈顶元素
            public Memento retrieveRedoMemento()
            {
                if (redomementos.Count == 0)
                {
                    return null;
                }
                return (Memento)redomementos.Pop();
            }

            //清空 RedoStack 栈
            public void ClearRedoStack()
            {
                redomementos.Clear();
            }

            //获取 RedoStack 栈大小
            public int GetSize()
            {
                return redomementos.Count;
            }
        }
    }
```

Receiver 类的代码如下：

```
namespace Example_Decoy
{
    //采用命令模式和观察者模式
    public class Receiver : ObservableImp{
      //属性状态
      private IState myState;

      //创建 Receiver 时默认状态是 Live
      public Receiver(){
```

```
        myState = new StateLive(0);
    }

    //设置状态
    public void setState(IState state){
        myState = state;
    }

    //获取状态
    public IState getState(){
        return myState;
    }

    //根据当前状态实现 cheat 操作
    public void doCheated(){
        myState.doCheated(this);
    }

    //根据当前状态实现 Kill 操作
    public void doKilled(){
        myState.doKilled(this);
    }

    //Undo 操作
    public void undo(){
        undoCheated();
    }

    //Undo 操作的具体实现
    private void undoCheated(){
        //首先从 Caretaker 栈中取下一个备忘录
        Memento m = Caretaker.getInstance().retrieveUndoMemento();
        //如果有从前的状态记录
        if (m!= null) {
            //把当前状态保存至 RedoStack
            RedoStack.getInstance().saveRedoMemento(this.createMemento());
            //设置当前状态为备忘录状态
            restoreMemento(m);
            //显示修改后的状态
            showState();
        }
    }

    //Redo 操作
    public void redo(){
        redoCheated();
    }

    //Redo 操作的具体实现
```

```
        private void redoCheated(){
            //首先从 RedoStack 栈中取下一个备忘录
            Memento m = RedoStack.getInstance().retrieveRedoMemento();
            //如果有从前的状态记录
            if (m!= null){
                //把当前状态保存至 Caretaker
                Caretaker.getInstance().saveUndoMemento(this.createMemento());
                //设置当前状态为备忘录状态
                restoreMemento(m);
                //显示修改后的状态
                showState();
            }
        }

        //创建当前状态的备忘录
        public Memento createMemento(){
            return new Memento(this);
        }

        //根据备忘录修改当前状态
        public void restoreMemento(Memento memento){
            myState = memento.getState();
        }

        //观察者模式,当被观察对象状态改变时,显示在文本框中
        public void alert(Object s){
            NotifyObservers(s);
        }

        public void showState(){
            alert(myState);
        }
    }
}
```

　　本章的实例以三国时期孔明遗计斩魏延的故事为背景,从软件工程的角度,向读者介绍了软件开发的基本过程,包括系统的需求分析、系统的静态设计(类结构设计)和动态设计(活动图)。实例共涉及 8 个常用的设计模式,涵盖了创建型、结构型和行为型 3 个设计模式类别。由于作者水平有限,在设计与实现中难免存在不足,这里仅以此例向各位读者说明设计模式的一个具体应用,希望取得抛砖引玉的效果。有兴趣的读者可以自行思考,在本例中找到其他设计模式的应用。

　　综合实例"三国武侯预伏锦囊计"的介绍目的在于让读者对设计模式有一个总体的认识。希望读者在通读完整本书之后,能够将各种不同的设计模式灵活自如地加以应用,从而使自己的软件设计水平达到一个新的高度。

参考文献

［1］ Alan Salloway，James Trott. Design Patterns Explained ［M］. Indiana：Addison-Wesley Professional,2004.

［2］ 甄雷.NET 与设计模式[M].北京：电子工业出版社,2005.

［3］ Robert C. Martin 著.敏捷软件开发[M].邓辉,孟岩译.北京：清华大学出版社,2003.

［4］ 颜炯.C♯设计模式[M].北京：中国电力出版社,2013.

［5］ Joshua Kerievsky 著.重构与模式[M].杨光,刘基诚译.北京：人民邮电出版社,2006.

［6］ 莫永腾.深入浅出设计模式 C♯/Java 版[M].北京：清华大学出版社,2006.

软件架构与架构建模技术 第 5 章

软件架构是一个系统的草图,它描述的对象是直接构成系统的抽象组件。各个组件之间的连接则明确和相对细致地描述组件之间的通信。在实现阶段,这些抽象组件被细化为实际的组件,例如具体某个类或者对象。在面向对象领域中,组件之间的连接通常用接口来实现。

软件体系结构是构建计算机软件实践的基础。与建筑师设定建筑项目的设计原则和目标作为绘图员画图的基础一样,一个软件架构师或者系统架构师陈述软件构架以作为满足不同客户需求的实际系统设计方案的基础。

软件架构已经在软件工程领域中有着广泛的应用,许多专家学者从不同角度和不同侧面对软件架构进行了刻画。软件架构为软件系统提供了一个结构、行为和属性的高级抽象,由构成系统的元素的描述、这些元素的相互作用、指导元素集成的模式以及这些模式的约束组成。软件架构不仅指定了系统的组织结构和拓扑结构,并且显示了系统需求和构成系统的元素之间的对应关系,提供了一些设计决策的基本原理。

5.1 软件架构概况

5.1.1 软件架构的发展史

软件系统的规模在迅速增大的同时,软件开发方法也经历了一系列的变革。在此过程中,软件架构也由最初模糊的概念发展成为一个渐趋成熟的技术。

20 世纪 70 年代以前,尤其是在以 ALGOL 60 为代表的高级语言出现以前,软件开发基本上都是汇编程序设计。此阶段系统规模较小,很少明确考虑系统结构,一般不存在系统建模工作。20 世纪 70 年代中后期,由于结构化开发方法的出现与广泛应用,软件开发中出现了概要设计与详细设计,而且主要任务是数据流设计与控制流设计。因此,此时软件结构已作为一个明确的概念出现在系统的开发中。

20 世纪 80 年代初到 90 年代中期,是面向对象开发方法的兴起与成熟阶段。由于对象是对数据与基于数据之上操作的封装,在面向对象开发方法下,数据流设计与控制流设计统一为对象建模。同时,面向对象方法还提出了一些其他的结构视图。如在 OMT 方法中提出了功能视图、对象视图与动态视图(包括状态图和事件追踪图);而 BOOCH 方法中则提出了类视图、对象视图、状态迁移图、交互作用图、模块图和进程图;在 1997 年出现的统一建模语言 UML 则从功能模型(用例视图)、静态模型(包括类图、对象图、构件图、包图)、动态模型(协作图、顺序图、状态图和活动图)和配置模型(配置图)描述应用系统的结构。

20 世纪 90 年代以后则是基于构件的软件开发阶段,该阶段以过程为中心,强调软件开发采用构件化技术和体系结构技术,要求开发出的软件具备很强的自适应性、互操作性、可扩展性和可重用性。此阶段中,软件架构已经作为一个明确的文档和中间产品存在于软件开发过程中,同时,软件架构作为一门学科逐渐得到人们的重视,并成为软件工程领域的研究热点,因而 Perry 和 Wolf 认为,"未来的年代将是研究软件架构的时代!"。

纵观软件架构技术的发展过程,从最初的"无结构"设计到现行的基于体系结构软件开发,可以认为经历了 4 个阶段:①"无体系结构"设计阶段,以汇编语言进行小规模应用程序开发为特征;②萌芽阶段,出现了程序结构设计主题,以控制流图和数据流图构成软件结构为特征;③初级阶段,出现了从不同侧面描述系统的结构模型,以 UML 为典型代表;④高级阶段,以描述系统的高层抽象结构为中心,不关心具体的建模细节,划分了体系结构模型与传统的软件结构的界限,该阶段以 Kruchten 提出的"4+1"模型为标志。由于概念尚不统一,描述规范也不能达成一致认识,在软件开发实践中软件架构尚不能发挥重要作用,因此,软件架构技术达到成熟还需一段时日。

5.1.2 软件架构的定义

虽然软件架构已经在软件工程领域中有着广泛的应用,但迄今为止还没有一个被大家所公认的定义。许多专家学者从不同角度和不同侧面对软件架构进行了刻画,较为典型的定义有以下几个。

(1) Dewayne Perry 和 Alex Wolf 曾这样定义:软件架构是具有一定形式的结构化元素,即构件的集合,包括处理构件、数据构件和连接构件。处理构件负责对数据进行加工,数据构件是被加工的信息,连接构件把体系结构的不同部分组合连接起来。这一定义注重区分处理构件、数据构件和连接构件,这一方法在其他的定义和方法中基本上得到保持。

(2) Mary Shaw 和 David Garlan 认为软件架构是软件设计过程中的一个层次,这一层次超越计算过程中的算法设计和数据结构设计。体系结构问题包括总体组织和全局控制、通信协议、同步、数据存取,给设计元素分配特定功能,设计元素的组织、规模和性能,在各设计方案间进行选择等。软件架构处理算法与数据结构层次之上关于整体系统结构设计和描述方面的一些问题,如全局组织和全局控制结构、关于通信、同步与数据存取的协议,设计构件功能定义,物理分布与合成,设计方案的选择、评估与实现等。

(3) Kruchten 指出,软件架构有 4 个角度,它们从不同方面对系统进行描述:概念角度描述系统的主要构件及它们之间的关系;模块角度包含功能分解与层次结构;运行角度描述了一个系统的动态结构;代码角度描述了各种代码和库函数在开发环境中的组织。

(4) Hayes Roth 则认为软件架构是一个抽象的系统规范,主要包括用其行为来描述的功能构件和构件之间的相互连接、接口和关系。

（5）David Garlan 和 Dewne Perry 于 1995 年在 IEEE 软件工程学报上又采用如下的定义：软件架构是一个程序/系统各构件的结构、相互关系以及进行设计的原则和随时间进化的指导方针。

（6）Barry Boehm 和他的学生提出，一个软件架构包括一个软件和系统构件，互联及约束的集合；一个系统需求说明的集合；一个基本原理用以说明这一构件，互联和约束能够满足系统需求。

（7）1997 年，Bass、Ctements 和 Kazman 在《使用软件架构》一书中给出如下的定义：一个程序或计算机系统的软件架构包括一个或一组软件构件、软件构件的外部的可见特性及其相互关系。其中，"软件外部的可见特性"是指软件构件提供的服务、性能、特性、错误处理以及共享资源使用等。

总之，软件架构的研究正在发展，软件架构的定义也必然随之完善。在以后的文章里，如果不特别指出，我们将使用软件架构的下列定义：

软件架构为软件系统提供了一个结构、行为和属性的高级抽象，由构成系统的元素的描述、这些元素的相互作用、指导元素集成的模式以及这些模式的约束组成。软件架构不仅指定了系统的组织结构和拓扑结构，并且显示了系统需求和构成系统的元素之间的对应关系，提供了一些设计决策的基本原理。

5.2 客户机/服务器模式

当一台连入网络的计算机向其他计算机提供各种网络服务（如数据、文件的共享等）时，它就被叫做服务器。而那些用于访问服务器资料的计算机则被叫做客户机。客户机和服务器都是独立的计算机。采用客户机/服务器（Client/Server，C/S）结构的系统，有一台或多台服务器以及大量的客户机。服务器配备大容量存储器并安装数据库系统，用于数据的存放和数据检索；客户端安装专用的软件，负责数据的输入、运算和输出。严格说来，客户机/服务器模型并不是从物理分布的角度来定义的，它所体现的是一种网络数据访问的实现方式。采用这种结构的系统目前应用非常广泛。

5.2.1 传统两层客户机/服务器模式

1. 两层客户机/服务器模式的基本结构

客户机/服务器系统有三个主要部件：数据库服务器、客户应用程序和网络，如图 5.1 所示。

（1）服务器负责有效地管理系统的资源，其任务集中于：
- 数据库安全性的要求；
- 数据库访问并发性的控制；
- 数据库前端的客户应用程序的全局数据完整性规则；
- 数据库的备份与恢复。

（2）客户端应用程序的主要任务是：
- 提供用户与数据库交互的界面；

- 向数据库服务器提交用户请求并接收来自数据库服务器的信息;
- 利用客户应用程序对存在于客户端的数据执行应用逻辑要求。

(3) 网络通信软件的主要作用是:完成数据库服务器和客户应用程序之间的数据传输。

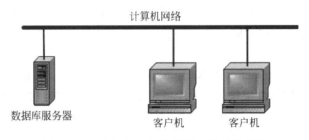

图 5.1 两层客户机/服务器模式的基本结构

上述结构是客户机/服务器模式的基本结构,随后出现的多层客户机/服务器模式以及浏览器/服务器模式都是以上述结构为基础,对客户机层、服务器层按功能进行了进一步细分后产生的模式。

客户机/服务器系统比文件服务器系统能提供更高的性能,因为客户端和服务器端将应用的处理要求分开,同时又共同实现其处理要求,对客户端程序的请求实现"分布式应用处理"。服务器为多个客户端应用程序管理数据,而客户端程序发送、请求和分析从服务器接收的数据,这是一种"胖客户机(Fat Client)","瘦服务器(Thin Server)"的网络计算模式。

2. 两层客户机/服务器模式的优缺点

在一个客户机/服务器应用中,客户端应用程序是针对一个小的、特定的数据集,如一个表的行来进行操作的,而不是像文件服务器那样针对整个文件进行的。它对某一条记录进行封锁,而不是对整个文件进行封锁,因此保证了系统的并发性,并使网络上传输的数据量减到最少,从而改善了系统的性能。

两层客户机/服务器模式软件架构的优点主要在于:

- 系统的客户端应用程序和服务器部件分别运行在不同的计算机上,系统中每台服务器都可以适应各部件的要求,这对于硬件和软件的变化显示出极大的适应性和灵活性,而且易于对系统进行扩充和维护;
- 在客户机/服务器模型中,系统中的功能部件充分隔离,客户端程序的开发集中于数据的显示和分析,而数据库服务器的开发则集中于数据的管理,不必在每一个新的应用开发中都要对一个数据库进行编码;
- 将大的应用处理任务分布到许多通过网络连接的低成本计算机上,使系统部署费用极大降低;
- 两层模式的客户机/服务器模式和多层模式相比,开发、部署和维护成本较低。

随着 C/S 结构应用范围的不断扩大和计算机网络技术的发展,这种结构带来的问题日益明显,主要表现在以下几方面:

- 系统的可靠性有所降低。一个客户机/服务器系统是由各自独立开发、制造和管理的各种硬件和软件组成的混合体,其内在的可靠性不如单一的、中央管理的大型机或小型机,出现问题时,很难立即获得技术支持和帮助;

- 维护费用较高。尽管这种应用模式在某种程度上提高了生产效率，但由于客户端需要安装庞大而复杂的应用程序，当网络用户的规模达到一定的数量之后，系统的维护量急剧增加，因而维护应用系统变得十分困难；
- 系统资源的浪费。随着客户端的规模越来越大，对客户机资源的要求也越来越高。客户机硬件要适应系统要求而不断更新，每个客户机都要重复购置、安装大量应用软件，这无疑是一种巨大的浪费；
- 系统缺乏灵活性。客户机/服务器需要对每一应用独立地开发应用程序，消耗了大量的资源；
- 二层 C/S 结构是单一服务器且以局域网为中心的，所以难以扩展至大型企业广域网或 Internet；
- 数据安全性不好。因为客户端程序可以直接访问数据库服务器，那么，安装在客户端计算机上的其他程序也可以访问数据库服务器，从而使数据库的安全性受到威胁。

3．模式应用

以一个远程会诊系统为例。该系统设计的目的在于积聚各地专家的集体智慧就某一个医学难题进行协同会诊。系统硬件包括若干台客户机和一台服务器以及连接它们的网络环境，服务器上安装操作系统提供服务，数据库软件管理和存储数据，开发客户端管理软件并部署到每个管理人员使用的客户机上。服务器和客户机软件要采用一些安全控制策略和加密手段以保证数据的安全。

远程会诊系统的工作原理如图 5.2 所示。

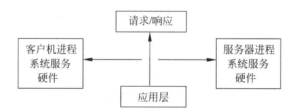

图 5.2　系统工作原理示意图

在这个系统中，客户机进程是主动的，先发出请求给服务器。客户机在应用层负责维持和处理与用户的全部会话，一般包含以下内容：屏幕处理、菜单或命令解释、数据输入和证实、帮助处理和错误恢复。在 GUI 应用中，还包括：窗口处理、鼠标输入、对话框控制、声音和影像管理。通过管理与用户的所有交互作用，使得服务器和网络对用户透明。服务器进程通常一直在运行，给许多客户机提供服务。

5.2.2　经典三层客户机/服务器模式

应用程序从结构上一般分为 4 层：形式逻辑、业务逻辑、数据逻辑和数据存储。传统的 C/S 计算多是基于两级模式，在这种模式中，所有的形式逻辑和业务逻辑均驻留在客户机端，而服务器则成为数据库服务器，负责各种数据的处理和维护。因此 Server 变得很"瘦"，被称为"瘦服务器（Thin Server）"。与之相反，这种模式需要在客户端运行庞大的应用程序，这就是所谓的"胖客户机（Fat Client）"。

在向广域网(如 Internet)扩充的过程中,由于信息量的迅速增大,专用的客户端已经无法满足多功能的需求。网络计算模式从两层模式扩展到 N 层模式,并且结合动态计算,解决了这一问题。

1. 三层客户机/服务器模式基本结构

三层 C/S 结构是将应用功能分成表示层、功能层和数据层三部分,如图 5.3 所示。

表示层是应用的用户接口部分,它担负着用户与应用间的对话功能。它用于检查用户从键盘等输入的数据,显示应用输出的数据。为使用户能直观地进行操作,一般要使用图形用户接口(GUI),使操作简单、易学易用。在变更用户接口时,只需改写显示控制和数据检查程序,而不影响其他两层。检查的内容也只限于数据的形式和值的范围,不包括有关业务本身的处理逻辑。

功能层相当于应用的本体,它将具体的业务处理逻辑地编入程序中。表示层和功能层之间的数据交互要尽可能简洁。

数据层就是 DBMS,负责管理对数据库数据的读写。DBMS 必须能迅速执行大量数据的更新和检索。目前的主流是采用关系数据库管理系统(RDBMS),因此一般从功能层传送到数据层的要求大都使用 SQL 语言。

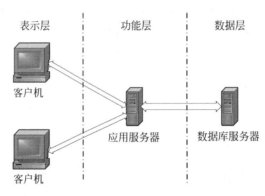

图 5.3 三层客户机/服务器模式的基本结构

这三个逻辑层在硬件的部署上也有两种方式,一是将表示层和功能层都部署在客户机上,与二层 C/S 结构相比,系统的逻辑层次更清晰,其程序的可维护性要好得多。但是其他问题并未得到解决:客户机的负荷太重,业务处理所需的数据要从服务器传给客户机,所以系统的性能容易变坏。

另一种方式是将功能层和数据层分别放在不同的服务器中,这样服务器和服务器之间也要进行数据传送。但是,由于在这种形态中三层是分别放在各自不同的硬件系统上的,所以灵活性很高,能够适应客户机数目的增加和处理负荷的变动。例如,在追加新业务处理时,可以相应增加装载功能层的服务器。因此,系统规模越大这种形态的优点就越显著。所以标准的三层 C/S 结构都采用这种部署方式。

值得注意的是:三层 C/S 结构各层间的通信效率若不高,即使分配给各层的硬件能力很强,其作为整体来说也达不到所要求的性能。此外,设计时必须慎重考虑三层间的通信方法、通信频度及数据量。这和提高各层的独立性一样是三层 C/S 结构的关键问题。

在三层或 N 层 C/S 结构中,中间件(Middleware)是最重要的部件。所谓中间件是一个用 API 定义的软件层,是具有强大通信能力和良好可扩展性的分布式软件管理框架。它的功能是在客户机和服务器或者服务器和服务器之间传送数据,实现客户机群和服务器群之间的通信。其工作流程是:在客户机里的应用程序需要请求网络上某个服务器的数据或服务时,请求此数据的 C/S 应用程序需访问中间件系统;中间件系统将查找数据源或服务,并在发送应用程序请求后重新打包响应,将其传送回应用程序。随着网络计算模式的发展,中间件日益成为软件领域的新热点。中间件在整个分布式系统中起数据总线的作用,各种异构系统通过中间件有机地结合成一个整体。每个 C/S 环境,从最小的 LAN 环境到超级网络环境,都使用某种形式的中间件。无论客户机何时给服务器发送请求,也无论它何时存取数据库文件,都有某种形式的中间件传递 C/S 链路,用以消除通信协议、数据库查询语言、应用逻辑与操作系统之间潜在的不兼容问题。

2. 三层 C/S 模式的优缺点

和两层 C/S 结构相比,三层客户机/服务器模式具有以下优点:

- 三层 C/S 结构具有更灵活的硬件系统,对于各个层可以选择与其处理负荷和处理特性相适应的硬件;
- 合理地分割三层结构并使其独立,可以使系统的结构变得简单清晰,这样就提高了程序的可维护性;
- 三层 C/S 结构中,应用的各层可以并行开发,各层也可以选择各自最适合的开发语言,有利于变更和维护应用技术规范,按层分割功能使各个程序的处理逻辑变得十分简单;
- 允许充分利用功能层有效地隔离开表示层与数据层,未授权的用户难以绕过功能层而利用数据库工具或黑客手段非法地访问数据层,这就为严格的安全管理奠定了坚实的基础,整个系统的管理层次也更加合理和可控制;
- 系统可用性高,具有良好的开放性,可跨平台操作,支持异构数据库。

三层 C/S 模式当然也存在一些不足,例如相比两层 C/S 模式来讲,开发的技术难度加大,对于小企业和小型应用项目来说,部署成本过高等。

3. 模式应用

三层 C/S 模式应用较广泛,各行业的应用实例也不胜枚举,此处以学校学生信息管理系统为例。

为了克服单纯的 B/S 和 C/S 两种模式的缺点,并充分利用校园内部的局域网,我们对学生信息管理系统进行了升级改造,增加了两台应用服务器,其中一台处理学生信息查询业务,另一台处理学生信息修改业务。这两台应用服务器软件使用微软 COM+组件开发,对客户机软件也进行了修改。这样改造的结果是:业务处理逻辑分配到了两个服务器节点上,系统性能得到提升,支持的终端数可以成倍增加;查询和修改两个业务逻辑分离,更有利于系统安全控制;客户机软件只处理表示逻辑,系统开发工作量大大减少;客户机软件和应用服务器软件可由两个小组分别开发和维护,提高了效率。

学生信息管理系统的结构如图 5.4 所示,在功能层加入两台服务器后,客户端提出的查询请求不再直接提交给后台数据库,而是通过功能层提供的高速数据通道传送到数据库,这种高速数据通道有效地降低了客户机与服务器以及客户机与数据库的连接数量。同时,查询过程中与数据库无关的逻辑处理任务也由功能层完成,从而进一步分担了很多原来需要数据库完成的工作,在很大程度上提高了数据库在处理大量并发服务请求时的性能,保证整个系统处于稳定的工作状态。

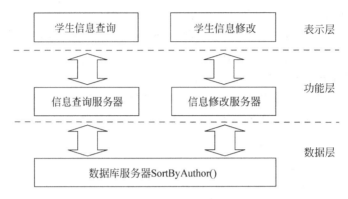

图 5.4　三层 C/S 结构的学生信息管理系统结构图

4. 多层客户机/服务器模式

在大型系统中,为了进一步提高系统性能,增加系统的灵活性,还可以对三层 C/S 结构中的功能层继续进行细分。例如将数据库存取的相关操作独立出来形成数据库访问层,该层专门负责和数据库交互,存取数据。这样就形成了四层乃至 N 层客户机/服务器模式。这样做的优点在于,对于大型系统来说,逻辑结构更加清晰,系统各层的开发和维护、部署更加灵活,但也带来了管理成本加大的问题。在实际应用中,系统架构师应根据项目的具体情况选择合适的架构模式。

5.3　浏览器/服务器模式

1. 浏览器/服务器模式的基本结构

5.2.2 节介绍过,三层 C/S 架构分为表示层、功能层、数据层。表示层负责处理用户的输入和向客户的输出。功能层负责建立数据库的连接,根据用户的请求生成访问数据库的 SQL 语句,并把结果以适当的形式返回给表示层。数据层负责数据的存储和检索,响应功能层的数据处理请求,并将结果返回给功能层。

浏览器/服务器(Browser/Server,B/S)架构模式实际上是上述三层 C/S 架构的一种实现方式,其具体结构为:浏览器/Web 服务器/数据库服务器。采用 B/S 结构的应用系统的基本框架如图 5.5 所示。

B/S 结构,主要是利用了不断成熟的 WWW 浏览器技术,结合浏览器的多种脚本语言(VBScript、JavaScript 等)和 ActiveX 技术,用通用浏览器就实现了原来需要复杂的专用软件才能实现的强大功能,并节约了开发成本,是一种全新的软件系统构造技术。随着Windows 将浏览器技术植入操作系统内部,这种结构更成为当今应用软件的首选体系结构。显然 B/S 结构应用程序相对于传统的 C/S 结构应用程序是一个巨大的进步。

在 B/S 架构系统中,用户通过浏览器向分布在网络上的服务器发出请求,服务器对浏览器的请求进行处理,将用户所需信息返回到浏览器。而其余如数据请求、加工、结果返回

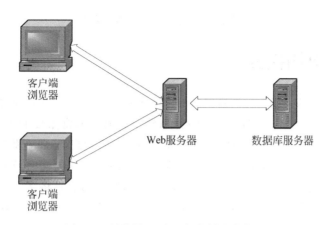

图 5.5　浏览器/服务器架构模式结构图

以及动态网页生成、对数据库的访问和应用程序的执行等工作全部由 Web 服务器完成。

2. 主要优缺点

B/S 结构的主要优点是分布性强、维护方便、开发简单且共享性强、总体拥有成本低。它提供了异种机、异种网、异种应用服务的联机、联网、统一服务的最现实的开放性基础。用户在使用系统时，仅仅需要一个浏览器就可运行全部的模块，真正达到了"零客户端"的功能，使系统很容易在运行时自动升级。

其主要缺点在于：

- 存在数据安全性问题，对服务器要求过高，数据传输速度慢，软件的个性化特点明显降低；
- 难以实现传统模式下的特殊功能要求，例如通过浏览器进行大量的数据输入或进行报表的应答、专用性打印输出都比较困难和不便；
- 实现复杂的应用构造有较大的困难，虽然可以用 ActiveX、Java 等技术开发较为复杂的应用，但是相对于已经非常成熟的 C/S 一系列应用工具来说，这些技术还不够成熟。

3. 模式应用

还以学校学生信息管理系统为实例说明这种架构模式。学校准备向全校学生开放部分信息，在校学生可以在校园网上用自己的计算机查询自己的诸如考试成绩、图书借阅记录等信息，学校难道要让每个学生都下载安装一个客户机信息软件吗？这种情况下，B/S 模式就显示出它的巨大优势，改用这种模式是一种必然的选择。

新系统采用 B/S 架构，结合了 ASP 技术，并将组件技术 COM＋和 ActiveX 技术分别应用在服务器端和客户端。该系统的实现主要分为三个部分：ASP 页面、COM＋组件和数据库，因此它是一个三层结构。表示层由 ASP 页面组成，用以实现 WEB 页面显示和调用 COM＋组件，业务逻辑和数据访问由一组用 VC 实现的 COM＋组件构成。为了便于维护、升级和实现分布式应用，在实现过程中，又将业务逻辑层和数据访问层分离开，ASP 页面不直接调用数据访问层，而是通过业务逻辑层调用数据库。一些需要用 Web 处理的、满足大多数访问者请求的功能界面采用 B/S 结构，例如任课教师可以通过浏览器查询所教班级学生的各种相关信息；学校管理人员通过浏览器对学校的学生、教师等信息进行管理与维护以及查询统计；领导可通过浏览器进行数据的查询和决策等。

5.4 MVC 架构模式

MVC 全名是"模型-视图-控制器(Model-View-Controller)"，它是软件工程中非常经典的一种软件架构模式，在 UI 框架和 UI 设计思路中扮演着非常重要的角色。MVC 是一种软件设计典范，用一种业务逻辑和数据显式分离的方法组织代码，将业务逻辑聚集到一个部件里面，在界面和用户围绕数据的交互能被改进和个性化定制的同时而不需要重新编写业务逻辑。从设计模式的角度来看，MVC 模式是一种复合模式，其将多个设计模式在一种解决方案中结合起来，用来解决许多设计问题。MVC 模式把用户界面交互分拆到不同的三种角色中，使应用程序被分成三个核心部件：Model(模型)、View(视图)和 Controller(控制器)。

5.4.1 MVC 结构

MVC 的结构如图 5.6 所示，视图中用户的输入被控制器解析后，控制器改变状态激活模型，模型根据业务逻辑维护数据，并通知视图数据发生变化，视图得到通知后从模型中获取数据刷新视图。

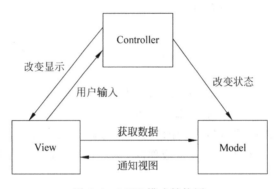

图 5.6 MVC 模式结构图

模型：模型持有所有的数据、状态和程序逻辑，独立于视图和控制器。模型表示企业数据和业务规则，在 MVC 的三个部件中，其拥有最多的处理任务。模型与数据格式无关，这样一个模型能为多个视图提供数据，由于应用于模型的代码只需写一次就可以被多个视图重用，所以减少了代码的重复性。

视图：用来呈现模型。视图是用户看到并与之交互的界面，通常直接从模型中取得其需要显示的状态与数据，对于相同的信息可以有多个不同的显示形式或视图。在客户端/服务器模式(C/S 模式)中，视图相当于客户端展示给用户的应用软件界面；在浏览器/服务器模式中(B/S 模式)中，视图就是由 HTML 元素组成的界面，但一些新的技术已层出不穷，包括 Adobe Flash 和像 XHTML、XML/XSL、WML 等一些标识语言和 Web Services。MVC 能为应用程序处理很多不同的视图，在视图中其实没有真正的处理发生，不管这些数据是联机存储的还是一个雇员列表，作为视图来讲，其只是作为一种输出数据并允许用户操纵的方式。

控制器：位于视图和模型中间，将输入进行解析并反馈给模型，通常一个视图具有一个控制器。控制器接收用户的输入并调用模型和视图去完成用户的需求，例如当单击 Web 页面中的超链接和发送 HTML 表单时，控制器本身不输出任何东西和做任何处理。其只是接收请求并决定调用哪个模型构件去处理请求，然后再确定用哪个视图来显示返回的数据。

5.4.2　MVC 的特点

1. 优点

1）耦合性低

视图层和业务层分离，这样就允许更改视图层代码而不用重新编译模型和控制器代码，同样，一个应用的业务流程或者业务规则的改变只需要改动 MVC 的模型层即可。因为模型与控制器和视图相分离，所以很容易改变应用程序的数据层和业务规则。

模型是自包含的，并且与控制器和视图相分离，所以很容易改变应用程序的数据层和业务规则。如果把数据库从 MySQL 移植到 Oracle，或者改变基于 RDBMS 数据源到 LDAP，只需改变模型即可。一旦正确实现了模型，不管数据来自数据库或是 LDAP 服务器，视图将会正确地显示它们。由于运用 MVC 应用程序的三个部件是相互独立的，改变其中一个不会影响其他两个，所以依据这种设计思想能构造良好的松耦合的构件。

2）重用性高

随着技术的不断进步，需要用越来越多的方式来访问应用程序。MVC 模式允许使用各种不同样式的视图来访问同一个服务器端的代码，因为多个视图能共享一个模型，它包括任何 Web（HTTP）浏览器或者无线浏览器（WAP），例如，用户可以通过电脑也可通过手机来订购某样产品，虽然订购的方式不一样，但处理订购产品的方式是一样的。由于模型返回的数据没有进行格式化，所以同样的构件能被不同的界面使用。例如，很多数据可能用 HTML 来表示，但是也有可能用 WAP 来表示，而这些表示所需要的命令是改变视图层的实现方式，而控制层和模型层无须做任何改变。由于已经将数据和业务规则从表示层分开，所以可以最大化地重用代码。模型也有状态管理和数据持久性处理的功能，例如，基于会话的购物车和电子商务过程也能被 Flash 网站或者无线联网的应用程序所重用。

3）生命周期成本低

MVC 使开发和维护用户接口的技术含量降低。

4）部署快

使用 MVC 模式可以使开发时间大大缩减，其使程序员（如 Java 开发人员）集中精力于业务逻辑，界面程序员（如 HTML 和 JSP 开发人员）集中精力于表现形式上。

5）可维护性高

分离视图层和业务逻辑层使得 Web 应用更易于维护和修改。

6）有利软件工程化管理

由于不同的层次各司其职，每一层不同的应用具有某些相同的特征，有利于通过工程化、工具化管理程序代码。控制器也提供了一个好处，就是可以使用控制器来连接不同的模型和视图去完成用户的需求，这样控制器可以为构造应用程序提供强有力的手段。给定一些可重用的模型和视图，控制器可以根据用户的需求选择模型进行处理，然后选择视图将处理结果显示给用户。

2．缺点

1）没有明确的定义

完全理解 MVC 并不是很容易。使用 MVC 需要精心的计划,由于其内部原理比较复杂,所以需要花费一些时间去思考。同时由于模型和视图要严格分离,每个构件在使用之前都需要经过彻底的测试,这样也给调试应用程序带来了一定的困难。

2）不适合小型、中等规模的应用程序

花费大量时间将 MVC 应用到规模并不是很大的应用程序通常会得不偿失。

3）增加系统结构和实现的复杂性

对于简单的界面,严格遵循 MVC,使模型、视图与控制器分离,会增加结构的复杂性,并可能产生过多的更新操作,降低运行效率。

4）视图与控制器间过于紧密的连接

视图与控制器是相互分离,但却联系紧密的部件,视图没有控制器的存在,其应用是很有限的,反之亦然,这样就妨碍了其独立重用。

5）视图对模型数据的低效率访问

依据模型操作接口的不同,视图可能需要多次调用才能获得足够的显示数据。对未变化数据的不必要访问,也将损害操作性能。

6）一般高级的界面工具或构造器不支持模式

改造这些工具以适应 MVC 需要和建立分离部件的代价是很高的,会造成 MVC 使用的困难。

3．应用实例

基于 Web 的 MVC Framework 在 J2EE 的领域内已是空前繁荣,比较好的老牌 MVC 有 Struts、Webwork。新兴的 MVC 框架有 Spring MVC、Tapestry、JSF 等,这些大多是著名团队的作品。另外还有一些边缘团队的作品也相当出色,如 Dinamica、VRaptor 等。这些框架都提供了较好的层次分隔能力,在实现良好的 MVC 分隔的基础上,通过提供一些现成的辅助类库,同时也促进了生产效率的提高。有兴趣的读者,可以自行查找学习这些相关应用实例,对于理解和实践 MVC 有很大的帮助,本书限于篇幅,在此不一一列出。

5.5　基于构件的模式

构件来源于英文"Component",在有些文献中也称为组件。目前对构件的定义,软件产业界还未形成统一的认识,北京大学的杨芙清教授将构件定义为应用系统中可以明确辨识的构成成分,可复用构件是具有相对独立的功能和可复用价值的构件。

构件是组成软件的基本单位,它包含以下 3 个内容：

* 构件是可复用的、自包含的、独立于具体应用的软件对象模块；
* 对构件的访问只能通过其接口进行；
* 构件不直接与别的构件通信。

1．基于构件模式的基本结构

一般认为,构件是指语义完整、语法正确和有可重用价值的单位软件,是软件重用过程中可以明确辨识的系统；结构上，它是语义描述、通信接口和实现代码的复合体。简单地说，构件是具有一定的功能，能够独立工作或能同其他构件装配起来协调工作的程序体，构件的使用同它的开发、生产无关。从抽象程度来看，面向对象技术已达到了类级重用（代码重用），它以类为封装的单位。这样的重用粒度还太小，不足以实现异构互操作和效率更高的重用。构件将抽象的程度提到一个更高的层次，它是对一组类的组合进行封装，并代表完成一个或多个功能的特定服务，也为用户提供了多个接口。整个构件隐藏了具体的实现，只用接口提供服务。

基于构件模式的软件架构的基本结构如图 5.7 所示。

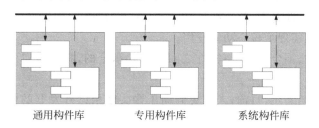

通用构件库　　　　　专用构件库　　　　　系统构件库

图 5.7　基于构件的软件架构模式的基本结构图

在基于构件的软件架构模式中，各种类型的构件是系统的主体，系统采用一定的构件组合方式将各构件有机结合在一起，完成系统功能。

近年来，构件技术发展迅速，已形成三个主要流派，分别是 IBM 的 CORBA、Sun 的 Java 平台和 Microsoft 的 COM＋。

如果把软件系统看成是构件的集合，那么从构件的外部形态来看，构成一个系统的构件可分为 5 类。

- 独立而成熟的构件。独立而成熟的构件得到了实际运行环境的多次检验，该类构件隐藏了所有接口，用户只需用规定好的命令进行使用。例如，数据库管理系统和操作系统等。

- 有限制的构件。有限制的构件提供了接口，指出了使用的条件和前提，这种构件在装配时，会产生资源冲突、覆盖等影响，在使用时需要加以测试。例如，各种面向对象程序设计语言中的基础类库等。

- 适应性构件。适应性构件进行了包装或使用了接口技术，把不兼容性、资源冲突等进行了处理，可以不加修改地使用在各种环境中，例如 ActiveX 等。

- 装配的构件。装配的构件在安装时，已经装配在操作系统、数据库管理系统或信息系统的不同层次上，使用胶水代码（Glue Code）就可以进行连接使用。目前一些软件商提供的大多数软件产品都属于这一类。

- 可修改的构件。可修改的构件可以进行版本替换。如果对原构件修改错误或增加新功能，可以利用重新“包装”或写接口来实现构件的替换。这种构件在应用系统开发中使用得比较多。

基于构件的软件开发通常包括构件获取、构件分类和检索、构件评估、适应性修改以及将现有构件在新的语境下组装成新的系统。构件获取可以有多种不同的途径：

- 从现有构件中获得符合要求的构件，直接使用或做适应性修改，得到可重用的构件；

- 通过遗产工程,将具有潜在重用价值的构件提取出来,得到可重用的构件;
- 从市场上购买现成的商业构件;
- 开发新的符合要求的构件。

一个企业或组织在进行以上决策时,必须考虑到不同方式获取构件的一次性成本和以后的维护成本,从而做出最优的选择。

2. 基于构件模式的优缺点

基于构件的软件架构模式是软件开发发展到一定阶段的产物,是目前主流的应用软件架构模式,其优点体现在以下几个方面:

- 完全黑盒的软件复用,整个构件隐藏了具体的实现,只用接口提供服务,不仅实现了代码复用,还实现了核心功能复用;
- 总体架构的松耦合,构件与构件之间都是松耦合的,相同接口而不同实现的构件完全可以互换;
- 软件生产周期缩短,目前,人们更倾向于购买使用已开发好的构件来构建自己的系统,从而使开发时间大大缩短;
- 能适应远程访问的分布式、多层次异构系统;
- 具有灵活方便的升级能力和系统模块的更新维护能力。

基于架构的软件架构模式存在的缺点主要有以下几点:一是大量使用第三方构件给软件的安全带来隐患;二是购买构件可能使软件成本增加;三是非定制的构件中存在的无用部分可能带来性能负担。

5.6 软件架构建模技术

研究软件架构的首要问题是如何表示软件架构,即如何对软件架构建模。根据建模的侧重点的不同,可以将软件架构的模型分为 5 种:结构模型、框架模型、动态模型、过程模型和功能模型。在这 5 个模型中,最常用的是结构模型和动态模型。

1. 结构模型

结构模型是一个最直观、最普遍的建模方法。这种方法以架构的构件、连接件和其他概念来刻画结构,并力图通过结构来反映系统的重要语义内容,包括系统的配置、约束、隐含的假设条件、风格和性质。研究结构模型的核心是架构描述语言。

2. 框架模型

框架模型与结构模型类似,但它不太侧重描述结构的细节而更侧重于整体的结构。框架模型主要以一些特殊的问题为目标建立只针对和适应该问题的结构。

3. 动态模型

动态模型是对结构或框架模型的补充,研究系统"大颗粒"的行为性质,例如,描述系统的重新配置或演化。动态可能指系统总体结构的配置、建立或拆除通信通道或计算的过程。这类系统常是激励型的。

4. 过程模型

过程模型研究构造系统的步骤和过程,因而其结构是遵循某些过程脚本的结果。

5. 功能模型

功能模型认为架构是由一组功能构件按层次组成的,下层向上层提供服务。它可以看作是一种特殊的框架模型。

这 5 种模型各有所长,如果将 5 种模型有机地统一在一起,形成一个完整的模型来刻画软件架构,将能更加准确、全面地反映软件架构。

5.6.1 软件架构"4＋1"视图模型

Philippe Kruchten 在 1995 年提出了一个"4＋1"的视角模型。"4＋1"模型从 5 个不同的视角包括逻辑视角、过程视角、物理视角、开发视角和场景视角来描述软件架构。每一个视角只关心系统的一个侧面,5 个视角结合在一起才能够反映系统的软件架构的全部内容。"4＋1"视图模型如图 5.8 所示。

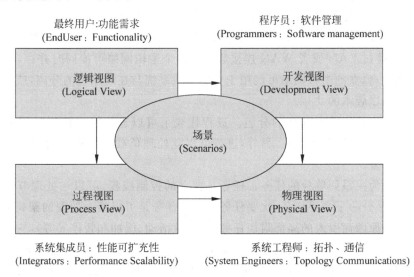

图 5.8 软件架构"4＋1"视图模型

- 逻辑视图(Logical View),设计的对象模型(使用面向对象的设计方法时);
- 过程视图(Process View),捕捉设计的并发和同步特征;
- 物理视图(Physical View),描述了软件到硬件的映射,反映了分布式特性;
- 开发视图(Development View),描述了在开发环境中软件的静态组织结构;
- 场景(Scenarios),是用例表述的需求的抽象。

5.6.2 "4＋1"视图模型建模方法

下面简述每个不同视角的建模方法。

1. 逻辑视角－逻辑结构

逻辑视角主要对系统的逻辑结构进行建模,它采用的是面向对象分解的方法。

逻辑架构主要支持功能性需求,即为用户提供服务方面系统所应该提供的功能。系统分解为一系列的关键抽象,大多数来自于问题域,表现为对象或对象类的形式。它们采用抽象、封装和继承的原理。分解并不仅仅是为了功能分析,而且用来识别遍布系统各个部分的

实用软件设计模式教程(第 2 版)

通用机制和设计元素。一般使用 Rational/Booch 方法来表示逻辑架构,主要借助于类图和类模板的手段。类图用来显示一个类的集合和它们的逻辑关系:关联、使用、组合和继承等等。相似的类可以划分成类集合。类模板关注于单个类,它强调主要的类操作,并且识别关键的对象特征。如果需要定义对象的内部行为,则使用状态转换图或状态图来完成。公共机制或服务可以在类功能(Class Utilities)中定义。对于数据驱动程度高的应用程序,可以使用其他形式的逻辑视图,例如 E-R 图,来代替面向对象的方法。

2. 进程视角-进程架构

进程视角主要对系统的进程架构进行建模,采用过程分解的方法。

进程架构考虑一些非功能性的需求,如性能和可用性。它解决并发性、分布性、系统完整性和容错性的问题,以及逻辑视图的主要抽象如何与进程结构相配合在一起,即在哪个控制线程上,对象的操作被实际执行。

进程架构可以在几种层次的抽象上进行描述,每个层次针对不同的问题。在最高的层次上,进程架构可以视为一组独立执行的通信程序的逻辑网络,它们分布在整个一组硬件资源上,这些资源通过 LAN 或者 WAN 连接起来。多个逻辑网络可能同时并存,共享相同的物理资源。例如,独立的逻辑网络可能用于支持离线系统与在线系统的分离,或者支持软件的模拟版本和测试版本的共存。

进程是构成可执行单元任务的分组。进程代表了可以进行策略控制过程架构的层次(即开始、恢复、重新配置及关闭)。另外,进程可以就处理负载的分布式增强或可用性的提高而不断地被重复。

软件被划分为一系列单独的任务。任务是独立的控制线程,可以在处理节点上单独地被调度。接着,区分一下主要任务、次要任务。主要任务是可以唯一处理的架构元素;次要任务是由于实施原因而引入的局部附加任务(周期性活动、缓冲和暂停等等),它们可以作为轻量线程来实施。主要任务的通信途径是定义好的交互任务通信机制,这些通信机制包括:基于消息的同步或异步通信服务、远程过程调用及事件广播等。次要任务则以共享内存的形式来通信。

进程视图的架构模式:许多模式可以适用于进程视图。例如管道和过滤器、客户端/服务器以及各种多个客户端/单个服务器和多个客户端/多个服务器的变体等。

3. 开发视角-开发架构

开发视角主要对系统的开发架构进行建模,采用子系统分解的方法。

开发架构关注软件开发环境下实际模块的组织。软件打包成小的程序块(程序库或子系统),它们可以由一位或几位开发人员来开发。子系统可以组织成分层结构,每个层为上一层提供良好定义的接口。

系统的开发架构用模块和子系统图来表达,显示了"输出"和"输入"关系。完整的开发架构只有当所有软件元素被识别后才能加以描述。但是,可以列出控制开发架构的规则:分块、分组和可见性。

大部分情况下,开发架构考虑的内部需求与以下几项因素有关:开发难度、软件管理、重用性和通用性及由工具集、编程语言所带来的限制。开发架构视图是各种活动的基础,如:需求分配、团队工作的分配(或团队机构)、成本评估和计划、项目进度的监控、软件重用性、移植性和安全性。它是建立产品线的基础。

　　开发视图的架构模式推荐使用分层的架构模式,定义 4～6 个子系统层。每层均具有良好定义的职责。设计规则是某层子系统依赖同一层或低一层的子系统,从而最大程度地减少具有复杂模块依赖关系的网络的开发量,得到层次式的简单策略。

4. 物理视图－物理架构

　　物理视角主要对系统的物理架构进行建模,是软件至硬件的映射。

　　物理架构主要关注系统非功能性的需求,如可用性、可靠性(容错性)、性能(吞吐量)和可伸缩性。软件在计算机网络或处理节点上运行,被识别的各种元素(网络、过程、任务和对象)需要被映射至不同的节点;一般希望使用不同的物理配置:一些用于开发和测试,另外一些则用于不同地点和不同客户的部署。因此软件至节点的映射需要高度的灵活性及对源代码产生最小的影响。

5. 场景

　　场景综合所有的视图,对系统总体架构进行建模。

　　4 种视图的元素通过数量比较少的一组重要场景(更常见的是用例)进行无缝协同工作,需要为场景描述相应的脚本(对象之间和过程之间的交互序列)。在某种意义上场景是最重要的需求抽象。

　　场景是其他视图的冗余(因此才称为"＋1"),但它起到了两个作用:一是作为一项驱动因素来发现架构设计过程中的架构元素;二是作为架构设计结束后的一项验证和说明功能,既以视图的角度来说明,又作为架构原型测试的出发点。

6. 模型的剪裁

　　并不是所有的软件架构都需要"4＋1"视图。无用的视图可以从架构描述中省略,例如:只有一个处理器,则可以省略物理视图;而如果仅有一个进程或程序,则可以省略过程视图。对于非常小型的系统,可能逻辑视图与开发视图非常相似,因此不需要分开描述。场景对于所有的情况均适用,一般不能省略。

5.6.3　软件架构建模的迭代过程

　　软件架构的建模过程不是一个简单的线性过程,而是一个循环迭代的过程。软件架构的建模使用一种更具有迭代性质的方法,即架构先被原型化、测试、估量、分析,然后在一系列的迭代过程中被细化。该方法除了减少了与架构相关的风险之外,对于项目而言还有其他优点:团队合作、培训,加深对架构的理解,深入程序和工具等等(此处提及的是演进的原型,逐渐发展成为系统,而不是一次性的试验性的原型)。这种迭代方法还能够使需求被细化、成熟化并能够被更好地理解。

　　这种方法称为场景驱动(Scenario-Driven)的方法。在这种方法中系统大多数关键的功能以场景或用例的形式被捕获。"关键"意味着:最重要的功能,系统存在的理由,使用频率最高的功能,或体现了必须减轻的一些重要的技术风险。

　　软件架构建模的迭代过程分为两个阶段。

1. 开始阶段

这个阶段的工作任务归纳为以下几个方面。

- 基于风险和重要性为某次迭代选择一些场景。场景可能被归纳为对若干用户需求的抽象。
- 形成"稻草人式的架构",然后对场景进行"描述",以识别主要的抽象(类、机制、过程和子系统),分解成为序列对(对象和操作)。
- 所发现的架构元素被分布到 4 个视图中:逻辑视图、进程视图、开发视图和物理视图。
- 然后实施、测试、度量该架构,这项分析可能检测到一些缺点或潜在的增强要求。
- 总结经验教训。

2. 循环阶段

这个阶段是个不断往复循环的过程,其工作任务可以归纳为以下几个方面。

- 重新评估风险。
- 选择能减轻风险或提高结构覆盖的额外的少量场景。
- 然后试着在原先的架构中描述这些场景。
- 发现额外的架构元素,或有时还需要找出适应这些场景所需的重要架构变更。
- 更新 4 个主要视图:逻辑视图、进程视图、开发视图和物理视图。
- 根据变更修改现有的场景。
- 升级实现工具(架构原型)来支持新的、扩展了的场景集合。
- 测试。如果可能的话,在实际的目标环境和负载下进行测试。
- 然后评审这 5 个视图来检测简洁性、可重用性和通用性的潜在问题。
- 更新设计准则和基本原理。
- 总结经验教训。

经过多次循环迭代后,系统架构模型趋于稳定,循环终止,迭代过程结束。

为了实际的系统,初始的架构原型需要进行演进。较好的情况是在经过 2 次或 3 次迭代之后,结构变得稳定:主要的抽象都已被找到;子系统和过程都已经完成;所有的接口都已经实现。接下来则是软件设计的范畴,这个阶段可能也会用到相似的方法和过程。

这些迭代过程的持续时间可能参差不齐,主要影响因素有:所实施项目的规模,参与项目人员的数量,他们对本领域和方法的熟悉程度,以及对该系统和开发组织的熟悉程度等等。

本章小结

软件架构作为软件工程中的一个新兴研究领域,是随着描述大型、复杂系统结构的需要和开发人员及计算机科学家在大型软件系统的研制过程中对软件系统理解的逐步深入而发展起来的。尽管目前人们对于软件架构的名称、定义还存在许多争议,但学术界和软件工业界已经普遍认同软件架构研究的意义。

管道和过滤器模式、面向对象模式、分层模式和知识库模式等是从经典的软件架构模式中抽取出的最常见的架构模式。而客户机/服务器模式和浏览器/服务器模式则是网络环境下流行的架构模式。本章对这些模式分门别类进行介绍,总结了各个模式的基本结构,简述了其优缺点,并给出了模式应用。

本章最后一节是软件架构的建模技术,介绍了软件架构"4+1"视图模型,分析了该视图模型的基本结构,讨论了采用该视图模型进行软件架构建模的方法以及软件架构建模的迭代过程。

习题

1. 促使人们要研究软件架构的动力是什么?
2. 简述软件架构技术发展的 4 个阶段。
3. 管道和过滤器模式能应用于交互式应用系统中吗? 为什么?
4. 试举出一个应用面向对象架构的应用实例。
5. 在 ISO/OSI 七层网络模型中体现出了分层模式的哪些优点?
6. 简述多层客户机/服务器模式相对于单层客户机/服务器模式的优缺点,以及这两种模式分别适用于什么应用系统。
7. 为什么浏览器/服务器模式会成为当前网络应用系统的主流架构模式?
8. 简述软件架构建模的迭代过程。

参考文献

[1]　覃征,何坚. 软件体系结构[M]. 西安:西安交通大学出版社,2002.
[2]　张友生. 软件体系结构[M]. 北京:清华大学出版社,2004.
[3]　李代平. 软件体系结构教程[M]. 北京:清华大学出版社,2008.
[4]　余雪丽. 软件体系结构及实例分析[M]. 北京:科学出版社,2004.
[5]　Stephen T Albin. The art of software architecture:design methods and techniques. Indianapolis, Ind. :Wiley Pub. ,c2003.
[6]　李千目. 软件体系结构设计[M]. 北京:清华大学出版社,2008.
[7]　温昱. 软件架构设计[M]. 北京:电子工业出版社,2007.
[8]　David M Dikel,David Kane,James R Wilson. Software architecture:organizational principles and patterns[M]. 北京:高等教育出版社;Pearson Educatio 出版集团,2002.

第6章 面向服务的软件架构——SOA

SOA 是英文 Service-Oriented Architecture 的缩写,其是一种进行系统开发的新的体系架构。在基于 SOA 架构的系统中,具体应用程序的功能是由一些松耦合,并且具有统一接口定义方式的组件(也就是 Service)组合构建起来的,因对迅速变化的业务环境具有良好的适应力而备受关注。

6.1 SOA 简介

什么是 SOA?"Service-Oriented Architecture",顾名思义,就是面向服务的架构,也可以理解为以服务为基础搭建的企业 IT 架构。在 SOA 这个完整的软件系统构建体系中,包涵了运行环境、编程模型、架构风格和相关的方法论等等。其中核心要素是服务以及服务的整个生命周期:建模—开发—装配—运行—管理。SOA 基本理念是业务驱动,采用松耦合、灵活的体系架构来适应业务的变化需求。

SOA 的核心是服务,而服务的核心理念是业务,服务定义了一个与业务功能或者业务数据相关的接口,以及约束该接口的契约,从中可以看出服务是粗粒度的集成。服务独立于特定的技术和平台,服务的注册、获取可以通过服务注册库管理。多个服务可以被组装成一个业务流程,完成一个特定的业务功能,这也体现了服务是可复用的。

这种具有中立接口定义(没有强制绑定到特定的实现上)的特征称为服务之间的松耦合。松耦合系统的好处有两点:一点是其灵活性;另一点是,当组成整个应用程序的每个服务的内部结构和实现逐渐地发生改变时,它能够继续存在。而另一方面,紧耦合意味着应用程序的不同组件之间的接口与其功能和结构是紧密相连的,因而当需要对部分或整个应用程序进行某种形式的更改时,紧耦合就显得非常脆弱。

对松耦合系统的需求来源于业务应用程序需要根据业务的要变得更加灵活,以适应不断变化的环境,例如经常改变的政策、业务级别、业务重点、合作伙伴关系、行业地位以及其他与业务有关的因素,这些因素甚至会影响业务的性质。一般称能够灵活地适应环境变化的业务为按需(On Demand)业务,在按需业务中,一旦需要,就可以对完成或执行任务的方式进行必要的更改。

6.1.1　SOA 参考模型

图 6.1 显示了通用的面向服务体系结构(SOA)框架模型。SOA 的软件系统由一系列松散耦合的服务连接而成,这些服务通过标准接口和标准信息交换协议来通信,它们是自治并独立于平台的,一个新的服务在运行时能够和本地或者远程的可用服务相结合。在这种由服务提供者、服务中介和服务消费者三方构成的 SOA 框架中,从生产者的角度看,服务是一个已定义好的功能模块,不依赖于其他模块,并采用标准的接口封装;从应用程序建造者或服务用户的角度看,服务是一个已经由服务提供者做好的产品以供应用开发者使用,一般不包含用户界面,但提供可被其他服务调用的接口。应用程序通过服务中介搜索和发现服务,并通过已发布服务的公共访问路径来调用远程服务。

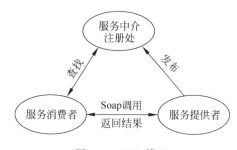

图 6.1　SOA 模型

SOA 模型中的角色包括以下三个。

- 服务提供者:是一个可通过网络寻址的实体,其接收和执行来自服务请求者的请求,并将自己的服务和接口契约发布到服务注册中心,以便服务消费者可以发现和访问该服务。
- 服务注册中心:在静态绑定中,服务注册库是可选的,因为服务提供者可以把描述直接发送给服务请求者;在动态绑定中,服务消费通过查找(Find)动作实现对服务的查询并获得在服务描述中的绑定信息。
- 服务消费者:是一个应用程序、一个软件模块或需要一个服务的另一个服务,其发起对服务注册库中的服务的查询,通过传输绑定服务,并且执行服务功能。

SOA 中的每个实体都扮演着服务提供者、服务消费者和服务注册库这三种角色中的某一种(或多种),在这些角色之间使用以下三种操作。

- 发布(Publish):为了使服务可访问,服务提供者需要发布服务描述以使服务请求者可以发现和调用。
- 查找(Find):服务消费者定位服务,方法是查询服务注册中心来找到满足其标准的服务。
- 绑定(Bind):在检索完服务描述之后,服务消费者根据服务描述中的信息来调用服务。

SOA 的组成元素如图 6.2 所示。

- 应用程序前端:业务流程的所有者。

实用软件设计模式教程(第 2 版)

- 服务：提供业务功能,可供应用程序前端和其他服务使用。
- 服务的"实现"：提供业务、逻辑和数据。
- 服务的"合约"：为服务客户指定功能、使用和约束。
- 服务的"接口"：物理上的公开功能。
- 服务库：存储 SOA 中各个服务的服务合约。
- 服务总线：将应用程序前端和服务连在一起。

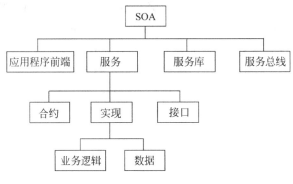

图 6.2　SOA 组成元素

6.1.2　SOA 的设计原则

SOA 的设计原则决定了服务设计者和实现者应该遵循的标准,本书将介绍 SOA 中一些重要的设计原则。

1. 明确的边界

通过跨越定义明确的边界进行显式消息传递,服务得以彼此交互。有时候,跨越服务边界可能要耗费很大的成本。边界是指服务的公共接口与其内部专用实现之间的界线。服务的边界通过 WSDL 发布,可能包括说明特定服务之期望的声明。

2. 服务共享合约和架构

服务交互应当只以服务的策略、架构和基于合约的行为为基础。服务的合约通常使用 WSDL 定义,而服务聚合的合约则可以使用 BPEL 定义(对聚合的每个服务使用 WSDL)。服务使用者将依靠服务的合约来调用服务及与服务交互。鉴于这种依赖性,服务合约必须长期保持稳定。在利用 XML 架构(xsd:any)和 SOAP 处理模型的可扩展性的同时,合约的设计应尽可能明确。

3. 策略驱动

尽管其往往被认为是最不为人所了解的原则,但对于实现灵活的 Web 服务,单纯依靠 WSDL 无法交流某些业务交互要求,可以使用策略表达式将结构兼容性(交流的内容)与语义兼容性(如何交流消息或者将消息交流给谁)分隔开来。

4. 自治

服务是独立进行部署、版本控制和管理的实体,开发人员应避免对服务边界之间的空间进行假设,因为此空间比边界本身更容易改变。

5．采用可传输的协议格式，而不是 API

通常，服务提供商基于某种传输协议（例如 HTTP）提供服务，而服务消费者只能通过另一种不同的协议（例如 MQ）通信。因此，也许需要在服务提供商与消费者之间建立一座异步起动同步运行的连接桥梁，超越 HTTP 和 Java Messaging Service 消息服务（JMS）等协议。从技术角度讲，Java Messaging Service 消息服务并不是一种传输协议，而是一组供应商中立（Vendor-Neutral）的通信 APIs。

6．面向文档

消息被构造为"纯文本的"XML 文档（换句话说，数据的格式只对 XML 有意义）。消息通常用于传输业务文档，例如购买订单、发票和提单。这种交互类型与同步消息排队系统的兼容性很好，例如 MQ Series、MSMQ、JMS、TIBCO 和 IMS 等等。

7．松偶合

服务之间要求最小的依赖性，只要求它们之间能够相互知晓。

8．符合标准

当通过 Web 的服务实现时，最原始的（基本的）面向服务的架构的模型仅仅提供了很低程度上的关于可靠性、安全性以及事务管理的标准化机制。第二代的技术条件和框架，如 WS-ReliableMessaging 规范、WS-Security 规范和 WS-Coordination 规范（与 WS-AtomicTransaction 规范和 WS-BusinessActivity 规范相联系），试图以工业标准的方式定位存在的缺陷。

9．独立软件供应商

向 SOA 的转变正在深刻改变着经济现实。客户们会期待更合理的费用以及不必重新进行投资就能改进业务的能力。因此，独立软件供应商没有选择，只能使自己的业务更加灵活，以期让自己的客户也变得同样灵活。于是，面向服务不仅是简单地在现有的、紧耦合的、复杂的、不灵活的以及非组件化的业务功能上添加基于标准的接口。更重要的是，为了兑现 SOA 的承诺，独立软件供应商必须改变他们构建、打包、销售、交付、管理和支持自身产品的方式。

10．元数据驱动

开发元数据本身并不是元数据驱动应用程序的本意，使用元数据来驱动服务在系统边界的传播是一个更为正确的方法。

6.1.3　SOA 实现的主要技术规范

SOA 是伴随着很多标准和规范而发展起来的，包括 XML、Web 服务以及大量的和 Web 服务相关的标准，本节主要对 SOA 相关的技术和标准规范进行简要的介绍。

1．XML 标准

1996 年，W3C 开始从事 XML（eXtensibl Markup Language，可扩展标记语言）的工作，XML 的出现无疑为 SOA 的兴起奠定了稳固的基石。1998 年 2 月 10 日发布了 XML1.0，其是一种开发简单而又可扩展的、结构化和半结构化信息文本表示机制。

XML 的设计源于 SGML 和 HTML。IBM 从 20 世纪 60 年代就开始发展 GML

(Generalized Markup Language,通用标记语言),其目的是在文件中能够明确地将标示与内容区隔,并使所有文件的标签使用方法一致。1978 年,ANSI 将 GML 加以整理规范,发布了 SGML,SGML 在 20 世纪 60 年代后期就已存在,这种广泛使用的元语言,允许组织定义文档的元数据,实现企业内部和企业之间的电子数据交换。1986 年起,其为 ISO 所采用(ISO 8879),并且被广泛地运用在各种大型的文件计划中,但是由于 SGML 是一种非常严谨的文件描述法,导致其过于庞大复杂,难以理解和学习,进而影响其推广与应用。于是,人们对 SGML 进行了简化衍生出 HTML。HTML 较为简单,在初期没有任何定义文档外观的相关方法,仅用来在浏览器里显示网页文件。随着因特网的发展,人们为了控制其文件样式,扩充了描述如何显现数据的卷标。在 Netscape 与 Microsoft 之间的浏览器大战后,HTML 标准权威性遭受重大的考验,所幸,到了 HTML 4.0 时,W3C 又恢复了其地位。然而,HTML 不能解决所有解释数据的问题,如影音文件或化学公式、音乐符号等其他形态的内容;HTML 存在效能问题,需要下载整份文件,才能开始对文件做搜寻的动作;HTML 的扩充性、弹性、易读性均不佳。为了解决以上问题,专家们使用 SGML 精简制作,并依照HTML 的发展经验,产生出一套使用上规则严谨,但是描述简单的数据语言——XML,XML 目的在于提供一个对信息能够做精准描述的机制,借以弥补 HTML 太过于表现导向的问题。

通过 XML,开发人员摆脱了 HTML 语言的限制,可以将任何文档转换成 XML 格式,然后跨越互联网协议进行传输。借助 XSLT,接收方可以很容易地解析和抽取 XML 的数据。这使得企业既能够将数据以一种统一的格式描述和交换,同时又不必负担 SGML 那样高的成本。事实上,XML 的实施成本几乎和 HTML 一样。

第一代 XML 协议的可扩展性不强。在实现每一次变更之前,协议开发人员都要达成一致。并且必须修改协议版本,以便工具可以区分新版本的协议和旧版本协议,并恰当地处理 XML。第二代协议使用 XML 命名空间解决了这一问题。

XML 是 SOA 的基石,XML 规定了服务之间以及服务内部数据交换的格式和结构。XSD Schemas 保障了消息数据的完整性和有效性,而 XSLT 使得不同的数据表达能够通过 Schema 映射而互相通信。

2. Web 服务及 WS-* 标准

目前,SOA 的主流实现方式是基于 Web Service 和 WS-* 标准的。很多情况下,人们一提起 SOA 就会联想到 Web Service,接着继续联想到 WS 标准,SOA 基本上成为了 WS-* 类型的 Web Service 的别名。这种方法是建立一个优秀的核心、定义 WS-* 的标准、以策略开始、引入注册,这也就是 Gartner 规定 SOA 的方法。

其中,Web 服务是实现 SOA 中服务的最主要手段,其基本的协议包括 SOAP、WSDL 和 UDDI,本小节主要对这三种协议进行概要介绍,另外针对 WS-* 标准进行简要概述。

SOAP(Simple Object Access Protocal,简单对象访问协议)由微软和 IBM 共同制定,用于规范 Web 服务标准,实现异构程序与平台间的数据交换,有助于实现大量异构程序和平台之间的互操作性,从而使存在的应用能够被广泛的用户所访问。

SOAP 是基于 XML 的协议,包括三个部分:封套(Envelope)定义了消息内容和处理的框架、一套编码规则用来表达应用定义数据类型的实例以及表达远程过程调用和响应的协定。与已定义的中间件不同,SOAP 只是定义了一种基于 XML 的文本格式,而没有定义

ORB 代理或是 SOAP API，因此用户可以方便地开发自己的应用而不必担心兼容性。

SOAP 的一个主要目标是使存在的应用能被更广泛的用户所使用，为了实现这个目的，没有任何 SOAP API 或 SOAP 对象请求代理，SOAP 假设用户将使用尽可能多的已有技术。SOAP 的指导理念是"它是第一个没有发明任何新技术的技术"，其采用了已经广泛使用的两个协议：HTTP 和 XML。HTTP 用于实现 SOAP 的 RPC 风格的传输，而 XML 是它的编码模式。采用几行代码和一个 XML 解析器，HTTP 服务器(如 MS 的 IIS 或 Apache)立刻成为了 SOAP 的 ORBs。因为目前超过一半的 Web 服务器采用 IIS 或 Apache，SOAP 将会从这两个产品广泛而可靠的使用中获取利益。这并不意味着所有的 SOAP 请求必须通过 Web 服务器来路由，传统的 Web 服务器只是分派 SOAP 请求的一种方式。因此 Web 服务如 IIS 或 Apache 对建立 SOAP 性能的应用是充分的，但绝不是必要的。

几个主要的 CORBA 厂商已经承诺在他们的 ORB 产品中支持 SOAP 协议。微软也承诺在将来的 COM 版本中支持 SOAP；DevelopMentor 已经开发了参考实现，使得在任何平台上的任何 Java 或 Perl 程序员都可以使用 SOAP；而且 IBM 和 Sun 也陆续支持了 SOAP 协议，和 MS 合作共同开发 SOAP 规范和应用。目前 SOAP 已经成为了 W3C 和 IETF 的参考标准之一。

SOAP 提供了如下功能。

- 定义通信单元的机制。在 SOAP 中，所有信息在一个清晰的可确认的 SOAP 消息中。一个 SOAP 封套封装了所有其他的信息。一个消息可以有一个消息体，消息体中可以包含任何 XML 格式文档。
- 错误处理机制。可以标识错误源和导致错误的原因，并允许错误诊断信息在共享者和交互者之间传递。
- 可扩展件机制。使用 XML 模式和名字空间技术，灵活扩展元素。
- 灵活的数据表示机制。允许交换已经以某种格式序列化的数据，同时也提供了以 XML 格式表示诸如编程语言数据类型这样的抽象数据结构的规则。
- 表示远程过程调用(RPC)和作为响应的 SOAP 消息的约定，因为 RPC 是最常见的分布式计算交互类型，并且便于映射为过程式编程语言结构。
- 支持以文档为中心的方法。
- 将 SOAP 消息束定到 HTTP 的机制。

WSDL(Web Services Description Language，Web 服务描述语言)是 Web Services 技术重要组成部分，其将 Web Services 描述定义为一组服务访问端点，客户端可以通过这些服务访问端点对包含面向文档信息或面向过程调用的服务进行访问。

1999 年，HP 公司是第一个引入 Web 服务概念，使用 eSpeak 实现了"电子服务"平台的软件供应商。2000 年 6 月，Microsoft 提出了"Web 服务"术语，把 Web 服务作为.NET 计划重要组件。Microsoft 的 SDL(Service Description Language，服务描述语言)和 SCL (SOAP Contract Language，SOAP 契约语言)及 IBM 的 NASSL(Network Accessible Service Specification Language，网络接入服务描述语言)这两项技术的结合，形成了 WSDL 的基础。SCL 采用 XML 来描述应用程序所交换的消息，NASSL 描述服务接口和实现细节。2000 年 9 月 25 日，IBM、Microsoft 和 Ariba 提出 WSDL1.0。2001 年 3 月 15 日，他们

实用软件设计模式教程(第 2 版)

提交的 WSDL1.1 成为 W3C 的 Note。2002 年 7 月 9 日提出 WSDL1.2,2003 年 11 月 10 日提出 WSDL2.0。

　　WSDL 是 XML 描述的网络服务,基于消息机制、包含面向文本或面向过程信息的操作集合。操作及消息的抽象定义与其具体的网络实现和数据格式绑定是分离的,这样就可以重用这些抽象定义。消息是需要交换的数据的抽象描述,端点类型是操作的抽象集合。针对一个特定端点类型的具体协议和数据格式规范构成一个可重用的绑定。一个端点定义成网络地址和可重用的绑定的连接,端点的集合定义为服务。WSDL 首先对访问的操作和访问时使用的请求/响应消息进行抽象描述,然后将其绑定到具体的传输协议和消息格式上,以最终定义具体部署的服务访问端点。在 WSDL 的框架中,可以使用任意的消息格式和网络协议。在 WSDL 规范中,定义了如何使用 SOAP 消息格式、HTTP GET/POST 消息格式以及 MIME 格式来完成 Web Services 交互的规范。

　　WSDL 描述了分布在 Internet 环境中服务操作的抽象定义接口和服务的具体实现端口,实现远程计算资源共享。但是,WSDL 通常是协议定义的,协议描述缺乏准确性和严格性,需要一种形式化的表示和描述方法。通过服务描述,服务提供者将所有调用 Web 服务的规范传送给服务请求者。实现 Web 服务体系结构的松散耦合,无论是请求者还是提供者可以各自独立地使用平台、编程语言或分布式对象模型。服务接口定义是一种抽象或可重用的服务定义,它可以被多个服务实现定义实例化和引用。服务接口定义和服务实现定义结合在一起,组成了服务完整的 WSDL 定义。这两个定义包含服务请求者描述如何调用以及与 Web 服务交互的足够信息。服务请求者可以要求获得其他关于服务提供者端口的信息。此信息由服务完整的 Web 服务描述提供。

　　通俗的解释,WSDL 描述了 Web 服务的三个基本属性:①服务做些什么——服务所提供的操作(方法);②服务位于何处——由特定协议决定的网络地址,如 URL;③如何访问服务——数据格式以及访问服务操作的必要协议。

　　UDDI(Universal Discovery Description and Integration,通用服务发现和集成协议)是一组基于 Web 的注册中心的名字,这些注册中心存储描述了商业或其他实体的信息及其提供的服务的相关技术调用界面。UDDI 提供了一组基于标准的规范用于描述和发现服务,还提供了一组基于因特网的实现。

　　UDDI 最早由 IBM、Ariba 和 Microsoft 建立。2000 年 9 月发布 UDDI1.0,2001 年 6 月发布 UDDI1.0。UDDI 注册中心里的数据从概念上可以分为 4 类,每一类表示 UDDI 最上层的一种实体。每个这样的实体都指定有自己的 UUID,利用这个标识符总能在 UDDI 注册中心的上下文中找到它:技术模型(Technical Model)、企业(Business)、企业服务(Business Service)和服务绑定(Service Binding)。

　　企业与服务的注册信息分成以下三组:白页、黄页和绿页。白页表示有关企业的基本信息,如企业名称、经营范围的描述、联系信息等等,它还包括该企业任何一种标识符;黄页信息通过支持使用多种具有分类功能的分类法系统产生的类别划分,在更大的范围内查找在注册中心注册的企业或服务;绿页是指与服务相关联的绑定信息,并提供了指向这些服务所实现的技术规范的引用和指向基于文件的 URL 的不同发现机制的指针。

　　仅仅使用 Web 服务基本协议无法保证企业级 SOA 的需要,因此在 SOA 的发展过程中制定了许多 Web 服务的相关标准。如针对安全性和可靠性,有 WS-Security、WS-

Reliability 和 WS-ReliableMessaging 等协议保障；针对复杂的业务场景，使用 WS-BPEL 和 WS-CDL 这样的语言来将多个服务编排成为业务流程；也有管理服务的协议，如 WS-Manageability 和 WSDM 等。跟 Web 服务相关的标准，还在快速发展当中。目前在 SOA 产品和实践中，除了基本协议外，比较重要的还包括 BPEL、WS-Security、WS-Policy 和 SCA/SDO。

3. SCA/SDO 标准规范

2007 年初，18 家致力于联合推动创建 SOA 行业标准的领先技术厂商，宣布了 SCA（Service Component Architecture，服务组件架构）和 SDO（Service Data Objects，服务数据对象）规范中关键部分的完成，并将正式提交给 OASIS（The Organization for the Advancement of Structured Information Standards，结构化信息标准促进组织），通过其开放式标准过程进行推动。

SCA 规范旨在简化服务的创建和合成，对于运用基于 SOA 方式服务的应用构建十分关键。随着 SCA 规范的完成，联盟合作厂商希望将其标准化过程提交给 OASIS。此外，联盟厂商也已完成了 SDO 规范，旨在实现对多个站点中多种格式数据的统一访问，并将把 SDO 基于 Java 的规范开发和管理提交给 Java 社团过程（JCP）组织，而基于非 Java 的规范（C++）提交给 OASIS。

SCA 和 SDO 规范能帮助企业更便捷地创建新的以及改造现有的 IT 资产，使之可复用、易整合，以满足不断变化的业务需求。这些规范提供了统一服务的途径，大大降低了在应用开发过程中，因程序设计语言与部署平台的不同而产生的复杂性。SCA 和 SDO 规范都是用于简化业务逻辑和业务数据呈现的新兴技术。早期用户已经开始实行这些规范并从中获得了价值。

SCA 的基本思想是将业务功能作为一系列服务来提供，这些服务组合到一起，以创建满足特定业务需要的解决方案。这些复合应用程序既可以包含专门为该应用程序创建的新服务，也可以包含来自现有系统和应用程序的业务功能（作为复合应用程序的一部分来重用）。SCA 为服务组合和服务组件的创建（包括 SCA 复合应用程序内部现有应用程序功能的重用）提供了模型。

SCA 旨在包含广泛的服务组件技术以及用于连接这些组件的访问方法。对于组件，其不仅包括各种编程语言，还包括通常与这些语言一起使用的框架和环境。对于访问方法，SCA 复合应用程序允许使用各种常用的通信和服务访问技术，例如，Web 服务、消息传递系统和远程过程调用（RPC）。

SCA 包含以下规范。

（1）SCA EJB 组件模型：SCA Java EJB 客户及实现（SCA Java EJB Client and Implementation）规范描述了如何在 SCA 复合应用程序中使用 EJB 模块。其在两个层次上定义了 EJB 的使用：一是可以将完整的 EJB 模块像 SCA 复合体一样使用，不需要做任何内部细节上的改动，借助 SCA 连接到 EJB 模块提供的服务上，并将 EJB 模块的服务需求连接到 EJB 模块的外部组件所提供的服务上；二是可以使用单个 EJB，由 SCA 提供所有的连接。

（2）SCA 装配模型：SCA 装配模型（SCA Assembly Model）定义了构成一个 SCA 系统的各种构件及其之间的关系。包括：SCA 复合体、SCA 构件、服务、服务实现、服务需要和连线等。

（3）SCA 策略框架(SCA Policy Framework)：非功能性需求(例如安全性)的捕获和表示是服务定义的一个重要方面，在组件和复合应用程序的整个生命周期中都会对 SCA 产生影响。SCA 提供了策略框架以支持约束、能力和服务质量预期的规范，从组件设计直到具体部署。此规范描述了框架及其使用。

（4）SCA Java 注释、API 和组件实现：SCA Java 公共注释和 API(SCA Java Common Annotations and API)规范定义了 Java API 和注释，以支持使用 Java 编程语言来构建服务组件和服务客户。有一些紧密相关的模型，它们描述了如何在 SOA 上下文中使用其他基于 Java 的框架和模型，例如 Spring 和 EJB，这些模型也使用此规范定义的公共注释和 API。此外，Java 组件实现规范还定义了用于创建服务组件的简单 Java POJO 模型。

（5）SCA 客户及实现：客户及实现(C++ C&I)规范定义了 API 和注释，以支持使用 C++ 来编写适合 SCA 组装模型的服务组件和服务客户。

（6）SCA 客户及实现：BPELSCA WS-BPEL 客户及实现(BPEL C&I)模型指定了如何将 WS-BPEL 进程用作 SCA 组件。

（7）SCA 客户及实现：PHP 针对 PHP 的 SCA 客户及实现模型定义了如何在"SCA 装配"中使用 PHP 脚本和对象。

（8）SCA 客户及实现：Spring 针对 Spring 的 SCA Java 客户及实现模型指定了 Spring 框架如何与 SCA 一起使用，以实现以下目的。

① 进行粗粒度的集成：与 Spring 的集成将在 SCA 复合体层次进行，其中 Spring 应用程序上下文提供了完整的 SCA 复合体，并通过 SCA 暴露服务和服务需求。这意味着 Spring 应用程序上下文定义了 SCA 复合体的具体实现的内部结构。

② 从 SCA 组件类型开始：利用 Spring，可以实现任何 SCA 复合应用程序，这些应用程序使用 WSDL 或 Java 接口来定义可能具有某些特定 SCA 扩展的服务。

③ 从 Spring 上下文开始：可以将任何有效的 Spring 应用程序上下文用作 SOA 中的组件实现。特别地，应该可以从任何 Spring 上下文生成 SCA 复合应用程序，并在"SCA 装配"中使用这些复合应用程序。

（9）SCA 绑定规范：SCA 绑定(SCA Binding)规范适用于服务和服务需求。绑定允许通过特定的访问方法或传输来提供服务并满足服务需求。

Web 服务绑定允许利用 Web 服务技术来访问外部需求或公开 SCA 服务。SCA 提供了服务组件之间互连的复合视图，而 Web 服务提供了用于访问服务组件的互操作方式。Web 服务绑定还提供了 SCA 系统与其他服务之间的互操作衔接，这里的其他服务是指 SCA 系统的外部服务，但它们供 SCA 复合体使用。

JMS 绑定允许 SCA 组件使用 JMS API 来通信，其提供了连接到所需的 JMS 资源的 JMS 特有的连接细节，并支持使用 Queue 和 Topic 类型的目标。

EJB Session Bean 绑定可以将先前部署的 Session Bean 集成到 SCA 装配中，并允许向使用 EJB 编程模型的客户公开 SCA 服务。EJB 绑定既支持无状态的 Session Bean 模型也支持有状态的 Session Bean 模型。

SDO 是 BEA 和 IBM 共同发布的一项规范，而且它正由 JSR-235 专家组进行标准化以通过 JCP(Java 标准化组织)的审核。SDO 是 Java 平台的一种数据编程架构和 API，其统一了不同数据源类型的数据编程,提供了对通用应用程序模式的健壮支持,并使应用程序、工具和框架更容易查询、读取、更新和检查数据。利用 SDO,应用程序编程人员可以一致地访问和操纵来自异构数据源的数据,包括关系数据库、XML 数据源、Web 服务和企业信息系统。

为支持各种可能的应用,标准中包括了对各种常用语言的支持,包括:SDO for Java and C++,SDO for PHP,SDO for C 以及 SDO for COBOL。详细内容可以从相关的白皮书和规范正文中获得。

4. REST 架构

越来越多的趋势表明 SOA 和 Web Service 并不是互相等同的,除了基于 Web Service 和 WS-* 标准的方法被称为正统 SOA 方法之外,REST(Representational State Transfer)软件架构也逐渐成为 SOA 实施的一种方式。

REST 软件架构是当今世界上最成功的互联网的超媒体分布式系统让人们真正理解网络协议 HTTP 的本来面貌,同时也正在改变互联网的网络软件开发的全新思维方式。AJAX 技术和 Rails 框架把 REST 软件架构思想真正地在实际中很好表现出来。目前微软也已经应用 REST,并提出把现有的网络变成为一个语义网,这种网络将会使得搜索更加智能化。

REST 软件架构是由 Roy Thomas Fielding 博士在 2000 年首次提出的,该论文描绘了开发基于互联网的网络软件的蓝图。REST 软件架构是一个抽象的概念,是一种为了实现这一互联网的超媒体分布式系统的行动指南。利用任何技术都可以实现这种理念。而实现这一软件架构最著名的就是 HTTP 协议。通常 REST 也写为 REST/HTTP,在实际中往往把 REST 理解为基于 HTTP 的 REST 软件架构,或者更进一步把 REST 和 HTTP 看作等同的概念。HTTP 不是一个简单的运载数据的协议,而是一个具有丰富内涵的网络软件的协议。其不仅仅能够对于互联网资源进行唯一定位,而且还能说明对于该资源进行怎样运作,这也是 REST 软件架构当中最重要的两个理念。而 REST 软件架构理念是真正理解 HTTP 协议而形成的。

REST 软件架构之所以是一个超媒体系统,是因为它可以把网络上所有的资源进行唯一的定位,利用支持 HTTP 的 TCP/IP 协议来确定互联网上的资源。不管是图片、文件 Word 还是视频文件,也不管是 txt 文件格式、xml 文件格式还是其他文本文件格式。

REST 软件架构遵循了 CRUD 原则,该原则对于资源(包括网络资源)只需要 4 种行为:创建(Create)、获取(Read)、更新(Update)和销毁(Delete)就可以完成对其操作和处理了。这 4 个操作是一种原子操作,即一种无法再分的操作,通过它们可以构造复杂的操作过程,正如数学上四则运算是数字的最基本的运算一样。

尽管网络服务目前以 SOAP 技术为主,但是 REST 将是网络服务的另一选择,并且是真正意义上的网络服务。基于 REST 思想的网络服务在不久的将来也会成为网络服务的主流技术。REST 不仅仅把 HTTP 作为自己的数据传输协议,而且也作为直接进行数据处理的工具。而当前的网络服务技术都需要使用其他手段来完成数据处理工作,它们完全独立于 HTTP 协议进行,这样增加了大量的复杂软件架构设计工作。REST 的思想是充分利用现有 HTTP 技术的网络能力。

实际上目前很多大公司已经采用了 REST 技术作为网络服务,如 Google 和 Amazon

等。在 Java 语言中两个以 SOAP 技术开始的重要的网络服务框架 XFire 和 Axis 也把 REST 作为自己的另一种选择。

与 WS-＊技术标准相比,REST 更加适合轻量级应用,REST 架构风格的优势就在于其简洁性,越来越多的 Web 2.0 网站和软件开发供应商把他们的业务服务往 REST 架构风格上面靠,以努力使得 Web 资源可编程共享化,Web 服务的 API 更 URL 化。

6.2　SOA 的框架

接下来将介绍两种典型的 SOA 框架：CCSOA(Customer-Centric SOA)和 UCSOA (User-Centric SOA)。CCSOA 强调 SOA 的框架必须像支持服务提供者一样,支持服务消费者完成开发应用程序；UCSOA 以最终用户为中心,其目的是提供一种新的框架去支持最终用户。

6.2.1　以服务消费者为中心的 SOA

传统的 SOA 包含了三个方面：服务提供者、服务消费者和代理。框架的重心在于服务提供者,即是以服务提供者为中心(Provider-Centric)的方法。在 PCSOA 框架模式下,代理负责列出注册的服务、设计规约和标准要求；服务提供者依据开发标准进行开发和发布服务；而服务消费者没有相关代理,也不能发布应用程序的响应规范要求,它们只能自行发现已发布的服务,选择应用到相应的应用程序中来。

相比较传统的 SOA,以服务消费者为中心的 SOA(CCSOA)框架的重心在于服务消费者。在 CCSOA 中,消费者发布对应用程序的要求和服务规约以及工作流。当服务和工作流发布为任务模板后,任何服务提供者都可以递交他们的服务来满足任务模板的要求。搜索和发现服务的方向也会发生逆转,从传统的消费者寻找服务到现在的提供者寻找应用程序要求,按照模板要求开发应用程序。对于这种以消费者为中心的框架,为了保证最终的开发成功,消费者发布需求时,应同时包含以下几个方面的信息：

- 整个应用程序的工作流；
- 参与服务的描述；
- 每个服务的接收准则；
- 任务中集成和协同的接收准则；
- 功能的接收准则和非功能的接收准则。

表 6.1 对传统 SOA、以服务提供者为中心 PCSOA 和以服务消费者为中心的 CCSOA 框架进行了对比。

表 6.1　SOA、PCSOA 和 CCSOA 的对比

SOA	PCSOA	CCSOA
服务颗粒度	通常发布小服务	可以指定大服务甚至整个应用程序
服务发布	消费者可以在应用程序中使用提供者发布的服务,如果服务满足了必需的规约,消费者有责任对服务进行测试	提供者依据消费者发布的规约设计服务。如果服务满足消费者发布规约,提供者有责任对服务进行测试

续表

SOA	PCSOA	CCSOA
服务组合	应用程序的组合目前主要是采用手动方式,还有集中方法可以帮助自动合成,如:本体的方法	消费者先规定了服务组合(例如工作流)规约作为服务协同的模板,服务提供者按照组合标准提供服务
服务中介	保存服务的描述,并且允许消费者搜索和选择最适合其应用程序的服务	不仅储存单个服务描述,而且发布应用程序规约和服务协同规约
服务规约格式	目前的服务描述包括服务的输入输出信息,例如参量、方法名和操作流程等等	除了传统 SOA 中的服务描述以外,还需要描述消费者如何使用服务。同时,还需要包含应用程序和协同规约

1. CCSOA 的协同开发过程

- 服务消费者用描述流程的语言开发一个工作流规约、服务规约、服务接收准则和应用程序接收准则等信息的任务模板;
- 任务模板在服务中介处注册发布;
- 服务提供者向服务中介预订,从而获知新模板的发布;
- 本体和标准分类学技术可以支持任务模板自动匹配,以帮助服务中介根据请求查询可用任务模板;
- 服务提供者根据任务模板开发服务,并提交给服务中介;
- 服务中介依据服务接收准则来评估每个提交的服务;
- 一旦服务通过评价,服务中介就通知应用程序开发者,对其所发布的模板来说服务是可用的了;
- 应用程序开发者使用来自于服务中介的绑定信息可以对服务进行测试和评估;
- 如果服务通过了应用程序的接收测试,应用程序开发者就会将服务绑定到目标应用程序;
- 在开发其他应用程序中复用此任务模板的服务。

不难发现,CCSOA 和 PCSOA 最重要的区别在于它可以支持发布应用程序的任务模板。任务模板包括应用程序的工作流规约、服务规约、协同规约等需求,发布者可以根据服务中介和服务开发者的反馈,不断修改、细化、完善和优化任务模板。应用程序能否发布合理、合格的应用程序模板,直接关系到服务被理解和满足的程度。在使用应用程序之后,服务的消费者对提交的服务源码没有访问和操作的权限,只能进行评估。

此外作为 SOA 服务发现和组合的基础和依据,规约技术的发展可划分为 4 个阶段,如图 6.3 所示。

2. CCSOA 的关键技术

1) 协同描述

协同描述提供了关于服务的协同能力的信息。在运行时,可以通过协同描述获知服务支持的协同方式,并在服务间建立起协同关系。PSML-S 中采用了"使用场景技术"来描述协同,使用场景侧重于从服务的外部接口和使用方式来描述服务的能力,提供了服务调用的界面。协同可以有很多种。与 OO 编程的继承性概念一样,系统也可以有继承性,一个协同

实用软件设计模式教程(第 2 版)

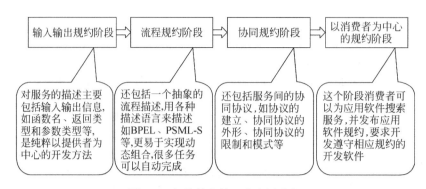

图 6.3 规约技术的 4 个发展阶段

模板提供了协同的基本信息。子协同规约基于父协同模板,并加入新的协同信息。

2) 发现与匹配

除了传统 SOA 中存在的服务的发现和匹配之外,CCSOA 也有对于任务模板和协同模式的发现和匹配。CCSOA 的发现和匹配是基于协同本体的。协同本体类似于服务本体,提供关于服务协同的基本信息,可用于描述、发现和匹配协同模式。实际上,服务流程规约和协同描述界定了服务的能力和与其他服务交互的界面。在 CCSOA 中,服务提供者可以通过任务模板和协同模式的匹配,预订、查询及获取感兴趣的应用说明。

3) 可靠性和有效性

当服务提供者根据任务模板提交服务时,服务中介需要根据服务接收准则来检测并确认服务的可靠性和有效性。

在服务中介处有一个服务验证与确认代理(Service Verification and Validation Agent,SVVA)。当服务提供者提交服务时,SVVA 首先从应用程序开发者或者其他地方取得测试方案,对准备注册的服务进行单元测试。除了通常的确认功能有效性的单元测试之外,SVVA 还可以按照应用程序开发者的不同需求,执行其他非功能性测试,包括可靠性、安全性、鲁棒性和性能测试等。此外,SVVA 还需要通过协同性测试验证服务的协同工作能力。只有通过了所有的测试,服务才能集成到任务模板或者协同模式。无论什么时候,只要服务发生了改变,就需要对改变的部分进行服务的回归测试。

4) 应用程序分类

在 CCSOA 中,应用程序的任务模板通过本体定义存储在数据库中,为了让服务消费者和提供者都能方便地搜索、浏览和发现应用程序以及相关服务,需要有效的分类机制。

首先,采用分类树对应用程序进行分类,这样根据应用程序之间的关系就能很容易地访问应用程序;其次,应用程序可以按照不同的属性交叉聚类(Communities of Interest,COI),如一个纳米技术的 COI 可以包括各种纳米技术相关的应用程序;最后,应用程序可以根据不同的标准排序,如按照使用次数排序,按照质量,如可靠性、安全性、容错能力和性能等排序。在 CCSOA 中,这种排序方法不仅可以针对应用程序或任务模板,还可以针对单独的服务。

5) 应用程序和服务的连接

在 CCSOA 中,当一个服务被接收并纳入一个任务模板时,CCSOA 的基础设施就能保持应用程序和服务规约间的绑定关系。应用程序和服务规约间是"多对多"的关联关系。一方面,一个应用程序可以有多个服务规约满足其服务需求;另一方面,一个服务规约可以满足多个应用程序需求。CCSOA 应维护这种"多对多"的关联关系。此外,一个服务规约可以有多个服务实现,同 SOA 一样,CCSOA 也需要维护服务规约与服务实现之间"一对多"的关联关系。

根据在应用程序中的使用情况,可以推断多个服务间的关系。例如两个服务经常出现在同一个应用程序中,就可以推断这两个服务存在一定关联。利用这个消息,消费者可以在设计新的应用程序时利用服务间的关联关系,检查其应用程序任务模板;提供者可以将相关服务放在一起进行测试。

6) 应用程序的快速生成

采用 CCSOA 本质就是采用一种协同开发模式。由于有大量可重用的应用程序模板及其相关联的服务,因此,与传统编程比,CCSOA 可以使应用程序开发者在较短时间内完成大应用软件的开发。

在 CCSOA 框架下,应用程序开发者首先在应用程序数据库中寻找符合应用软件需要的已有应用程序。满足需求的任务模板可以直接应用于该应用程序的开发或通过定制方法修改调整。当没有可用任务模板时,开发者才设计和制定新的服务规约和任务模板。

复用的任务模板通过仿真、C&C(完整性和一致性)、V&V(验证与确认)等 SOSE 技术进行测试和评估。新定义的任务模板可以搜索可重用服务,并对发现的服务进行定制、测试评估和绑定。

最后,将所有的任务模板进行集成、测试和评估,以确认满足应用程序的需求,并最终绑定和部署为新的应用。

7) CCSOA 和服务协同

服务协同在 SOA 中已经存在,但在 CCSOA 中,服务协同有了扩展。

- 协同准备:包括界面规约、流程规约、策略规约、协同规约、模式规约、C&C 检测、模型检测、仿真、测试和服务注册等。
- 协同建立:包括任务模板和协同模式的发现、匹配、服务排序、服务选择以及协同仿真。
- 协同执行:包括策略执行、动态改写、动态重构、动态评估、动态模型检测、动态 V&V 和动态监测等。
- 协同终止:包括协同回复(协同执行异常)和协同终止(协同执行正常退出)。
- 协同评估:包括协同的可靠性和有效性验证与确认以及协同分析。

6.2.2 以用户为中心的 SOA

CCSOA 提供一个框架给服务消费者开发基于服务的应用程序,大大方便了应用程序的开发。当前关于 SOA 的研究,主要是给予开发者或者程序员一个独立的服务平台。随着网络的普及和面向服务技术的日渐成熟,标志着未来计算环境和发展重点向用户倾斜,甚至会直接为用户设计服务,因此出现了以用户为中心的 UCSOA 框架来支持最终用户。

UCSOA 基于以下情形:

- 应用程序绝大多数直接针对用户设计;
- 用户使用计算机水平有限,只能操作一些简单的网络应用程序;

- 用户的兴趣趋于个性化,需要相应的网络服务来满足。

借助 UCSOA,用户只需要通过网络浏览器就可以了解需要什么服务以及如何使用,例如:在网络浏览器中,发布几种简单易组合的应用程序,用户就可以通过这种机制,结合自己的需求把一些应用程序组合起来,构成一个新的应用。事实上 UCSOA 和 CCSOA 都是为了让 SOA 技术得到扩展,提高产品的开发效率和质量。

1. UCSOA 的框架

从总体上来看,可以将 UCSOA 分为以下 4 层。

- 传统的 SOA 层:本层提供了传统的 SOA 服务,例如服务发布、发现等等。
- CCSOA 层:CCSOA 发布的不仅是服务描述,还包括应用程序模板和协同模式。CCSOA 中所有类型的解决方案都是提供给用户和服务提供者的。
- COI(Community of Interest)层:分类存储着和某一个特殊领域相关的共同解决方案。
- 用户描述层:存储着每个用户的个性化设置,从而调用不同的应用程序服务进行组合。

在此框架中,COI 发布和分类解决方案是关键,用户可以在 COI 中发布、搜索和发现一个解决方案的分类。如果存在相关应用程序可以利用,那么用户就可以直接使用。如果相关应用程序不存在,但是有一个相似应用程序模板可以用,那么用户可以根据自己的需要定制应用程序。如果没有相关应用程序或者模板可用时,用户按照爱好描述自己需要的应用程序,然后发布到网上,要求服务提供商提供。整个过程都需要得到 COI 服务的支持。对于 UCSOA,就像使用普通的搜索引擎一样搜索需要的应用程序,不需要多少专业知识,只需要使用几个简单的关键字或者属性,就可以找到所需要的应用程序。

UCSOA 为面向用户的服务的描述、注册、发现、匹配、验证、确认和组合提供了一个框架。下面为 UCSOA 的操作场景和顺序。

- 最终用户(解决方案构建者)描述一个包括工作流规约、COI 规约和策略的应用程序;
- 应用程序提交给一个 UCSOA 服务中介,该服务中介发布这个程序;
- 一个服务提供者查询应用程序注册的相关信息;
- COI 规约的本体和标准分类帮助在应用程序请求和注册解决方案之间完成自动匹配;
- 一旦服务中介在已注册应用中找到解决方案,便将这个解决方案的详细信息返回给服务提供者;
- 服务提供者根据解决方案组装一个服务或应用程序,然后提交给服务中介;
- 当有服务或应用程序匹配当前解决方案时,服务中介将通知用户已经有了服务或者应用程序可以用;
- 通过从服务介绑定的信息,用户可以测试和评估这个基于当前解决方案的应用程序;
- 如果应用程序通过测试,那么用户就会接受,并将此应用程序绑定到用户的应用程序中。当用户的应用程序完成后,新的服务依然可以呈现给用户。

2．UCSOA 的关键技术

COI 是将相关服务集中保存，方便用户寻找需要的服务，对数量庞大的软件进行分类。在开发软件之前，可先在 COI 中查找程序所需框架和服务，对于符合要求的可以直接复用，或稍作修改。

COI 一般可以提供以下服务：
- 会员管理；
- 策略分类；
- 境况感知；
- 动态重构；
- 服务挖掘；
- 数据分类。

1）用户个人描述

用户个人描述提供了用户个人信息，用来匹配不同的服务。在相同的应用领域，不同的用户需要不同的解决方案。用户个人描述为 UCSOA 框架提供了用户信息，使得用户可以根据各自的需求获取更好的服务。用户个人描述信息可被实时更新，从而可以更好地发现满足用户需求的服务。

用户描述文件包括以下信息：
- 用户身份信息；
- 用户概要描述；
- 最近活动记录；
- 用户兴趣信息；
- 用户喜好信息；
- 用户解决方案分类。

2）发现和匹配

发现和匹配技术使用在 UCSOA 中，当用户提交请求给 COI 时，COI 层会基于 COI 本体和系统本体，在 COI 中发现和匹配自己需要的服务。

3．UCSOA 快速应用程序生成

在 UCSOA 中，基于足够的 COI、应用程序和相关服务，通过使用 SOSE（Service-Oriented System Engineering）工具，每个用户都可以快速建立各自需要的应用程序。组成一个新应用程序的过程如下：
- 用户提交一个解决方案分类给 COI 层，寻找满足自己要求的应用程序；
- 如果存在一个 COI 可用的应用程序模板满足用户需求，用户可以用该应用程序模板向 CCSOA 请求合适的服务；
- 如果存在一个应用程序模板基本满足用户需求，只需做少量修改，那么用户需要为新应用程序定制应用程序模板；
- 由服务提供者发布的最新服务会被 COI 用 SOSE 技术（包括模拟、模型检查、C&C 检查和测试）审核；
- 由于每个应用程序模板中只有部分需要执行，COI 层可以存储一部分可执行程序；

- 一旦一个应用程序的所有服务都准备好,在执行该应用程序前,还需要使用 SOSE 技术快速检测一次。

事实上,用户完成解决方案时,所需要的服务应用可能来自多个 COI。所以用户可以在各个 COI 中组成小的应用程序,然后再合成为最终的应用程序。组成一个复杂应用程序的过程如下:

- 列出所有组成一个最终应用程序所需要的小的简单的应用程序;
- 对于列表中的每一个简单应用程序,它们的组成过程和上面提到的一样;
- 给出整个复杂应用程序的工作流,然后把上述简单应用程序添加进去;
- 一旦所有简单应用程序均添加进去之后,在执行这个应用程序之前,新的应用程序需要用 SOSE 技术快速检测一次。

6.3　SOA 实例——基于 SOA 的 OA 与 ERP 整合应用

办公自动化(Office Automation,OA)系统是实现办公自动化的信息系统。企业资源计划系统(Enterprise Resource Planning,ERP)是对企业中的物流、资金流和信息流进行全面集成管理的信息管理系统。企业通过 ERP 系统实现供应链的全面管理。这两套系统一个侧重于工作流审批,一个侧重于企业内部资源之间的数据流动。它们一般都彼此独立运作,提供各自独立的功能。但是在企业中,经常有些业务流程是贯穿于 ERP 和 OA 两个系统当中的。如采购申请流程中,申请审批、流程的流转是由 OA 系统完成的,填写采购用款申请单、付款、做凭证则是 ERP 系统的功能,因此用户不得不频繁地切换两个系统,才能完成采购申请。此外,企业在利用 OA 系统进行工作流审批后,会产生许多业务数据,这些数据同时可能是 ERP 系统的数据源,为了避免数据的重复以及保证数据源的唯一性,也就产生了 OA 系统与 ERP 系统集成的需求。目前在企业中常见的 OA 和 ERP 系统集成方法,归纳起来有如下两大类。

- 基于应用编程接口(Application Programming Interface,API)的封装集成模式。利用 OA 与 ERP 各自提供的访问底层数据库的函数和 API 接口,实现两系统之间的数据访问。
- 基于数据表的互访模式。采用中间缓冲表,以一致的数据模型存储不同系统间的共享数据,通过直接对两系统的数据表进行操作的方式,实现不同系统间的数据访问以及数据的一致和实时传递。

以上方法属于紧耦合的系统集成方法。紧耦合的集成方式将影响系统的灵活性和扩展性,阻碍业务的流程调整和优化,不利于企业的业务发展。为了解决上述问题,需要一种新的企业应用集成方式。该方式不仅能保证原有系统的数据安全性和逻辑安全性,而且还能够实现系统之间的松耦合,方便系统流程的重组和优化,这种方式就是面向服务架构的企业应用集成方式。

1. OA 与 ERP 的整合的必要性

(1) 保护了现有的 IT 基础建设投资。在企业中软件服务的整合需求是当前企业中最热门的需求。这种需求在 OA 与 ERP 之间也同样存在。利用对现有的 OA 系统与 ERP 系统的重用和整合来解决新的业务需求,不仅可以低成本高效率地满足新的需求,也能有效地保护现有的 IT 基础建设投资。

（2）实现了两个系统的优势互补。OA 系统的最大特点是工作流管理。其具有强大的工作流定制功能，可以适应于企业各种形式的审批表单和流程的需求，并能满足多层次的审批结构，支持较复杂的审批层次。而 ERP 产品的工作流更多地实现了业务上的逻辑数据流，它并不着重于行政结构上的审批，因此对于国内很多无法摆脱行政审批结构的企业来说，ERP 软件在这一方面就显得逊色。此外 ERP 系统开发模式通常是将业务流程硬编码到应用系统的整体结构中，每次业务流程的修改都可能引起程序结构的大幅变动。这种僵硬的体系结构增加了系统复杂性，阻碍了系统灵活性。通过 ERP 和 OA 的整合，利用 OA 的强大的工作流定制功能，可以很好地解决 ERP 系统存在的问题。ERP 系统是面向功能的事务处理系统，具体解决某个或某些领域的问题，提高事务处理的效率和水平；工作流管理的着眼点是在企业的整个业务层，提高企业的业务处理水平。在工作流管理的支撑下，通过集成具体的业务应用软件系统（如 ERP），可以良好地完成对企业经营过程运行的支持，在更广的范围内，在不同的时间跨度上做好企业的经营管理，提高企业的整体水平和竞争力。

（3）有利于企业业务流程重构（Business Process Reengineering，BPR）。企业生产经营活动是由各种业务流程交织在一起组成的。建设 ERP 系统的重要工作之一就是对用户的业务流程的分析、建模和实施。在市场竞争日趋激烈的时代，客户需求瞬息万变，产品生命周期不断缩短，技术不断创新，企业要在这样一个竞争和变化的外部环境下生存，必须不断地调整和优化企业的各种业务流程，对流程进行重构。基于 SOA 架构的 ERP 和 OA 系统的整合方案，通过业务流程的定义，灵活地将 ERP 系统的功能连接在一起，快速完成企业 BPR 和 ERP 的重构。

基于 SOA 的 OA 与 ERP 的整合应用。OA 系统中的工作流模块包括工作流过程定义组件、工作流引擎组件、工作流监控组件、工作流客户端和应用接口组件等部分。过程定义是建立工作流的过程，将企业的实际业务过程转化为计算机可处理的工作流模型。工作流引擎负责对工作流进行实例化、执行和管理。监控组件负责对工作流的执行进行管理、分析与控制。工作流客户端负责人机交互，提供工作流执行的接口，帮助完成业务过程的执行。相关应用程序接口负责与应用程序的接口，提供工作流执行时所需要的软件以协助工作流的正常执行。通过对企业实际业务流程的分析，抽取出原子级的企业业务活动。首先通过工作流过程定义组件将这些活动以及与活动相关的信息、人员和活动对应的 Web 服务统一集成起来，然后通过工作流引擎组件按照所定义的业务流程模型进行业务的执行，在适当的时间激活相应的 Web Service，传递 Web Service 的参数，获取 Web Service 的处理结果，从而实现 OA 系统和 ERP 系统的全面集成。

基于 SOA 架构的 ERP 系统。SOA 是一个整合各种服务的架构平台，其核心本质是实现服务和技术的完全分离，从而在最大限度上实现服务的集成和重组。SOA 体系架构的主要特点是粗粒度和松耦合。服务之间的松耦合是指服务具有中立的接口（没有强制绑定到特定的实现上）特征；服务的粗粒度是指服务可以实现更多的功能，并且依赖于更大的数据集。SOA 的实现技术包括 Web Service 和企业服务总线。

Web Services 技术使用一系列标准和协议实现相关的功能，服务提供者用 WSDL（Web 服务描述语言）描述 Web 服务，用 UDDI（统一描述、发现和集成）向服务注册代理发布和注册 Web 服务。服务请求者通过 UDDI 进行查询,找到所需的服务后,利用 SOAP (简单对象协议)来绑定、调用这些服务。因为 WSDL 中给出了 Web Service 的地址 URL,在文本外部直接通过 WSDL 提供的 URL 进行相应的 Web Service 调用,而不使用 UDDI 机制。

企业服务总线以中介的身份处于服务请求者和服务提供者之间,服务请求者的任何服务请求,首先送到服务总线,由服务总线将请求信息转给服务提供者,得到返回信息后,服务总线再传给服务请求者。

基于 SOA 的 ERP 系统的实现方法。为了实现 OA 与 ERP 系统之间的整合应用,必须通过构建 SOA 架构平台使得 ERP 具有给 OA 系统提供服务的功能。构建基于 SOA 架构的 ERP 系统包括两个方面。

- 从接近实际业务的角度,结合 SOA 架构服务松耦合的要点,把 ERP 系统功能分解成粗粒度和细粒度的服务。系统体系结构中,ERP 各个业务模块的功能如库存管理、采购管理、销售管理、分销管理等作为粗粒度服务发布,而每个模块的功能又是由多个子功能组成的,因此把这些子功能作为细粒度服务发布。如销售管理服务就由销售报价、客户订单、客户出货、客户档案等细粒度服务组合而成。每个细粒度服务利用数据访问逻辑组件对数据库表进行查找、更新、保存等操作。

- 通过企业服务总线将这些分散的 Web 服务进行集中的管理。当服务请求者向服务总线发送请求信息的时候,首先是发给服务总线的代理服务,代理服务在收到服务后,转给业务服务,由它进一步转给外部服务提供者。

建立集成 Web Service 工作流环境。工作流环境将用户定义的业务流程与 ERP 的 Web service 关联起来,并管理和控制业务流程的运行,是对贯穿于 OA 和 ERP 系统的业务流程逻辑的具体实现。其主要包括流程定义和流程的执行、监控两大部分。

流程的定义是将活动和相关的 Web Service、用户和数据信息关联起来,形成一个工作流引擎可解析的业务流程。建立活动与 Web Service 的联系是其中的关键步骤。通过 Web Service 的 WSDL,可以定义活动所需调用的 Web Service,从而建立活动与 Web 服务的关联,一旦建立了活动与 Web Service 的关系,活动的输入输出就映射为 Web Service 的输入输出参数。

流程的执行和监控:

- 将流程定义部署到工作流数据库中后,工作流引擎组件在按照流程定义文档推动流程流转时,发现某个活动需要调用服务,就通过 URL 向服务总线上发送请求信息,Web 服务总线根据管理器去处理事务,处理完后通知工作流引擎,然后工作流引擎执行下一个流程或任务;

- 工作流引擎组件、Service Bus、Web Service 需要挂接在工作流管理和监控服务上,以便能监控业务流程的流程实例、活动实例以及相关 Web Service 的运行情况。

2. 基于 SOA 的 OA 与 ERP 的整合应用实现

组织模型的统一。OA 系统和 ERP 系统都有各自的组织模型,OA 系统的组织模型是服务于企业行政组织层面的,ERP 的组织模型是服务于企业业务层面的。在工作流的建模过程中,工作流流程活动的执行者(即工作流参与者)是参考组织模型建立的。所以有必要对两个系统的组织模型进行统一。

　　工作流引擎调用 ERP 的 Web Service 时,需要进行身份认证,通过验证的用户才能调用 Web Service 接口方法。在流程表单中输入 ERP 系统的用户名和密码,通过 SOAP 请求消息传递给身份认证 Web 服务,作为该 Web 服务的输入参数。在第一次访问 Web Service 时需要进行身份认证,之后可以通过从 Session(会话)中取得用户信息的方式持续访问,直至退出系统或者 Session 超时。

　　流程表单中的字段分三种类型:与流程相关的字段、与 ERP 系统相关的字段和其他字段,与流程相关的字段如采购申请中采购用款金额字段,当用款金额小于 1 万时,流程流转给财务主管审批;当金额大于或等于 1 万时,流程要流转给总经理审批。与 ERP 系统相关的字段,即为 Web Service 的输入参数,在工作流引擎组件调用具体的 Web Service 的时候,作为 SOAP 请求信息的一部分,传递给 Web Service 的提供者。例如在采购申请表单中,采购物品的物料编号、采购数量等信息都要作为 ERP 的采购管理 Web Service 的"采购信息保存"接口方法的输入参数。其他字段如审批意见、领导建议和采购原因描述等,这些数据通过流程的流转实现信息的采集和共享,为管理和决策过程提供依据。

3. 基于 SOA 的 OA 与 ERP 的整合应用建模

- 用户登录 OA 系统后,根据 OA 系统的人员配置信息确定身份,此用户同时也获得了其相应的权限;
- 身份确定后,OA 系统根据此用户的权限范围内的工作流程和工作列表,提供流程表单;
- 用户在工作流表单上填写数据,包括与流程控制相关的信息、与 ERP 系统相关的参数及其他字段信息;
- 工作流引擎根据流程定义文档控制流程执行,当流程流转到某个需要调用 Web Service 活动的时候,发送 SOAP 请求信息给服务提供者;
- Web Service 利用数据访问逻辑组件对数据库表进行查找、更新、保存等操作。以采购申请为例,用户调用 ERP 的采购管理 Web Service 的"采购信息保存"接口方法将采购的物料编号、采购数量、价格范围、供应商等存储到 ERP 的 DB 中;
- 服务提供者实现服务之后,将 SOAP 返回信息传回给 OA 系统,其中包括单据编号和单据状态等;
- 当工作流引擎收到 ERP 系统传来的返回信息后,根据 WSDL 文档将 SOAP 返回消息解析成自己能够理解的内容,然后自动将其存入流程表单中;
- 工作流引擎将工作流表单传送给服务器,然后根据工作流控制数据和组织/角色模型将流程表单传递给下一个执行者,并同时发送 E-mail 通知。

　　基于 SOA 的 OA 与 ERP 的集成方案。可将 ERP 的各个功能组件通过发布成 Web Service、Service Bus 进行集中管理,与 OA 的工作流管理模块完全整合在一起,做到既能有效地进行软件服务的整合,又能实现松耦合的集成。ERP 中零散的功能通过业务流程连接在一起,从而改变了 ERP 系统原有的按照功能模块划分的模式,使 ERP 的每个功能业务通过工作流,按照业务流程模式灵活地执行结合,快速完成企业 BPR 和 ERP 系统的搭建,更好地完成对企业经营过程运行的支持,在更广的范围内,在不同的时间跨度上做好企业的经营管理,提高了企业的整体水平和竞争。

6.4　SOA 的应用分析

对于每一个面向服务架构的成功故事,在某个部署阶段都会有一个陷入困境的 SOA 项目。人们普遍认可的一个理论是"50％的 IT 项目是不成功的",这突出了 SOA 项目的成功与挑战。当然,这会让人们对着手实施 SOA 战略产生极大的畏惧心理。

SOA 战略能够快速实现投资回报,这将推动该市场进一步增长。事实上,快速实现投资回报的商机之多,可能达到惊人的地步。例如,许多组织未意识到在独立的部门和应用中存在大量的重复流程,以及这些重复的流程使他们付出了多少成本。当审查由于多余职能部门和重复工作所造成的成本和收入损失时,就开始察觉到集中服务而不是管理多个存在竞争关系的重叠职能部门所具有的价值。

有一些观望者可能会问:"以前的方法都失败了,SOA 怎么能够成功?"或者"我如何避免变成别人的统计数据?"

这些问题很有说服力。简言之,之所以能够实现成功的 SOA 战略,是因为标准、最佳实践和管理模式最终走向成熟,使重用变得切实可行。根据定义,SOA 是一种架构,同时也是一种可帮助应对紧迫业务挑战的 IT 方法。

尽管每个企业都有着不同的业务需求,每个行业都面临自己独有的挑战,但有一些共同的问题导致了 SOA 的失败,最常见的 10 个问题如下。

- 确保高级主管的支持:在说明将如何确保公司的 SOA 取得成功之前,要准备好演示其他企业的 SOA 征程的成功与失败,并清楚地表明自己将如何效仿经过验证的实践,以及如何避免陷阱。
- 调整阵容:消除障碍并让高管支持 SOA 的难题在于调整自己的组织采用新的工作和思考方式。要做到这一点,需要为每个业务环节识别和招募至关重要的拥护者,他们将支持甚至极力宣传在 SOA 问题上所做的努力。
- 统一视图:消除目前分散在企业的对信息的多个视图,以便仅看到对业务的单一、全面和一致的视图。
- 重用等于重新有用:识别并维护现有 Web 服务的存储库,以避免重复。设计者可能会对企业不同部门已经做了如此多的工作而感到惊讶。
- 整合孤岛:尽管从理论上来看,目前许多 IT 机构都在寻求整合,避免多余,实现现有 IT 投资价值的最大化,但实际上,大量工作依然放在努力维护共存的不同 IT 系统上,而非用于整合。捡芝麻而丢西瓜的做法对于 SOA 毫无用处。
- 着眼全局:请记住,SOA 是一种体系结构,而不是拙劣地捆绑到一起需要强力配合的单点产品。真正的 SOA 采用基于开放标准的方法构建,需要经历 4 个战略阶段:建模、组装、部署和管理。
- 借助企业服务总线:ESB 提供可用于整合 SOA 内的服务所需的许多连接基础设施。SOA 和 ESB 配套使用,有助于减少复杂的接口数,使设计者能够专注于核心业务问题,而不是维护 IT 基础设施。
- 循序渐进:当在整个企业部署 SOA 的思想占有压倒性的优势时,最佳方法是在部署过程中不断测试并改进——首先从部门开始,然后慢慢扩展到整个企业,以便识别问题,并向存储库中添加最佳实践。

- 避免权宜之计:SOA 是一种调整 IT 与业务需求保持一致的企业全局方法,必须支持当前以及将来的业务需求。例如,项目一定要包括对移动和无线设备的支持,以及确保具备足够的灵活性来支持下一步重大发展。
- 防止偶然性的 SOA:许多企业可能发现,他们拥有良好的 Web 服务存储库,这些资源将构成 SOA 的大部分,虽然他们并不认为 SOA 始终都采用 Web 服务。必须牢记的是,SOA 必须超越 Web 服务的范畴,以支持所有的业务流程。此外,SOA 还必须提供灵活、可扩展和可组建的方法,以便重用并扩展现有的应用以及构建新的应用。

本章小结

本章第一部分主要介绍了 SOA 的概念、参考模型、设计原则以及实现的主要技术规范;第二部分介绍了两种典型的 SOA 框架模型以及和传统 SOA 框架模型的对比;第三部分介绍了一个 SOA 实例——基于 SOA 的 OA 与 ERP 整合应用;最后对 SOA 进行简单的应用分析并展望其发展前景。

习题

1. SOA 是什么?
2. 简述 SOA 参考模型。
3. SOA 的设计原则有哪些?
4. 简述实现 SOA 的主要技术规范。
5. 简要对比 PCSOA、CCSOA 和 UCSOA,并试举例说明它们各自的应用优势和领域。
6. 谈谈自己对 SOA 的认识。

参考文献

[1] Erl T. SOA Design Patterns[M]. New Jersey:Prentice Hall,2008.
[2] Erl T. SOA Principles of Service Design[M]. New Jersey:Prentice Hall,2007.
[3] 毛新生. SOA 原理·方法·实践[M].北京:电子工业出版社,2007.
[4] 蔡维德,白晓颖,陈以农.浅谈深析面向服务的软件工程[M].北京:清华大学出版社,2008.
[5] 王紫瑶,南俊杰,段紫辉,钱海春,等. SOA 核心技术及应用[M].北京:电子工业出版社,2008.
[6] 杨正洪,郑齐心,吴寒.企业云计算架构与实施指南[M].北京:清华大学出版社,2010.
[7] 梁爱虎.SOA 思想、技术与系统集成应用详解[M].北京:电子工业出版社,2007.
[8] 李琦,朱庆华.基于 SOA 与云计算融合的企业信息化战略规划[J].情报杂志,2011,30(3):148-150.

第 7 章　云计算环境下的软件架构

7.1　软件三层架构模型

7.1.1　三层软件架构产生的原因

　　随着软件复用技术和软件构件化思想的深入研究,现代管理信息系统的设计也不再是以前的"程序＝数据结构＋算法",而更多的是对软件框架和业务流程的综合研究与设计。软件框架是由一组抽象构件以及构件间的接口所组成的,在软件开发中开发人员可以根据实际需求对框架进行对象实例化与代码重构,从而快速形成一个半成品的应用程序,然后通过对业务流程的分析与设计从而完成整个应用系统的设计与实现。在一个面向对象的信息系统中,整个系统的功能是由各对象之间的相互协作来完成的,虽然这些对象之间的具体交互是由企业的实际业务流程所决定的,但可以从系统中提取出软件的框架结构,对软件进行分层框架设计,实现软件最大粒度的可重用性。

　　在软件框架的设计时,分层结构是最常见也是最重要的一种结构。虽然软件框架分层的目的和形式跟企业分层有所不同,但是都有一个共同目标:有效合理地组织相关构件,使其更高效地完成协同任务。在分层软件框架设计中最常用的是三层架构设计。对于任何一个系统,从应用逻辑上对其进行抽象细分,均可分为三层,自下至上分别为:数据访问层、业务逻辑层和表示层。

7.1.2　三层软件架构介绍

　　三层软件架构如图 7.1 所示。

　　1. 表示层

　　表示层(User Interface,UI)主要用于用户跟系统进行交互,一般指系统的操作界面。其从用户获取数据,将数据发送到业务服务层做处理以及从业务服务层接收数据,显示给用户。

2. 业务逻辑层

业务逻辑层(Business Logical Layer,BLL)主要是针对具体问题的操作,也可以理解成
对数据层的操作,对数据业务逻辑处理。如果说数据层是积木,那
逻辑层就是对这些积木的搭建。对于数据访问层而言,它是调用
者;对于表示层而言,它却是被调用者。业务逻辑层彻底将数据
访问与界面进行了分割,这样可以防止用户误操作导致数据的错
误访问,使得软件安全得到了一定的保障。

3. 数据访问层

图 7.1　软件三层架构图

数据访问层(Data Access Layer,DAL)主要负责对数据库的
访问,执行数据的增加(Create)、读取(Retrieve)、更新(Update)和删除(Delete)等。需要强
调的是,所有的数据对象只在这一层被引用,除数据层之外的任何地方都不应该出现这样的
引用。

7.1.3　三层架构存在的问题

目前,软件系统都是基于 C/S 技术的三层架构,在这种三层架构中,中小型软件数据访
问层和数据持久层都是放在同一服务器之上,数据的存储通常都是采用 DBMS(Database
Management System)或 XML 文档两种方式。这样的方式很可能在服务器发生不可逆的
错误之后(自然灾害或者服务器硬盘发生不可修复性错误),导致数据不完整性甚至数据
丢失。

7.2　基于云计算的软件架构

随着云计算技术的快速发展和广泛应用,软件设计和开发模式也将受到影响,传统的三
层架构模式可以完全迁移到云计算服务中,这就是云计算中的 SaaS 服务模式。这意味着用
户不再需要购买软件和硬件资源,只需要向云计算服务提供商付费即可同等地使用软件。
但是 SaaS 服务模式存在三个比较严重的问题:

(1) 用户对云计算服务提供商的信任;

(2) 对云计算服务过度依赖,当云计算服务崩溃时,软件服务也不可用;

(3) 云计算服务不存在任何问题,但用户网络瘫痪将导致软件不可用,或者网络带宽也
将影响用户对软件的使用体验。

这是目前困扰云计算发展的三个突出问题,这三个问题也正是云计算现在和未来要解
决的重要难题。

针对目前云计算发展的现状,一种基于云计算可行的、有效的软件架构模式,能够在减
低对云计算依赖性的同时,也可以降低对网络性能的要求。

面向云计算的软件架构没有将传统的三层架构细分,如图 7.2 所示。从图中可以看出
在基于云计算服务的软件架构中,表示层和业务逻辑层不做任何改变,而数据访问层同时提
供两种数据服务:本地数据服务和云计算服务。本地数据服务仅仅需要用 XML 文档进行

实用软件设计模式教程(第 2 版)

数据存储,本地服务器不需要安装庞大的 DBMS 软件,这样大大提高了本地服务器的系统性能。业务逻辑层可以对本地服务器上的 XML 文档进行数据操作,也可以直接获取云计算服务中的数据服务。

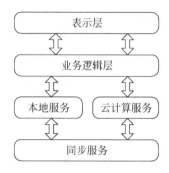

图 7.2　面向云计算的软件架构

在基于云计算服务的软件架构中,软件的数据服务可以有两种选择:本地服务器中的 XML 文档和云计算服务中的数据服务。无论选择哪种方式启动数据服务,软件都是一次将数据全部读取到内存中,在数据操作完成之后再将数据结果返回数据服务进行持久存储。这样用户在每次使用软件进行数据操作时不需要频繁地访问 XML 文档或者云计算服务,大大地提高了软件系统的运行效率。

基于云计算服务的软件架构模式中增加了一个数据同步服务层,数据同步服务层应该具有两个重要的功能:

(1) 实现本地服务器 XML 文档和云计算服务中数据同步;

(2) 对数据服务的运行状态进行监测。

这种软件架构一次将软件系统全部数据读取到内存中,用户的数据操作都是在内存中进行的。在进行数据同步时,同步服务通过时间控件在特定的时间先停止业务逻辑层的服务,然后将内存中的数据同时更新到本地服务器的 XML 文档和云计算服务。数据同步操作完成之后,同步服务再重新启动业务逻辑层服务,这样可以做到在不影响用户对软件系统正常使用的情况下更有效地利用网络带宽。同步服务监测软件系统的数据服务状态,无论软件系统的数据服务是从本地服务器的 XML 文档启动还是从云计算服务之中获取,只要同步服务监测到数据服务出现问题,同步服务就可以立即启动另一个数据服务。例如:从云计算服务中启动数据服务,在监测到云计算服务出现问题不能继续提供数据服务时,同步服务可以立刻从本地服务器的 XML 文档启动数据服务,这样软件的数据服务有了双重保障,使得软件更加健壮,同时也降低了软件对云计算服务的依赖性。

在基于云计算服务的软件架构中,软件系统的数据同时具备两个备份:本地服务器中的 XML 文档和云计算服务中的数据服务。这样就算云计算服务中断甚至是云计算服务不再提供,软件也还具有完整的数据备份。同时,如果本地的服务器发生不可逆的损毁导致数据丢失,只需要从云计算服务获取数据备份,使得软件系统的数据可以得到双重保障。采用这种基于云计算服务的软件架构相对传统的三层软件架构还具有其他的优点:不需要涉及到数据迁移、不会产生孤岛信息等。

本章小结

本章阐述了云计算环境下软件三层架构模型的内容以及基于云计算的软件架构的特点。本章首先阐述了三层软件架构产生的原因,之后对三层软件架构进行了详细的介绍,同时讨论了三层软件架构存在的问题。本章的第二部分对基于云计算的软件架构进行了分析和探讨,对其中关键的数据同步层的作用进行了阐述。

习题

1. 请简述云计算的特点。
2. 请简述云计算环境下软件三层架构的特点。
3. 软件三层架构在云计算环境下存在什么问题?
4. 请简述数据同步层的作用和特点。

参考文献

[1]　罗军舟,金嘉晖,宋爱波,等.云计算:体系架构与关键技术[J].通信学报,2011,32(7):3-21.
[2]　陈康,郑纬民.云计算:系统实例与研究现状幸[J].软件学报,2009,20(5).
[3]　陈全,邓倩妮.云计算及其关键技术[J].计算机应用,2009,29(9):2562-2567.
[4]　王龙,万振凯.基于服务架构的云计算研究及其实现[J].计算机与数字工程,2009,37(7):88-91.
[5]　吴吉义,平玲娣,潘雪增,等.云计算:从概念到平台[J].电信科学,2009(12):23-30.
[6]　李刚健.基于虚拟化技术的云计算平台架构研究[J].吉林建筑工程学院学报,2011,28(1):79-81.

图书资源支持

感谢您一直以来对清华版图书的支持和爱护。为了配合本书的使用，本书提供配套的素材，有需求的用户请到清华大学出版社主页(http://www.tup.com.cn)上查询和下载，也可以拨打电话或发送电子邮件咨询。

如果您在使用本书的过程中遇到了什么问题，或者有相关图书出版计划，也请您发邮件告诉我们，以便我们更好地为您服务。

我们的联系方式：

地　　　址：北京海淀区双清路学研大厦 A 座 707

邮　　　编：100084

电　　　话：010－62770175－4604

资源下载：http://www.tup.com.cn

电子邮件：weijj@tup.tsinghua.edu.cn

QQ：883604(请写明您的单位和姓名)

用微信扫一扫右边的二维码，即可关注清华大学出版社公众号"书圈"。

扫一扫
资源下载、样书申请
新书推荐、技术交流